U0150045

作 者 简 介

申庆彪　中国原子能科学研究院研究员。1938 年 9 月 1 日出生于河北省固安县宫村镇申庄。1955 年 7 月在河北省固安县第一中学初中毕业，1958 年 7 月在北京市通州区潞河中学高中毕业，1963 年 7 月毕业于中国科学技术大学（近代物理系理论物理专业），毕业论文导师是朱洪元先生。同年，被分配到中国原子能科学研究院工作。在 1963 年 9 月至 1965 年 1 月期间，参加了由于敏和黄祖洽领导的氢弹理论组。此后，主要从事中低能核反应理论，核多体理论和核数据理论研究工作。多次出国参加学术会议，并于 1985 至 1987 年在美国肯塔基大学做访问学者，开展合作研究。获 12 项国家级或部级科学技术进步奖，其中 5 项是第一获奖人。由科学出版社出版中文学术专著 4 部，其中《核反应极化理论》和《平衡态复合核裂变后理论》属初创性著作，这两部书的英文版均由 *Springer* 出版社出版。作为第一作者或合作作者发表学术论文三百余篇。负责提出和发展了能最佳符合实验数据的 Skyrme 力微观光学势理论，还提出和发展了相对论 Dirac S 矩阵理论，极化粒子输运方程，平衡态复合核裂变后理论等。

田野　中国原子能科学研究院副研究员。1938 年 6 月 16 日出生于辽宁省锦州市。1955 年 7 月毕业于锦州市女子初级中学；1958 年 7 月毕业于锦州市第一高级中学；1963 年 7 月毕业于中国科学技术大学（近代物理系实验核物理专业），毕业论文导师是肖振喜教授。同年，被分配到中国原子能科学研究院，首先从事核反应堆物理研究工作。1970 年参加了我国第一个快堆零功率装置临界实验的科研和组织工作。1975 年 10 月中国核数据中心成立时是初始成员。主要从事核反应理论、核多体理论和核数据理论研究工作。1986~1987 年和 1989 年在美国肯塔基大学做访问学者，开展合作研究。后来，又参加了加速器驱动次临界洁净核能系统（ADS）大型科研项目。获 6 项部级科学技术进步奖。作为第一作者或合作作者发表学术论文近百篇。她是能最佳符合实验数据的 Skyrme 力微观光学势理论初创性论文的合作作者，还与申庆彪合作提出和发展了平衡态复合核裂变后理论。

Equilibrium Compound Nucleus Post-Fission Theory

平衡态复合核裂变后理论

申庆彪　田　野　著

蔡崇海　审校

科　学　出　版　社

北　京

内 容 简 介

在本书中，作者提出和发展了属于量子理论的平衡态复合核裂变后理论，这是自从核裂变被发现后八十多年以来首个可用来研究裂变过程和计算裂变后核数据的常规核反应模型理论。其中包括发展了重离子球形光学模型和重离子 Hauser-Feshbach 理论，给出了计算裂变初始态裂变碎片产额、动能分布和角分布的理论方法。又给出了从裂变碎片初始产额出发计算瞬发中子和瞬发 γ 射线数据并得到包括同质异能态的裂变碎片独立产额的理论方法，给出了从独立产额出发利用产物核衰变数据计算裂变后任意时刻 t 的裂变碎片累计产额和衰变热的计算方法。本书还提出了裂变缓发中子简化模型，对缓发中子先驱核和衰变道进行了理论预言。又给出了计算 (n,f)，$(n,n'f)$，$(n,2nf)$ 三个裂变道对裂变后核数据总贡献的理论方法。本书首次给出包含两种质心坐标系的重离子碰撞运动学，还给出了作者所发展的对每个可调参数能分别自动调节步长的寻找最佳理论模型参数的最速下降法。

本书可作为理论核物理专业和核数据理论及核数据评价领域的教师、科研人员、研究生的参考书。

图书在版编目(CIP)数据

平衡态复合核裂变后理论 / 申庆彪, 田野著. —北京：科学出版社, 2023.12

ISBN 978-7-03-076567-3

Ⅰ. ①平… Ⅱ. ①申… ②田… Ⅲ. ①裂变–核物理学 Ⅳ. ①O571.43

中国国家版本馆 CIP 数据核字(2023)第 190629 号

责任编辑：刘凤娟 杨 探 / 责任校对：彭珍珍
责任印制：赵 博 / 封面设计：无极书装

科学出版社 出版
北京东黄城根北街 16 号
邮政编码：100717
http://www.sciencep.com
北京中科印刷有限公司印刷
科学出版社发行 各地新华书店经销

*

2023 年 12 月第 一 版 开本：720×1000 1/16
2025 年 1 月第二次印刷 印张：14 1/4
字数：279 000
定价：139.00 元
(如有印装质量问题，我社负责调换)

前　言

　　1934 年，E. Fermi 和他的合作者在意大利开展了一系列用中子轰击重元素，特别是天然铀和钍的实验工作，观察到了不同半衰期的放射性，还观察到了 β 粒子。他们把这种现象解释为铀吸收中子后产生的铀和超铀同位素的 β 和 α 衰变链。1935~1938 年期间，法国巴黎的 I. Curie 和 P. Savitch 在进行用中子轰击钍和铀的实验时，发现了半衰期为 3.5 h 的放射性物质，开始阶段认为它们是 Ac 同位素，到 1938 年 7 月他们用结晶沉淀法分离认定该放射性物质的所有性质属于 La 同位素，很可惜他们没有认识到这是裂变。

　　在 E. Fermi 等的实验工作启示下，德国 Dahlem 实验室的 O. Hahn 和 L. Meitner 也开展了用中子轰击铀的实验工作。O. Hahn 是著名的核化学家，L. Meitner 出生在澳大利亚，是一位女性核物理学家，她与 O. Hahn 合作多年，共同发现了核的同质异能态。后来分析化学家 F. Strassmann 也参加了他们的科研项目。L. Meitner 是犹太人，1938 年 7 月逃离了德国，后来到瑞典斯德哥尔摩诺贝尔研究院工作，而 O. Hahn 和 F. Strassmann 仍然继续他们的研究工作。当时人们普遍错误地认为用中子轰击铀只能产生铀附近的核素，O. Hahn 和 F. Strassmann 把他们的实验产物设定在 $Z = 88 \sim 96$，他们认为 I. Curie 和 P. Savitch 描述的半衰期为 3.5 h 的物质应该是 $Z = 88$ 的 Ra。1938 年 12 月，他们为了进一步证实 Ra 的存在，应用 $Z = 56$ 的 Ba 作为 Ra 的载体来共沉淀 Ra，并采用经典的化学方法试图把 Ra 和 Ba 分离开来，采用不同试剂进行了多次实验，都是只能得到放射性 Ba，没有得到 Ra。超精细的实验结果迫使 O. Hahn 和 F. Strassmann 不得不承认假设中的 Ra 只能是 Ba 的放射性同位素。

　　上述实验结果完全出乎他们的意料，以至于在没有一个合理的物理解释的情况下，O. Hahn 曾犹豫是否发表他们的这一耸人听闻的发现。事实上，1938 年 12 月和 1939 年 1 月他们在德国的《自然》杂志上报道了他们的实验结果。O. Hahn 在 1938 年 12 月中旬写给他数十年的合作者 L. Meitner 的一封信中表达了他的顾虑。在瑞典的圣诞假期里，L. Meitner 和她的侄子，物理学家 O. R. Frisch，讨论了 O. Hahn 和 F. Strassmann 的发现，他们马上意识到这是发生了 "裂变"。几天后，O. R. Frisch 回到丹麦哥本哈根，在 1938 年 12 月底把这件事告诉了正准备去美国的 N. Bohr。1939 年 2 月，L. Meitner 和 O. R. Frisch 在 *Nature* 杂志上发表文章定性地解释了这一实验结果，认为它是由重的铀元素分解成较轻的碎片引起的，"Fission" 这个名字是 O. R. Frisch 从细胞生物学中借用过来的。他们这个试探性的解释是基于 1935 年由 Weizsäcker 提出的原子核液滴模型。1939 年 9 月，N. Bohr 和 J. A. Wheeler 开创性地发展了用液滴模型解释裂变现象的理论，不仅给出了计算公式，还做了定量计算。

核裂变的重要性在于根据质能公式 $E = mc^2$，当一个裂变核裂变成两个碎片时会释放出大约 200 MeV 的能量。由于 E. Fermi 的妻子出身于犹太家庭，1938 年 12 月他们全家移居美国纽约。E. Fermi 是在 1939 年 1 月在美国听到发现核裂变消息的，他和其他一些科学家很快意识到核裂变有可能出现链式反应。于是，在 E. Fermi 和其他一些科学家共同努力下，解决了用裂变缓发中子控制链式反应问题，1942 年 12 月 2 日，美国哥伦比亚大学与芝加哥大学首先实现了天然铀核裂变的链式反应，第一次证实了核裂变所释放的大量能量可以被利用。

核裂变的发现是物理界的重大事件，不仅在科学上而且在经济和政治领域中也产生了巨大影响。取得上述科研成果后，人们根据核裂变原理开始研制各种类型的裂变反应堆，在全世界建造了大批核能发电站，同时把放射性核素也应用到与人类生活密切相关的各个领域。可以说，核裂变的发现大大造福于人类。与此同时，根据核裂变链式反应原理，1945 年就研制出了原子弹，后来又研制出以聚变反应为主的氢弹，但是氢弹也是用原子弹引爆的。

为了开展这些民用和军用核项目，就要开展核项目的理论设计、工程设计、安全保障、环境监测等科研工作。在反应堆设计中，要通过理论计算来模拟反应堆的各种性能；在核武器设计中，要通过理论计算来模拟核武器的爆炸过程及其各种性能。很显然，在这些核裂变装置中裂变反应都是最重要的核反应道。因而在核项目设计中就需要有精度高、类型齐全的裂变核的微观核数据。最重要的、最基础的核数据要通过实验测量来获得，然而由于条件限制，某些核或某些能区的微观核数据在实验上可能无法测量或尚来不及测量，这时候就需要用适宜的理论对它们进行计算和预言，在现实中这种情况占了非常大的比例，因而核裂变理论的发展就变得非常重要。

由 N. Bohr 和 J. A. Wheeler 发展的用液滴模型解释裂变过程的理论是研究裂变反应的第一个理论模型。他们把原子核看作一个不可压缩的均匀带电液滴，当入射粒子进入靶核后便形成了处于激发态的复合核，其内部核子经过大量碰撞进行能量交换而达到统计平衡。当激发能促使原子核变成哑铃形状时，在某一状态下其基态势能达到了最大值，即到达了鞍点，当哑铃形状再继续拉长时，其势能便逐渐减少，直到断点。从经典力学看，激发能超过裂变势垒才能发生裂变；从量子力学观点看，应该用属于量子力学的势垒穿透理论计算穿透势垒的概率。根据由 N. Bohr 和 J. A. Wheeler 发展的用液滴模型解释裂变过程的理论首先得到了与角动量和宇称无关的计算裂变势垒穿透系数的 Bohr-Wheeler 公式，然后再根据与角动量有关的能级密度理论，又得到了与角动量和宇称有关的推广 Bohr-Wheeler 公式。在目前计算裂变核全套核数据的大程序中，都是用 Bohr-Wheeler 公式计算裂变道穿透系数并参与各个反应道的竞争，然后计算出相应的裂变截面。在本书中称该理论为平衡态复合核裂变前理论。

除了上述裂变理论以外，目前还有以下三种裂变理论：

(1) 宏观-微观势能曲面和描述 Brownian 运动的 Langevin 方程。

在该裂变模型理论中，把原子核看成连续介质，把它的形状参数看成集体运动坐标，把形状变化和内部粒子运动的相互作用看成导致集体运动的耗散和扩散。这时可以把集体运动看成 Brownian 粒子在形变空间的运动。在宏观能计算的基础上，再采用加入了对效应的 Strutinsky 壳修正方法进行微观能修正，这样就可以计算宏观-微观模型的裂变势能曲面。目前有两种求解裂变动力学方程的方法，一种方法是采用强阻尼近似，另一种方法是直接求解 Langevin 方程。利用该理论，可以计算裂变碎片的电荷分布、发射中子前的裂变碎片的质量分布及裂变碎片动能等。

这种裂变理论是与时间有关的非平衡态输运理论，属于经典理论，又包含了较多的唯象参数，考虑量子效应较少。

(2) 与时间有关的核密度泛函理论 (TDHF 和 TDHFB)。

这种裂变理论是用从核力出发的微观裂变理论研究裂变过程。这种理论被称为与时间有关的核密度泛函 (TDDFT) 理论，又可以将其分成与时间有关的 Hartree-Fock (TDHF) 理论和与时间有关的 Hartree-Fock-Bogoliubov (TDHFB) 理论。在用 TDDFT 理论对裂变演化过程进行计算时，初始形变静态的选取要有一定的随机性，不同的初始静态会演化成不同的末态。对于每次演化事件都可以得到两个裂变碎片之间的相对运动总动能、轻重碎片各自的激发能、轻重碎片各是什么原子核等。

计算结果表明，初始静态的形变程度对末态的计算结果有明显影响。TDDFT 理论是纯微观理论，每一次裂变事件都要花很长的计算时间。因而要靠初始形变静态的随机选取，最终给出整个裂变碎片质量分布曲线是很难做到的。

(3) 与时间有关的生成坐标方法和 Gaussian 重叠近似 (TDGCM+GOA)。

这种裂变理论是把裂变系统放进形变势阱中进行研究，该势阱用一组集体形变参数来描述，并称这些集体形变参数为生成坐标。然后根据与时间有关的薛定谔方程，再采用 Gaussian 重叠近似 (GOA)，便可以求得描述裂变系统集体运动的与时间有关的类薛定谔方程，简称为 TDGCM+GOA 方程。用这种理论可以计算瞬发中子发射前的裂变碎片的质量分布和电荷分布，以及裂变碎片动能等。

由 TDGCM+GOA 方程所代表的裂变理论是量子理论，对其中物理量的计算采用的是微观 Hartree-Fock-Bogoliubov(HFB) 理论或相对论平均场理论，因而具有很强的微观理论基础。

虽然上述三种裂变理论都取得了一定进展，也给出了一些符合实验数据较好的计算结果，但是要想把它们正式用于裂变核的核数据计算还有相当大的难度。

我们知道，当低能中子与锕系核发生反应时，有很多反应道会发生，可以说没有不受其他反应道干扰的裂变过程。正如前面所介绍的，由 Langevin 方程、TDDFT 理论、TDGCM+GOA 方程所代表的裂变理论目前都不能计算裂变截面，都还没有解决如何与其他反应道耦合的问题。可见这些理论所研究的问题与实际情况还有差距。它们尚属于基础研究课题。

此外，上述三种裂变理论都是研究裂变核随时间的演化过程，含有时间自由度，而在计算裂变核全套核数据计算程序中没有时间自由度。而且，在裂变核全套核数据计算程序中必须确保能量守恒，若把上述三种理论中的一种理论融入其中，如何做到能量守恒也是一个待解决的问题。

前面已经提到，用以 Bohr-Wheeler 公式为代表的裂变理论只能计算裂变截面。我们知道还有裂变后的核数据：裂变碎片的质量分布、电荷分布、动能分布、角分布、裂变瞬发中子数和能谱、裂变瞬发光子数和能谱、裂变产物核的同质异能态所占比例、裂变产物的衰变能等。然而至今尚没有适宜的理论能够在满足能量守恒的前提下，可以把对裂变后核数据的计算自洽地融合在裂变核全套核数据的计算程序中。这里很自然要问一个问题：在核装置的研究中裂变后核数据重要吗？我们知道当反应堆运行时，在燃料棒中一直在产生裂变产物。短寿命产物核的放射性辐射强度比较大，而长寿命产物核会积累得越来越多。由于长寿命产物核在反应堆中会俘获中子，因此在进行反应堆设计时必须要考虑这个因素。因而，在反应堆设计和运行、乏燃料处理、核废物管理、核材料保障等领域都会用到裂变后核数据。此外，在进行核武器试验时，在爆炸点周围要进行很多项监测，其中很重要的一项就是收集裂变产物，用裂变产物数据可以逆向推断出核武器的多项性能。

既然裂变后核数据很重要，可是又没有合适的理论对其进行计算，怎么办呢？目前有一些从基本理论出发，主要靠拟合实验数据而得到的系统学公式或经验公式可以满足应急性应用需求。例如，由 D. G. Madland 和 J. R. Nix 所发展的裂变瞬发中子谱和平均裂变瞬发中子数的计算方法已经被大家承认和使用，又比如，建立在基本理论和拟合实验数据基础之上的关于裂变后核数据的 GEF 程序。然而，当前在重要裂变核的一些能区和一些次要裂变核仍然明显缺乏实验数据。由于只有在具有很强中子源的情况下才能测量出裂变产物核的电荷分布和质量分布，因而目前在国际裂变产额库中，基本上只包含热中子能点、裂变中子谱和 14 MeV 中子的独立产额和累积产额。说明在相当广泛的能区由于缺乏强中子源而导致缺乏裂变后实验数据。但是在核装置中，中子是具有连续能谱的，因而需要用到低能裂变全能区的核数据。至于初始裂变产额，现在也有一些实验数据，但是由于它们有激发能，不与理论计算相配合是很难进行细致研究的。

只有在实验数据非常充分的情况下所获得的经验公式或系统学才有一定信任度。因而，如果只依靠基本上属于经验公式的方法来预言裂变后核数据，就明显缺乏理论基础，当然所预言的结果也缺乏可信度。因而，目前发展一种能够在满足能量守恒的前提下，可以把对裂变后核数据的计算自洽地融合在可以确保各个反应道自洽耦合的裂变核全套核数据计算程序中的裂变理论是非常必要的。

在本书中，我们提出和发展了平衡态复合核裂变后理论，在满足能量守恒的前提下，用此理论可以把对裂变后核数据的计算自洽地融合在能够确保各个反应道自洽耦合的裂变核中子全套核数据的计算程序中。

当低能中子融入裂变核后，很容易通过与其他核子碰撞而达到统计平衡，这时引发原子核大形变而导致裂变的激发能主要来自涉及整个原子核的结合能。显然，低能裂变反应属于平衡态复合核反应，平衡态复合核反应满足时间反演不变性和宇称守恒，所以正反应和逆反应截面之间满足细致平衡原理。对于裂变核的带电粒子出射道一直都是根据时间反演不变性和宇称守恒，用细致平衡原理处理的，这样可以计算出它们的反应截面和角分布等。原子核的裂变道，其实并不是一个反应道，而是由数百个不同的二重离子裂变道所形成的。同样根据细致平衡原理，可以用两个重离子碰撞反应作为单个裂变道的逆反应，这里的两个重离子都处于激发态。由于受原子核结构的壳效应和对效应的影响，不同的重离子裂变道所释放的反应能 Q 值是不同的，于是相应的逆反应重离子碰撞的反应截面也应该不同。平衡态复合核裂变前的 Bohr-Wheeler 理论是根据裂变核鞍点态的复合核性质来计算总裂变道的裂变穿透系数进而计算总裂变截面的。当裂变核越过鞍点后，两个核子集团之间的库仑排斥力超过了短程核力的吸引力，哑铃状形变会不断拉长，处在颈部区域的核子也开始向由于形变所形成的两个新的核子集团中心靠拢。当哑铃状形变的颈部拉长到一定长度时，就到达了断点。两个裂变碎片在断点刚刚分开时，两个裂变碎片之间的库仑排斥力远大于核力的吸引力，于是在第二质心系中两个裂变碎片便会沿着相反方向得到加速度而被推开，在库仑排斥力的作用下它们之间的相对运动速度越来越快，直到它们之间的距离超过了库仑相互作用力程，这时两个裂变碎片在质心系会以均匀速度沿相反方向飞行，其相对运动动能也达到了最大值，我们称这种状态为裂变后初始态。平衡态复合核裂变后理论是针对裂变后初始态来计算单个裂变道的裂变穿透系数进而计算单个裂变道的裂变截面的。由于对数百个重离子碎片对的裂变道所计算的裂变截面之和要归一化到由平衡态复合核裂变前理论所计算的总裂变截面，这样就可以确保理论计算结果的自洽性。

本书内容具有以下创新点和亮点：

(1) 本书给出了重离子碰撞运动学。以前在核反应理论中只区分实验室坐标系和质心坐标系，本书首次指出在研究质量可以相比较的二粒子核反应时需要使用两种质心坐标系。由于二粒子相互作用势与二粒子之间距离有关，因而二粒子相对运动方程一定要在以较重粒子质心为坐标原点的二粒子相对运动质心系 (简称第一质心系) 中求解。在以二粒子系统质心为坐标原点的质心系 (简称第二质心系) 中，二粒子沿相反方向运动，两粒子动量之和为 0。第二质心系中较轻粒子的运动方向与第一质心系中较轻粒子相对于较重粒子的运动方向是一致的，在第二质心系中较轻和较重粒子的动能与第一质心系中二粒子相对运动动能满足一定关系式。本书给出了把在第一质心系中求得的较轻粒子相对于较重粒子运动的角分布和双微分截面变换到第二质心系中的方法，然后又给出了把第二质心系的角分布和双微分截面变换到实验室系中的方法。在研究轻粒子与重靶核的核反应时，剩余核的反冲能很小，因而不区分两种质心系，统称为质心系，其实这是一种近似。

(2) 本书首次发展了重离子球形光学模型。通常描述轻粒子反应的球形核光学模型和耦合道光学模型都采用 $j\text{-}j$ 角动量耦合方式，入射粒子和靶核处在不对等地位，而我们所发展的重离子球形光学模型采用了 $S\text{-}L$ 角动量耦合方式，使参与反应的两个粒子处在同等地位，而且在两个粒子的自旋都被考虑的情况下也不用求解耦合道方程。本书所发展的重离子球形光学模型将是以后研究重离子反应的一个有力工具。

(3) 本书首次推导了适用于重离子反应的 Hauser-Feshbach 理论公式，进而提出和发展了研究裂变初始态的平衡态复合核裂变后理论。用此理论可以计算裂变初始态的裂变碎片的质量分布和电荷分布、裂变碎片动能分布、裂变碎片角分布等。这是一种属于量子力学的模型理论。

(4) 本书推荐从用平衡态复合核裂变后理论计算的与激发能有关的裂变碎片的初始产额出发，利用适用于中重核的核反应理论和程序，计算裂变产物的瞬发中子和瞬发 γ 射线的各种类型数据，进而求得裂变碎片的独立产额，在书中给出了相关的理论公式。然后，再根据复合核 γ 退激理论又可以计算出同质异能态所占比例。

(5) 本书引用了由黄小龙等研制的 "裂变产物核衰变链" 表，其质量数从 66 到 172，链上所有原子核都是在实验上已经被观测到的。其中包含 1197 个基态产物核和 355 个属于同质异能态的产物核。对每个产物核均给出了半衰期、衰变途径 (包括缓发中子发射) 及相应的分支比，也给出了每个同质异能态的能级高度。我们把所求得的基态和同质异能态产物核的独立产额看作是裂变后 0 时刻的累计产额，再把产物核衰变方式分成数类，对于每种衰变方式都可以写出衰变方程和衰变热的计算方程，再利用由表 A.1 和表 A.2 给出的衰变数据，可以解出裂变

后任意时刻 t 的累计产额，进而可以求得最终质量分布和总衰变热。在裂变后开始阶段，时间步长要求取得特别小，在裂变后 3 分钟以内要包含缓发中子的贡献，并可以计算每次裂变所发射的缓发中子数。

(6) 本书提出了研究裂变缓发中子的简化模型。我们把 β⁻ 衰变的电子动能与电子可以带走的最大能量之比称为 η 值，我们预言了在各种 η 值情况下开始出现的缓发中子衰变道。计算结果表明，当 $\eta \geqslant 0.88$ 时不可能发射缓发中子。理论预言基态核，第一同质异能态核，第二同质异能态核分别有 405，45，9 个缓发中子先驱核，实验上已经测量到的分别有 206，30，4 个缓发中子先驱核。理论预言可以有 β⁻n，β⁻2n，β⁻3n，β⁻4n 缓发中子衰变道，实验上目前尚未测量到 β⁻3n 和 β⁻4n 衰变道。理论预言一共有 5 个半衰期大于 10 s 的缓发中子先驱核，它们是：$^{87}_{35}\text{Br}$，$T_{1/2} = 55.64$ s；$^{141}_{55}\text{Cs}$，$T_{1/2} = 24.91$ s；$^{137}_{53}\text{I}$，$T_{1/2} = 24.59$ s；$^{136}_{52}\text{Te}$，$T_{1/2} = 17.67$ s；$^{88}_{35}\text{Br}$，$T_{1/2} = 16.29$ s，这 5 个先驱核在实验上都被观察到了。我们知道，缓发中子发射对于裂变碎片的累计产额是有轻微影响的。通常情况下，在计算时只利用实验上测量到的缓发中子衰变道的数据。如果发现计算的每次裂变的缓发中子数以及由裂变累计产额所推算的裂变碎片质量分布不太满意，可以加上一些理论预言存在但是尚未测量到的缓发中子衰变道，其分支比为可调参数，这样做有可能在一定程度上改善计算结果。

(7) 本书除去给出计算 (n,f) 裂变道的裂变后核数据的理论方法以外，当入射中子能量超过 (n,n′f) 反应阈时，还需要考虑 (n,n′f) 反应道；当入射中子能量超过 (n,2nf) 反应阈时，又要考虑 (n,2nf) 反应道；在 18 ∼ 20 MeV 能区，还需要考虑 (n,3nf) 反应道的贡献。本书给出了在存在多种裂变道情况下，利用裂变前 (n,n′),(n,2n),(n,3n) 反应道的中子能谱计算裂变后核数据的理论方法。这时要对由不同裂变道计算的裂变后核数据进行积分处理，然后才能把得到的所有裂变道的总贡献与实验数据进行比较，因而与只有 (n,f) 裂变道的情况相比，较多裂变道情况会增加很大的计算量。

(8) 为了满足裂变后核数据数值计算的需要，在本书中首次发表了由作者所发展的对于每个可调参数能够分别自动调节步长的寻找最佳理论模型参数的最速下降法。在该方法中，每个可调参数的步长可以由计算机分别自动进行调节，每一个可调参数的步长能自动达到其最适宜的数值，因而大大提高了获得最佳理论模型参数的速度和能力。多年的实践充分证明，这种方法能充分挖掘每个可调参数的潜力，从获得最佳理论模型参数的速度和获得最终计算结果的质量来看，与原有的理论方法相比较都有了明显的飞跃式的改善。

综上所述，本书给出了研究和计算裂变后各个阶段核数据的理论方法。不过从模型理论的建立到计算出满意的数值结果是一个很艰苦的奋斗过程，其中程序量大、数据量大、计算量大，困难重重。要完成此项工作，必须具有优秀的科研人才、高速大型计算机和经费支持三个前提条件。首先要有一位能胜任此项目主要科研工作的项目承担人，此人必须具有核反应理论背景，能理解和推导本书中的理论公式，又有一定的编制大型计算机程序的能力。还要为项目主要承担人配备得力助手，以及有人分担其中一些具有一定独立性的科研项目。开展此科研项目确实有相当大的难度，不过有句古话，"有志者事竟成"。

　　本书作者我们夫妇都是 1958 年入学，1963 年 7 月毕业于中国科学技术大学(分别是近代物理系理论物理和实验核物理专业)，同年分配到中国原子能科学研究院工作。申庆彪在 1963 年 9 月至 1965 年 1 月期间参加于敏和黄祖洽领导的氢弹理论组；田野先参加反应堆物理工作，然后转入核反应理论研究，开始阶段主要从事核反应 Hauser-Feshbach 理论和光学模型工作。1975 年 10 月中国核数据中心成立时，我们二人都是初始成员，而且申庆彪担任中国核数据中心理论组组长。然后我们先后参加了裂变核全套核数据计算程序理论方案的制定和部分程序的研制工作，并承担了多项裂变核全套核数据计算和评价工作。我们又与他人合作开创性地发展了用有效 Skyrme 力计算微观光学势，进而开展了用其预言核数据的工作。当时我们就意识到了缺乏计算裂变后核数据的模型理论。后来，申庆彪又多次参加了核裂变的专题会议，逐渐产生了发展计算裂变后核数据模型理论的想法。2020 年我们二人均已 82 岁，由于新冠病毒感染疫情原因，经常在家里过隔离生活，我们产生了撰写有关裂变后核数据模型理论书籍的想法。经过多次讨论和议论，2021 年初正式动笔开始起草工作。由于腰椎疾病，在 2021 年 4 月和 2021 年 11 月申庆彪研究员做了两次腰椎手术，每次都要求以卧床为主休息 3 个月，虽然头脑清楚，但是难于在计算机上进行工作，于是很自然地要由田野副研究员承担上网查询资料和素材整理等项工作。我们真切希望能把此书留给后人。

　　南开大学蔡崇海教授与我们有多年密切学术工作合作关系。在合作中或在一起参加学术会议时，我们在一起多次讨论裂变理论问题。由于蔡崇海教授研制了多个大型核数据计算程序，很有实践经验，因此在起草本书过程中我们多次向他请教。当 2021 年 10 月 5 日完成本书第一份初稿后，就邀请蔡崇海教授审校初稿，他发现了书稿中的一些错误，并提出很多非常宝贵的意见。然后我们根据他提出的修改意见，也参考了别人提出的问题，于 2021 年 10 月 30 日又完成了第二份初稿，再次请他进行审校。他对稿件又进行了仔细审查，提出一些非常深入的问题，我们很受感动。之后由于需要把一些新的内容加入书稿，还需要编制程序进行一些计算，因而我们又对书稿进行了一些修改和补充。2022 年 5 月 7 日基本上完成了本书书稿，我们请蔡崇海教授再过目一下，他再次提出一些修改意见，并在学术上提出一些建议。让我们对于蔡崇海教授在本书撰写过程中所起到的重要作用表示衷心感谢。

　　中国原子能科学研究院韩银录研究员和申庆彪多次一起参加裂变专题会议，

又在一个办公室工作，相互之间进行过多次有关裂变后核数据理论方面的讨论，书中某些物理思想就是在我们讨论过程中逐渐萌生的。中国原子能科学研究院黄小龙研究员是核结构和核衰变数据专家，在我们的邀请下他和他的同事研制出了"裂变产物核衰变链"表并向我们提供了大量核衰变数据，本书由于引用了他们的科研成果，所以在描述裂变后 β 衰变阶段的内容时更加充实。由于我们是在居家条件下撰写此书的，山西大同大学徐永丽教授先后为我们下载了一百多篇文章，并和我们一起对裂变过程中的一些概念进行了多次讨论。在读研究生孙志豪同学在计算机使用和软件安装等方面也给予作者很多帮助。我们在此对他们的帮助和贡献表示衷心感谢。

申庆彪生于 1938 年 9 月 1 日，田野生于 1938 年 6 月 16 日，裂变是在 1938 年 12 月发现的，可见我们二人与"裂变"同龄。如今我们已经是 84 岁高龄老人，此时此刻非常怀念和感激那些亲自教导过我们，对我们有重要影响的老前辈和亲自给我们授课的老师们，以及对我们的科研工作给予指导的科学界前辈和尊敬的师长。这里特别感谢：大学校长郭沫若，系主任赵忠尧；在大学亲自给我们讲课的老师：张文裕、关肇直、彭桓武、朱洪元、梅振岳、张宗烨、王德焜等；我们的大学毕业论文导师分别是朱洪元和肖振喜；研究所所长钱三强 (是 I. Curie 的学生) 和王淦昌 (是 L. Meitner 的学生)；曾在一个课题组工作过的专业知识指导者：于敏、黄祖洽、卓益忠；在专业工作上有合作关系并使我们受益于专业知识指导的核理论界前辈：吴式枢、胡济民、杨立铭、徐躬藕。上述人员绝大多数已经辞世，让我们在此对他们表示深切的怀念和感激。其中有的老师还健在，祝他们健康长寿，生活幸福。

本工作得到中国核数据中心、核数据重点实验室的支持，国家自然科学基金重大项目 (1790320，1790302，1790323) 和稳定科研基础计划 (WDJC-2019-09) 的资助。

申庆彪　田　野

2022 年 8 月 1 日于中国原子能科学研究院

目　　录

第 1 章　裂变理论的发展

原子核裂变是当前获得核能的主要途径。从实用角度考虑，人们最关心的是入射中子能量低于 20 MeV 的低能裂变问题，最重要的裂变核是 ^{235}U, ^{238}U 和 ^{239}Pu。这时需要考虑的裂变反应道有 (n,f), (n,n′f), (n,2nf)，当入射中子能量大于 18 MeV 时，还会出现 (n,3nf) 反应道。此外还有 (n,n), (n,n′), (n,2n), (n,3n), (n,γ), (n,p), (n,α), (n,d), (n,^{3}He), (n,t) 反应道，其中发射带电粒子的反应道截面比较小。

1.1　平衡态复合核裂变前理论 (Bohr-Wheeler 公式)

1938 年 12 月 Hahn 和 Strassmann 用中子轰击铀 (U) 原子产生了比较轻的元素钡 (Ba)[1,2]，1939 年 2 月 Meitner 和 Frich 在他们的文章 [3] 中用 1935 年由 Weizsäcker 提出的液滴模型 [4] 把这种实验现象定性地解释为是重元素铀裂解为较轻元素的两个碎片，并称之为裂变 (fission)。1939 年 9 月，Bohr 和 Wheeler 开创性地发展了用液滴模型解释裂变现象的理论 [5]，不仅给出了计算公式，还做了定量计算。他们把原子核看作一个不可压缩的均匀带电液滴，其总能量由体积能、表面能、库仑能、对称能组成。原子核基态接近球形，这时表面张力大于质子之间相互排斥的库仑力。当低能入射粒子进入靶核后便形成了处于激发态的复合核，其内部核子经过大量碰撞进行能量交换而达到统计平衡。处于激发态的复合核会发生形变，液滴的形状由球形变成椭球形，在球形核时高出基态的激发能有一部分会转化成形变能，这时原子核的总能量减去剩余激发能就是该形变状态下原子核的结合能或基态势能。当激发能促使原子核变成哑铃形状时，在某一状态下其基态势能达到了最大值，也就是形变能达到了最大值，当哑铃形状再继续拉长时，其势能便逐渐减少，直到断点，于是原子核被分裂成两个碎片。如果有多个形变参数，哪个形变参数所对应的基态势能最大值最小，便称该形变参数所对应的势能最大值为裂变势垒，所对应的形变点为鞍点。由于原子核有多种形变演化途径，因而也会有多个鞍点。

从经典力学看，激发能超过裂变势垒才能发生裂变；从量子力学观点看，应该属于量子力学的势垒穿透理论计算穿透势垒的概率。人们用 Wentzel-Kramers-Brillouin(WKB) 近似方法研究了势垒穿透问题，并且得到了以下计算裂变势垒穿透系数的 Bohr-Wheeler 公式 [6-9]

$$T_{\mathrm{f}}(E_{\mathrm{C}}^*) = \int_0^{E_{\mathrm{C}}^*} \frac{\rho_{\mathrm{sd}}(E_{\mathrm{f}}^*)}{1 + \exp[-2\pi(E_{\mathrm{C}}^* - B_{\mathrm{f}} - E_{\mathrm{f}}^*)/(\hbar\omega_{\mathrm{sd}})]} \mathrm{d}E_{\mathrm{f}}^* \tag{1.1}$$

其中，E_{C}^* 是总激发能，E_{f}^* 是鞍点态激发能，B_{f} 是鞍点裂变势垒高度数值，ω_{sd} 是裂变曲率参数，$\rho_{\mathrm{sd}}(E_{\mathrm{f}}^*)$ 是鞍点态能级密度。在不属于量子理论的蒸发模型和激子模型中计算裂变截面时可以直接使用式 (1.1)。在用属于量子理论的 Hauser-Feshbach 理论计算裂变截面时需要考虑角动量和宇称。把包含角动量和宇称的能级密度理论 [10,6] 用于计算鞍点态能级密度时便有

$$\rho_{\mathrm{sd}}(E_{\mathrm{f}}^*, J\Pi) = P(\Pi)R(J, E_{\mathrm{f}}^*)\rho_{\mathrm{sd}}(E_{\mathrm{f}}^*) \tag{1.2}$$

$$P(\Pi) = \frac{1}{2}, \quad \Pi = +, - \tag{1.3}$$

$$R(J, E_{\mathrm{f}}^*) = \frac{2J + 1}{\sqrt{8\pi}\sigma^3(E_{\mathrm{f}}^*)} \mathrm{e}^{-\frac{(J+1/2)^2}{2\sigma^2(E_{\mathrm{f}}^*)}} \tag{1.4}$$

自旋切割因子

$$\sigma^2(E_{\mathrm{f}}^*) \propto \sqrt{E_{\mathrm{f}}^*} \tag{1.5}$$

$R(J, E_{\mathrm{f}}^*)$ 满足以下归一化条件

$$\sum_J (2J + 1)R(J, E_{\mathrm{f}}^*) = 1 \tag{1.6}$$

其中 $2J + 1$ 代表用磁量子数描述的量子态数。若令 $x = (J + 1/2)/(\sqrt{2}\sigma)$，便可以用以下方法证明上式是成立的

$$\sum_J (2J + 1)R(J, E_{\mathrm{f}}^*) \approx \int_0^\infty \frac{(2J+1)^2}{\sqrt{8\pi}\sigma^3} \exp\left(-\frac{(J+1/2)^2}{2\sigma^2}\right) \mathrm{d}J$$
$$= \frac{4}{\sqrt{\pi}} \int_0^\infty x^2 \mathrm{e}^{-x^2} \mathrm{d}x = 1 \tag{1.7}$$

在把鞍点态能级密度推广到与角动量和宇称有关的情况下，可以把式 (1.1) 推广为

$$T_{\mathrm{f}}^{J\Pi}(E_{\mathrm{C}}^*) = \int_0^{E_{\mathrm{C}}^*} \frac{\rho_{\mathrm{sd}}(E_{\mathrm{f}}^*, J\Pi)}{1 + \exp[-2\pi(E_{\mathrm{C}}^* - B_{\mathrm{f}} - E_{\mathrm{f}}^*)/(\hbar\omega_{\mathrm{sd}})]} \mathrm{d}E_{\mathrm{f}}^* \tag{1.8}$$

其中，$J\Pi$ 是总角动量和总宇称。并且有以下归一化关系式

$$\sum_{J\Pi} (2J + 1)T_{\mathrm{f}}^{J\Pi}(E_{\mathrm{C}}^*) = T_{\mathrm{f}}(E_{\mathrm{C}}^*) \tag{1.9}$$

我们称式 (1.8) 为推广 Bohr-Wheeler 公式。

在计算裂变核全套中子核数据程序中，通常包含了属于直接反应的光学模型和直接反应理论，属于平衡态复合核反应理论的蒸发模型和 Hauser-Feshbach(H-F) 理论，以及属于预平衡反应的激子模型。在整个理论框架中，要确保能量守恒和动量守恒，在属于量子理论的光学模型、直接反应理论和 H-F 理论中，还要确保角动量守恒和宇称守恒。对于裂变核，在属于平衡态复合核反应理论的蒸发模型和 H-F 理论以及属于预平衡反应理论的激子模型中，裂变道是与粒了发射道和辐射俘获道相竞争的反应道。在现有计算裂变核全套中子核数据的程序中，利用前边给出的计算裂变穿透系数的 Bohr-Wheeler 公式，可以计算 $\sigma_{n,f}$、$\sigma_{n,n'f}$、$\sigma_{n,2nf}$ 等裂变截面。在本书中我们称以 Bohr-Wheeler 公式为代表的裂变理论为平衡态复合核裂变前理论。

后来人们用 Hartree-Fock-Bogoliubov (HFB) 理论及相对论平均场理论研究了原子核裂变势垒，并且发现了双峰势垒，这些研究工作为平衡态复合核裂变前理论提供了微观理论基础。

1.2 宏观–微观势能曲面和描述 Brownian 运动的 Langevin 方程

原子核裂变是所有核子都参与的大形变复合核反应过程。一个裂变核发生裂变时大约能释放 200 MeV 的结合能。当小于 20 MeV 的低能中子融入靶核后，很容易通过与其他核子碰撞而达到统计平衡，这时引发原子核大形变而导致裂变的激发能主要来自结合能。因而可以认为，低能裂变反应属于平衡态复合核反应。当入射中子能量比较高时，入射中子不容易通过与其他核子碰撞而达到统计平衡，很可能在原子核尚未达到统计平衡之前，入射中子的部分能量就足以促使引发原子核大形变进而导致原子核发生裂变。因而可以认为，在中高能裂变反应中，应该包含非平衡态复合核裂变反应成分。到底什么情况下才需要考虑非平衡态复合核裂变的贡献是一个有待研究的问题，我们可以初步推测，当入射中子能量可以与大约 200 MeV 的裂变能相比较时，可能就需要考虑非平衡态复合核裂变的贡献了。

裂变核吸收入射中子后所形成的激发态复合核，在裂变过程中一般仍然处在激发态，只有部分激发能转变成形变能。实验数据表明，对于低能锕系核裂变不对称裂变占主导，随着入射中子能量增加，不对称裂变成分逐渐降低，对称裂变将占主导，这是由于在低能裂变情况下，包括壳效应和对效应的核结构效应起了主导作用。

在 Bohr 和 Wheeler 发展了用液滴模型解释裂变过程的理论第二年 (1940 年)，Kramers 就提出了研究裂变反应的扩散模型 [11]。在裂变扩散模型中，把原子核看成连续介质，把它的形状参数看成集体运动坐标，把形状变化和内部粒子运动的相互作用看成导致集体运动的耗散和扩散。这时可以把集体运动看成 Brownian 粒子在形变空间的运动。有人对于 Brownian 粒子运动及 Langevin 方程及其应用作了详细介绍 [12,13]。

设 $\boldsymbol{x} = (x_1, x_2, \cdots, x_n)$ 为原子核的 n 个形变参数，$\dot{\boldsymbol{x}} = (\dot{x}_1, \dot{x}_2, \cdots, \dot{x}_n)$ 为相应的广义速度，$V(\boldsymbol{x})$ 为系统的形变势能，描述布朗粒子运动的 Langevin 方程为 [9]

$$\frac{\mathrm{d}\pi_i}{\mathrm{d}t} = \frac{\partial L(\boldsymbol{x}, \dot{\boldsymbol{x}})}{\partial x_i} - \frac{\partial F(\boldsymbol{x}, \dot{\boldsymbol{x}})}{\partial \dot{x}_i} + \Gamma_i(\boldsymbol{x}) \tag{1.10}$$

$$L(\boldsymbol{x}, \dot{\boldsymbol{x}}) = \frac{1}{2} \sum_{jk} M_{jk}(\boldsymbol{x}) \dot{x}_j \dot{x}_k - V(\boldsymbol{x}) \tag{1.11}$$

$$\pi_i \equiv \frac{\partial L(\boldsymbol{x}, \dot{\boldsymbol{x}})}{\partial \dot{x}_i} = \sum_j M_{ij}(\boldsymbol{x}) \dot{x}_j \tag{1.12}$$

$$F(\boldsymbol{x}, \dot{\boldsymbol{x}}) = \frac{1}{2} \sum_{jk} \gamma_{jk}(\boldsymbol{x}) \dot{x}_j \dot{x}_k \tag{1.13}$$

其中，L 为 Lagrange 函数，M 为质量张量，π_i 为广义动量，F 为耗散张量，γ 为黏滞张量，Γ_i 是随机力。有时可以假设系统的黏滞性比较大，即裂变核形状的演化是一种强阻尼运动，布朗粒子的速度随时可以达到统计平衡，这时在式 (1.11) 中质量张量 M 的作用就明显降低了。在这种条件下，可以由 Langevin 方程导出 Smoluchowski 方程。

为了求解裂变动力学方程，一个最重要的任务是研究形变势能 $V(\boldsymbol{x})$。由于一般会有多个形变参数，因而通常称 $V(\boldsymbol{x})$ 为多维势能曲面。为了计算势能曲面，首先要将核的形状用若干个参数来表示，而合适的参数化方法应该能自洽地描述裂变核从接近球形的基态，然后变成哑铃形状，一直到断点的整个形变过程。例如，可以采用 5 个变形参数，它们分别是拉伸半长度、颈部半径、颈部位置、颈部曲率和所谓的 "质心坐标"。

在裂变液滴模型中就给出了计算原子核基态能的宏观模型，后来 Möller 等对其进行了改进 [14,15]，又有人在其中引入了表面曲率项 [16,17]，这些均属于改进的液滴模型。Bardeen-Cooper-Schrieffer (BCS) 模型是把固体物理中的超导理论用于解释原子核中对效应的理论。在宏观能计算的基础上，再采用包含用 BCS 模型加入对效应的 Strutinsky 壳修正方法进行微观能的修正，这样就得到了宏观-微观模型的裂变势能曲面。要求用这种势能曲面计算的球形附近的基态原子核的质量能够相当好地符合实验数据。

　　有了裂变势能曲面以后，便可以用裂变动力学方程探索裂变路径。裂变核从基态开始形变，然后到达鞍点，直到在断点分裂成两个碎片。在这个过程中，在势能曲面上形成的轨迹称为裂变路径。裂变路径有无数条，而沿着势能曲面上能量最低的 "山谷" 所行走的道路称为最佳路径。

　　由于在裂变动力学方程中加入了随机力，代表该方程所描述单粒子运动所引起的集体运动在相空间会扩散，因而在求解裂变动力学方程时要体现出无规性。例如，考虑到颈部断裂的无规性，在碎片质量分布的计算中可以采用无规颈部断裂法。

　　Randrup 等在假设黏滞性比较大的强阻尼运动的情况下发展了随机行走方法 [18-22]，把此方法用于描述低能裂变过程，给出了几十个能较好符合实验数据的裂变碎片的电荷分布和一些发射中子前的裂变碎片的质量分布的例证。瞬发中子发射前和发射后的裂变碎片的质量分布是有差别的。但是，在裂变碎片进行 β⁻衰变前，瞬发中子发射前和发射后的裂变碎片的电荷分布是一样的。后来，又在微观势能项前乘上了与激发能有关的因子，并研究了激发能对裂变碎片质量分布的影响 [20]。又有人把这种方法推广到可以区分中子和质子的情况 [21]。

　　还有另一种方法就是直接求解 Langevin 方程，不再做强阻尼近似，这时需要给出计算质量张量和黏滞张量的方法。在这种理论中，由于在微观势能项中乘上了与温度有关的项，因而也就与激发能有关了。目前用这种理论在裂变方面进行的研究也取得了不少成果 [23-28]，给出了很多符合实验数据相当好的裂变碎片质量分布，有的还对裂变碎片动能 [23,24,26-28]、瞬发中子和瞬发 γ 射线发射数据 [25]进行了研究，有的工作还尽力用微观理论取代可调参数 [26,27]。

　　可以看出，最近几年用宏观–微观势能曲面和描述 Brownian 粒子运动的Langevin 方程使得在裂变方面的研究取得了比较大的进展。

　　上述裂变理论是与时间有关的非平衡态输运理论，这种理论属于经典理论，考虑量子效应较少，又包含了较多的唯象参数，因而将其用于量子效应很显著的低能裂变过程稍显不足。

　　目前，也有人探索用量子分子动力学 (QMD) 模型方法研究裂变过程。

1.3　与时间有关的核密度泛函理论 (TDHF 和 TDHFB)

　　用从核力出发的微观裂变理论研究裂变过程也是当前正在发展的裂变理论。这种理论被称为与时间有关的核密度泛函理论 (TDDFT)，又可以将其分成与时间有关的 Hartree-Fock (TDHF) 理论 [29-31] 和与时间有关的 Hartree-Fock-Bogoliubov (TDHFB) 理论 [32-34]。

　　由核子组成的原子核是费米子系统，质量数为 A 的原子核体系的归一化波函数 $\varPhi$ 可用单粒子正交归一化波函数 φ 的 Slater 行列式表示成

$$
\Phi_{k_1,k_2,\cdots,k_A}(\boldsymbol{r}_1,\boldsymbol{r}_2,\cdots,\boldsymbol{r}_A) = \frac{1}{\sqrt{A!}}
\begin{vmatrix}
\varphi_{k_1}(\boldsymbol{r}_1) & \varphi_{k_1}(\boldsymbol{r}_2) & \cdots & \varphi_{k_1}(\boldsymbol{r}_A) \\
\varphi_{k_2}(\boldsymbol{r}_1) & \varphi_{k_2}(\boldsymbol{r}_2) & \cdots & \varphi_{k_2}(\boldsymbol{r}_A) \\
\vdots & \vdots & & \vdots \\
\varphi_{k_A}(\boldsymbol{r}_1) & \varphi_{k_A}(\boldsymbol{r}_2) & \cdots & \varphi_{k_A}(\boldsymbol{r}_A)
\end{vmatrix}
$$

$$
= \frac{1}{\sqrt{A!}} \sum_{j=1}^{A} A_{ji}\varphi_{k_j}(\boldsymbol{r}_i) \tag{1.14}
$$

其中，k_j 是量子态标号，$\boldsymbol{r}_i$ 是第 i 个核子的空间坐标，A_{ji} 是式 (1.14) 的行列式中 $\varphi_{k_j}(\boldsymbol{r}_i)$ 的代数余子式，式 (1.14) 对于任意 i 都成立。

核子–核子之间的相互作用可以选用零力程的 Skyrme 有效核力或有限力程的 Gogny 有效核力。利用核力和由 Slater 行列式给出的单粒子波函数可以求得原子核势和有效质量，然后通过求解 Hartree-Fock (HF) 方程可以求得原子核单粒子能级和单粒子波函数，用求得的单粒子能级和单粒子波函数以及核力可以求得原子核势和有效质量，因而说 HF 理论是自洽的微观理论。如果不加上对力势，只能对双满壳核基态进行研究。为了能计算非双满壳核，把由 BCS 模型描述的对力效应非耦合地加进 HF 平均场，这种理论称为 HFBCS 理论。如果把 HF 方程发展成与时间有关的方程便为 TDHF 方程。用 TDHF 方程模拟原子核裂变过程一般都选用柱坐标。由于用 HF 理论可以求得原子核单粒子能级和单粒子波函数，因而可以求得整个原子核在坐标空间的密度分布。用 TDHF 方程进行计算，便可以求得整个原子核在坐标空间的密度分布随时间的演化过程。现在，可以计算从外鞍点到断点的过程，并可以追踪到裂变碎片的形成。在该理论中，中子和质子可清楚地区分开来。如果所有核子都处在费米面以下，这时原子核处于基态。如果有些核子处在费米面以上，而在费米面以下留下空穴，这时原子核处于激发态。费米面以上核子多少和能级位置高低便决定了原子核激发能的数值。因而用 TDHF 方程可以研究非绝热裂变路径，可以随时观察动能和激发能的转换。

我们知道，壳效应和对效应是最重要的核结构效应。在 HFBCS 理论中只是用 BCS 模型非耦地加入了对效应，显然未能充分考虑对效应的影响，于是后来又发展了 HFB 理论。在该理论中，从粒子算符 c_l^+ 和 c_l 出发，用普遍的 Bogoliubov 线性变换方法求得准粒子算符

$$
\beta_k^+ = \sum_l \left(U_{lk}c_l^+ + V_{lk}c_l\right), \quad \beta_k = \sum_l \left(U_{lk}^* c_l + V_{lk}^* c_l^+\right) \tag{1.15}
$$

其中 k 和 l 均取 1 到 M，M 代表系统粒子数。需要引入密度矩阵 (常规矩阵) 和对张量 (非常规矩阵)，它们的矩阵元在粒子基矢中被定义为

$$
\rho_{ll'} = \langle \Phi \,|\, c_{l'}^+ c_l \,|\, \Phi \rangle, \quad \kappa_{ll'} = \langle \Phi \,|\, c_{l'} c_l \,|\, \Phi \rangle \tag{1.16}
$$

其中 $|\Phi\rangle$ 是准粒子真空态。于是可以求得 $2M$ 维广义密度矩阵为

$$\mathcal{R} = \begin{pmatrix} \rho & \kappa \\ -\kappa^* & 1 - \rho^* \end{pmatrix} \tag{1.17}$$

进而可以求得准粒子哈密顿量，再用变分原理求得 HFB 方程。可见 HFB 理论是把 HF 平均场和对力场统一地经过正则变换后用准粒子描述，再用变分原理求得准粒子波函数的理论方法。如果把 HFB 方程发展成与时间有关的方程便为 TDHFB 方程。用 TDHFB 理论同样可以模拟裂变过程，但是计算量要比 TDHF 理论大得多。

在用 TDDFT 理论对裂变演化过程进行计算时，初始形变静态的选取要有一定的随机性，不同的初始静态会演化成不同的末态。对于每次演化事件都可以得到两个裂变碎片之间的相对运动总动能 [30,31,33,34]，轻重碎片各自的激发能 [30,31,33,34]，轻重碎片各是什么核素 [31,33,34] 等。有的还研究了瞬发中子数 [34]，有的研究结果指出重碎片储存了较多的激发能 [34]。

计算结果表明，初始静态的形变程度对末态的计算结果有明显的影响。TDDFT 理论是纯微观理论，每一次裂变事件都要花很长的计算时间。我们知道有数百个裂变产物核，裂变碎片质量分布的高峰和低谷又有数量级的差别，因而要靠初始形变静态的随机选取，最终能给出整个裂变碎片质量分布曲线，至少要进行数千个裂变事件的计算才有可能，这在目前的条件下是做不到的。而且，只考虑单粒子运动，未考虑集体运动的影响也是该理论的缺陷。因此，目前尚不能靠这种裂变理论来解决裂变后核数据的需求问题。

1.4　与时间有关的生成坐标方法和 Gaussian 重叠近似 (TDGCM+GOA)

核反应生成坐标方法 (GCM)[6,35] 提出来以后，有人对生成坐标方法和 Gaussian 重叠近似 (GOA) 作了详细介绍和评论 [36]。后来在此基础之上发展出一种与时间有关的生成坐标方法 (TDGCM) 和 Gaussian 重叠近似的裂变理论 [37-46]。

可以把裂变系统放进形变势阱中进行研究，该势阱用一组集体形变参数 $\boldsymbol{q} \equiv (q_1, q_2, \cdots, q_N)$ 来描述，每个 q_i 都有具体的物理含义，如 β_{20}，β_{30} 等。我们假设裂变系统的多体波函数 $|\Psi(t)\rangle$ 取如下形式

$$|\Psi(t)\rangle = \int f(\boldsymbol{q}, t) |\Phi(\boldsymbol{q})\rangle \, \mathrm{d}\boldsymbol{q} \tag{1.18}$$

其中 $|\Phi(\boldsymbol{q})\rangle$ 是已知的，是由形变参数 $\boldsymbol{q}$ 约束的可用 Slater 行列式表示的该系统

反对称化多体静态波函数，其中空间坐标、自旋、同位旋未明显标出。而 $f(\boldsymbol{q}, t)$ 是未知的权重函数。多体波函数 $|\Psi(t)\rangle$ 应该满足与时间有关的薛定谔方程

$$\left(\hat{H} - \mathrm{i}\hbar\frac{\partial}{\partial t}\right)|\Psi(t)\rangle = 0 \tag{1.19}$$

假设在哈密顿量 $\hat{H}$ 的势能部分可以近似采用两体有效相互作用势。把式 (1.18) 中的 $\boldsymbol{q}$ 改成 $\boldsymbol{q}'$，并将其代入式 (1.19)，再用 $\langle\Phi(\boldsymbol{q})|$ 从左边作用到所得到的表达式上便可得到

$$\int \langle\Phi(\boldsymbol{q})| \left(\hat{H} - \mathrm{i}\hbar\frac{\partial}{\partial t}\right) |\Phi(\boldsymbol{q}')\rangle f(\boldsymbol{q}', t)\mathrm{d}\boldsymbol{q}' = 0 \tag{1.20}$$

其中 $\langle\Phi(\boldsymbol{q})|\cdots|\Phi(\boldsymbol{q}')\rangle$ 代表对空间坐标积分，对自旋和同位旋求和。式 (1.20) 被称为 Hill-Wheeler 方程。我们令

$$I(\boldsymbol{q},\ \boldsymbol{q}') = \langle\Phi(\boldsymbol{q})|\Phi(\boldsymbol{q}')\rangle \tag{1.21}$$

再采用 Gaussian 重叠近似，认为 $I(\boldsymbol{q}, \boldsymbol{q}')$ 具有仅与 $(\boldsymbol{q} - \boldsymbol{q}')$ 有关的 Gaussian 分布形状，并令

$$g(\boldsymbol{q}, t) = \int I^{1/2}(\boldsymbol{q}, \boldsymbol{q}')f(\boldsymbol{q}', t)\mathrm{d}\boldsymbol{q}' \tag{1.22}$$

于是可以把 Hill-Wheeler 方程 (1.20) 变化成在坐标 $\boldsymbol{q}$ 构成的 Q 空间中定域的，并且与时间有关的类薛定谔方程

$$\mathrm{i}\hbar\frac{\partial g(\boldsymbol{q}, t)}{\partial t} = \hat{H}_{\mathrm{coll}}g(\boldsymbol{q}, t) \tag{1.23}$$

在集体哈密顿 $\hat{H}_{\mathrm{coll}}$ 中含有二阶张量 $B(\boldsymbol{q})$，它是惯性张量 $M(\boldsymbol{q})$ 的逆张量，$\hat{H}_{\mathrm{coll}}$ 的集体势能项为 $V(\boldsymbol{q}) = \langle\Phi(\boldsymbol{q})|\hat{H}|\Phi(\boldsymbol{q})\rangle$。式 (1.23) 称为 TDGCM+GOA 方程。

在集体哈密顿 $\hat{H}_{\mathrm{coll}}$ 中 $V(\boldsymbol{q})$ 和 $B(\boldsymbol{q})$ 由原来的哈密顿 $\hat{H}$ 和波函数 $|\Phi(\boldsymbol{q})\rangle$ 来决定。对它们可以采用微观 HFB 理论在形变约束下进行计算，并且可以使用有限力程 Gogny 有效核力 [37-40,42,45]，也可以使用零力程 Skyrme 有效核力 [40,41]；还可以采用相对论平均场理论加上 BCS 对力效应在形变约束下进行计算 [43,44,46]，并且引入了有限温度效应 [44,46]。目前一般都采用谐振子基矢展开约束二维形变，即四极形变 β_{20} 和八极形变 β_{30}。当给出集体波包的初始值 $g(\boldsymbol{q}, 0)$ 以后，便可以通过数值求解 TDGCM+GOA 方程来确定系统的动力学。最终，裂变产额作为集体波包 $g(\boldsymbol{q}, t)$ 通过集体空间对应于断点组态的超曲面的通量被提取出来。计算结果表明，最终计算结果与初始值的选择是密切相关的。

现在用这种理论已经计算的裂变核有 ^{238}U$^{[38,39]}$, ^{239}Pu$^{[41]}$, ^{252}Cf$^{[42]}$, ^{226}Th$^{[43,44]}$, ^{254,256,258}Fm$^{[45]}$, ^{228}Th$^{[46]}$, ^{234}U$^{[46]}$, ^{240}Pu$^{[46]}$, ^{244}Cm$^{[46]}$, ^{250}Cf$^{[46]}$。被计算的核数据有裂变碎片瞬发中子发射前的质量分布 $^{[38,39,41,42,44,45]}$，裂变碎片的电荷分布 $^{[41,43-46]}$，以及裂变碎片动能 $^{[38,39,43]}$。一般都能基本符合实验数据。

由 TDGCM+GOA 方程所代表的裂变理论是量子理论,对于集体哈密顿 $\hat{H}_{coll}$ 中的 $V(q)$ 和 $B(q)$ 的计算采用的是微观 HFB 理论或相对论平均场理论，因而具有很强的微观理论基础。不过目前该理论一般都只选择两个形变参数，原则上采用更多的形变自由度会更符合实际，然而即使只增加到 3 个形变自由度，计算量也会大大增加，使问题求解变得非常困难。

有人对微观裂变理论作了详细介绍和评论 $^{[47]}$。有些人对于与裂变有关的概念及现有的各种裂变理论进行了全面论述 $^{[48]}$。此外，还有裂变理论专著 $^{[49]}$。

我们知道，当低能中子与锕系核发生反应时，在热能及以上能区辐射俘获截面很大，在辐射俘获截面还相当高时，发射中子的 (n,n′) 反应道截面就升起来了，然后还有 (n,2n),(n,3n) 反应道，相应地会有 (n,f),(n,n′f),(n,2nf),(n,3nf) 不同的裂变道出现。此外，还有截面比较小的发射轻带电粒子的反应道，其中 (n,α) 是无阈反应。在整个能区还都要与截面相当大的弹性散射道耦合。因而可以说没有不受其他反应道干扰的裂变过程。前面所介绍的，由 Langevin 方程、TDDFT 理论、TDGCM+GOA 方程所代表的裂变理论目前都不能计算裂变截面，都还没有解决如何与其他反应道耦合的问题。可见这些理论所研究的问题与实际情况还有差距。它们尚属于基础研究课题。

此外，上述三种裂变理论都是研究裂变核随时间的演化过程，含有时间自由度，而在裂变核全套核数据的计算程序中没有时间自由度。如果想在上述三种裂变理论随时间演化过程中耦合上可以随时发射粒子和 γ 射线是不现实的。此外，在裂变核全套核数据计算程序中必须确保能量守恒，若把上述三种理论中的一种理论融入其中，如何做到能量守恒也是一个待解决的问题。

本书将要发展的平衡态复合核裂变后理论与其他核反应理论一样都属于常规的核反应模型理论，其主体性质是量子理论。相对来说这种理论计算量比较小。考虑到，属于 (n,n′f),(n,2nf),(n,3nf) 反应道的裂变物理量分别处在一重积分、二重积分、三重积分之内，因而只有计算量比较小的理论方法才有可能满足计算量的需求。

原则上讲，上述三种裂变理论也不是绝对没办法融入计算裂变核全套核数据程序的。如果用上述三种裂变理论只是模拟从鞍点到断点的动力学演化过程并研究裂变后初始态的物理量，就没必要再考虑与其他反应道的耦合了，因为原子核达到鞍点以后便只有发生裂变一条路可走了。但是，其前提条件是所选用的鞍点态的分布函数必须是合理的。如果鞍点态的分布函数是在未考虑与其他反应道耦合的情况下从变形核演化过来的，这时该理论的原有的缺陷仍然存在。如前所述，本书将发展的平衡态复合核裂变后理论属于常规核反应模型理论，这是从事核反应理论研究人员所熟悉的常规做法。如果想把属于其他类型理论的上述三种裂变理论融入计算核数据的模型理论程序之中，那就要做具体分析了。首先，属于纯微观理论的 TDDFT 理论，由于计算量太大，目前肯定无法使用。其次，现有的 TDGCM+GOA 方程只考虑了 2 个变形参数，与实际情况有差距，而且计算量过大，所以目前也无法使用。用于研究裂变过程的 Langevin 方程方法和量子分子动力学 (QMD) 模型方法的计算量相对来说要小一些，有必要在下边对其进行一些讨论。

研究裂变过程的 Langevin 方程方法和 QMD 模型方法有共同之处，在求解动力学方程时它们都需要势能项、动能项，QMD 模型需要用蒙特卡罗方法对裂变事件进行模拟抽样，Langevin 方程包含随机力，也可以用蒙特卡罗方法求解。所不同的是 Langevin 方程方法是通过研究变形参数和集体坐标随时间演化过程来判断是否发生裂变，而 QMD 模型是通过研究原子核中核子的位置和动量的变化，由核子位置分布和两个核子集团分离时间来判断是否发生了裂变。Langevin 方程方法虽然在势能项中加入了对能和壳效应的量子成分，但是 Langevin 方程本身属于经典理论；在 QMD 模型中虽然人为地引入了波包概念，但是描述核子运动的方程确是经典的哈密顿方程，没有用薛定谔方程。因而可以说，这两种理论方法的主体性质都是经典理论。用这种以经典理论为主体的理论方法来描述量子效应很强的低能裂变过程在理论基础上是有缺陷的。而且在这两种理论方法中都包含一些模型参数或有效核力参数，因而从理论性质考虑，它们并不比以量子理论为主体的核反应模型理论先进。然而，本书的平衡态复合核裂变后理论刚刚提出来，肯定还有不少问题有待解决，如果能同时使用上述两种裂变理论与平衡态复合核裂变后理论将会起到互补作用。

对于瞬发中子发射之前的裂变后初始态，需要求的物理量有：① (A, Z) 产物核分布 (对 Z 求和后为质量分布，对 A 求和后为电荷分布); ② (A, Z) 产物核的角分布；③ 轻碎片和重碎片之间的总动能和动能分布；④ (A, Z) 产物核的激发能及其分布。要求上述计算结果满足能量守恒关系，即对于每一个裂变事件，在质心系中二碎片相对运动动能加上二碎片激发能之和应该等于入射中子能量加上裂变 Q 值。我们知道，每种物理量的分布最大值与最小值可能相差 2~3 个数量级。要想用这两种靠随机抽样方法进行计算的裂变理论把上述多种分布函数同时给出明确曲线，计算时间是个大问题。此外，对于初始 (A, Z) 产物核与激发能有关的角动量也要进行研究。

我们的基本看法是，在 (n,n′f) 反应阈之前的低能区用上述两种裂变理论可以计算裂变后初始态的一些物理量，但是很可能对于某些物理量尚不能给出符合要求的结果[22]。当入射中子能量超过 (n,n′f) 反应阈之后,上述两种裂变理论可能就不能再用了,主要原因是计算时间承受不了。而且,负责研究全套核数据计算程序的人,如果没有特别需要,一般都不愿意把属于另类理论的很复杂的大块程序放在全套核数据计算程序之中。至于,由初始产额出发计算瞬发中子和瞬发 γ 射线数据、独立产额、同质异能态核占比的研究阶段,以及由独立产额出发计算累计产额、衰变热、缓发中子数据的研究阶段,似乎已经超出上述两种裂变理论的研究范围。

目前有一些从基本理论出发,主要靠拟合实验数据而得到的系统学公式或经验公式,它们是有一定实用价值的。比如,由 Madland 和 Nix 所发展的裂变瞬发中子谱和平均裂变瞬发中子数的计算方法[50]已经被大家承认和使用,又比如,建立在基本理论和拟合实验数据基础之上的 GEF 程序[51],对于除去裂变碎片角分布以外的几乎所有裂变后核数据都能进行计算。目前在重要裂变核的一些能区和一些次要裂变核仍然明显缺乏实验数据,如果只靠这种基本上属于经验公式的方法来预言,明显缺乏理论基础,所预言的结果缺乏可信度。

1.5 平衡态复合核裂变后理论

平衡态复合核反应是指入射粒子中的核子进入靶核后通过与靶核内核子发生碰撞相互交换能量,入射粒子中的核子很快与靶核内核子融合在一起,以至于无法再区分哪个核子是入射粒子中的核子,这种现象称为忘却效应,这种情况下的复合核被称为平衡态复合核,由平衡态复合核所发生的反应称为平衡态复合核反应。平衡态复合核的激发能与入射粒子能量有比较弱的关系,与入射粒子的入射方向无关。人们所观测的核反应系统是由大量入射粒子和大量靶核所构成的,一般人们认为在进行实验测量的时间段内靶核消耗比例很小,或者在进行数据处理时将其修正为靶核无消耗,于是在稳定入射粒子流的情况下便可以认为在进行实验测量的时间段内宏观核反应系统是稳定的,是不随时间变化的,因而满足时间反演不变性。

在核反应模型理论中,人们只关心初态和末态,并不研究从初态到末态的细致演化过程。在从初态向末态的演化过程中,要求满足核子数守恒、能量守恒、动量守恒、角动量守恒、宇称守恒等基本物理规则,从而建立起末态与初态的因果关系,于是也就发展了各种平衡态复合核反应理论模型,其中包括人们公认的 S 矩阵理论。这些理论属于核反应统计理论,它不是研究个别反应事件随时间演化过程的,而是研究大量反应事件的统计结果,这些结果遵从一定的统计学规律,因而人们可以计算出射粒子的角分布、能谱和双微分截面等。

在核反应统计理论中,判断某一种反应是平衡态复合核反应还是非平衡态复合核反应只需要判断发射粒子之前所形成的复合核是否已经达到平衡态？发射的粒子是否与入射粒子的入射方向无关？如果入射粒子能量太高，在所形成的复合系统尚未达到平衡态之前就能发射粒子，因而出射粒子的方向和能量与入射粒子的方向密切相关，这种情况属于非平衡态复合核反应或者是直接反应。在平衡态复合核反应中，并不要求单个反应事件在发生反应过程中的每个时间段都处于平衡态。比如，当平衡态复合核发射 α 粒子时，如果用波函数描述核子，必然有一个大核子集团与一个小核子集团拉开和脖颈断开的过程，我们不能要求 α 粒子与剩余核将要断开那一瞬间这个系统也处在平衡态，如果提出这种要求，由 N. Bohr 所提出的平衡态复合核反应就根本不存在了。虽然单个核反应事件在发生反应过程中并不能保证该系统总是处在平衡态，但是核反应统计理论是研究大量核反应事件的，它们会以不同核子数、能量、方向等进行分裂反应，这些反应事件随核子数、能量、方向等会遵守一定的统计分布规律，在平衡态复合核反应中这些反应事件的统计分布规律是稳定的，是不随时间变化的，是满足时间反演不变性的。所以我们可以先对单个反应道进行研究，然后根据它们的统计分布规律再合并出总的反应结果。可见核反应统计理论与只研究单个原子核演化过程的理论是有很大差别的。

很显然，小于 20 MeV 的低能中子所诱发的锕系核裂变过程属于平衡态复合核反应，因为入射中子能量远远小于大约 200 MeV 的裂变 Q 值，因而引起原子核发生大形变进而导致裂变的激发能主要来自与整个原子核有关的结合能。

本书提出和发展的平衡态复合核裂变后理论的理论基础有两点：①小于 20 MeV 的低能裂变属于平衡态复合核反应；②根据时间反演不变性所得到的 S 矩阵的对称性是正确的。

由于在描述平衡态复合核反应的统计理论中，并不要求每个反应事件在演化过程中任何时间都处在平衡态，因而"裂变断点不是平衡态"的说法是无法否定本书理论基础的，因为这种说法没有考虑核反应统计理论概念。更何况，在计算中子与裂变核的核反应程序中，对于中子非弹性散射和轻带电粒子发射的复合核部分一直都是应用细致平衡原理进行计算的，这早已是大家公认的事实。我们在充分考虑了重离子反应特点的情况下，把该理论推广到裂变过程没有什么不妥。因而可以说，虽然中高能非平衡态裂变过程是不可逆的，但是低能平衡态复合核反应是满足时间反演不变性的，S 矩阵的对称性是根据时间反演不变性和宇称守恒得到的，进而可以证明正反应和逆反应截面之间满足细致平衡原理。

中子出射道的阈能可以用原子核质量数值严格计算，一旦入射中子能量超过阈能，相应的反应截面会迅速上升。由于 α 粒子结合得很紧密，(n,α) 反应往往是无阈反应。但是计算结果表明，只有当入射中子能量达到一定数值以后 (n,α) 的截面才会慢慢升起来。这是由于发射中子时，只需克服出射中子与剩余核之间的相互吸引的短程核力即可。而发射 α 粒子时，除去要克服出射 α 粒子与剩余核之间相互吸引的短程核力以外, 复合核还要积累更多的激发能, 以便提供给由于 α 粒子受到剩余核的库仑排斥力而产生加速度, 直到二者相对距离超出库仑力的力程而变成匀速运动所需要的能量。因而只有入射中子能量超过 (n, α) 反应阈一定数值以后, (n, α) 的反应截面才会慢慢升起来。

在计算裂变核全套中子核数据程序中, 对于带电粒子出射道 (n,x), x = p,d,t, ^{3}He, α 都是根据时间反演不变性, 用细致平衡原理处理的, 这样可以计算出它们的反应截面和角分布等。原子核的裂变道, 其实并不是一个反应道, 而是由数百个不同的 $A_L Z_L (A_H Z_H)$ 所构成的二重离子裂变道所形成的, 当轻碎片 $A_L Z_L$ 确定以后, 重碎片 $A_H Z_H$ 也就自动确定了, 即 $A_H Z_H$ 不是独立的。和轻带电粒子出射道类似, 同样根据细致平衡原理, 可以用两个重离子碰撞反应作为单个裂变道的逆反应。但是, 这里的两个重离子都处于激发态。由于受原子核结构的壳效应和对效应的影响, 不同的重离子裂变道所释放的反应能 Q 值是不同的, 于是相应的逆反应重离子碰撞的反应截面也应该不同。由于两个裂变碎片之间库仑排斥力比较大, 因此两个碎片之间的总动能一般都在 160 MeV 以上 [9], 裂变碎片总动能比较大有利于其逆反应克服库仑势垒。

平衡态复合核裂变前的 Bohr-Wheeler 理论是根据裂变核鞍点态的复合核性质来计算总裂变道的裂变穿透系数进而计算总裂变截面的。当裂变核越过鞍点态以后, 两个核子集团之间的库仑排斥力超过了短程核力的吸引力, 哑铃状形变会不断拉长, 颈部也会不断变细, 处在颈部的核子也就开始向由于形变所形成的两个新的核子集团中心靠拢, 这时部分形变能开始转化为激发能。当哑铃状形变的颈部拉长到一定长度时, 就到达了断点。当两个裂变碎片在断点刚刚分开时, 它们之间还会受到短程核力的吸引, 但是由于两个裂变碎片电荷数相乘的数值 $Z_L Z_H$ 比较大, 库仑势的排斥力远大于核力的吸引力, 于是在第二质心系中两个裂变碎片便会沿着相反方向得到加速度而被推开, 在库仑排斥力的作用下它们之间的相对运动速度越来越快, 直到它们之间的距离超过了库仑相互作用力程以后, 两个裂变碎片在以二粒子系的质心为坐标原点的质心系 (第二质心系) 中会以均匀速度沿相反方向飞行, 在以较重粒子的质心为坐标原点, 以两个粒子之间距离为坐标变量的二粒子相对运动质心系 (第一质心系) 中相对运动动能也达到了最大值, 我们称这种状态为裂变后初始态。对于裂变道来说, 只有入射粒子与靶核形成的复合核的激发能大到可以促使复合核发生大变形而且能够越过鞍点的情况下才能发生裂变。当复合核越过断点后, 两个碎片会分别迅速向接近球形状态变化, 这时一部分形变能会转变成激发能, 同时由于裂变前后原子核质量的变化, 又会产生可用以下公式计算的裂变能 (裂变 Q 值)

$$Q = (m_n + M_A - M_L - M_H)c^2 \tag{1.24}$$

其中，m_n 和 M_A 分别为入射中子和靶核质量，M_L 和 M_H 分别为轻碎片和重碎片质量，c 为光速。一般情况下裂变 Q 值为 200 MeV 左右。在裂变后初始态形成过程中，所释放的裂变能 Q 会转化成碎片动能和激发能。裂变碎片的加速过程也就是它们的激发能、形变能和裂变 Q 值向碎片动能的转化过程。我们假设，在低能裂变反应中，从鞍点态到裂变后初始态的过程中并没有核子发射。平衡态复合核裂变后理论是根据裂变后初始态来计算单个裂变道的裂变穿透系数进而计算单个裂变道的裂变截面的。对数百个重离子碎片对的裂变道所计算的裂变截面之和需要归一化到由平衡态复合核裂变前理论所计算的总裂变截面，这样做可以确保理论计算结果的自洽性。

当复合核越过断点后，两个裂变碎片便具有由入射粒子第一质心系能量 E_C 和裂变 Q 值所形成的激发能和动能。由于入射中子和裂变核所形成的复合核具有多种裂变路径，因而也有多个鞍点态，不同的 $A_L Z_L (A_H Z_H)$ 裂变道应该对应不同的鞍点态。用由式 (1.1) 或式 (1.8) 给出的计算裂变穿透系数的公式可以计算出总的裂变截面，因而在上述公式中的裂变势垒及鞍点态能级密度参数等都对应于整个裂变道。可以说，平衡态复合核裂变前理论可以判断能不能发生裂变，并且可以计算出总的裂变截面，而用平衡态复合核裂变后理论可以计算不同的 $A_L Z_L (A_H Z_H)$ 裂变道对总裂变截面所贡献的相对份额。

当热中子与 ^{238}U 发生反应时，由于入射中子进入靶核后没有与其配对的核子，因此不能释放新的对能，复合核的总激发能比较低，因而无法促使复合核发生大的形变，即无法越过鞍点，因而也就不能发生裂变，这时再用裂变后理论的逆反应方法计算分道裂变截面也就没有任何意义了。对于低能或中能入射中子来说，在复合核裂变成两个大碎片时，还可能会发射少量能量偏高的非统计中子和光子。当入射中子能量相当高时，整个靶核可能被打碎，变成散裂反应，这种情况已超出本书要讨论的内容范围。

由于库仑势的力程并不是很长，因而裂变后初始态是在非常短的时间内形成的，这时瞬发中子尚来不及发射。我们称处在裂变后初始态的碎片为初始碎片，相应的裂变碎片产额为瞬发中子发射前的初始产额，其中包括瞬发中子发射前的裂变碎片的质量分布和电荷分布。在实验室系中，可以测量动能达到了最大值的初始裂变碎片的动能分布和角分布，包括实验室系初始裂变碎片总动能分布及平均总动能 (TKE)，以及对应于每种初始裂变碎片的动能分布及平均动能，还希望知道在实验室系中每种初始裂变碎片的角分布。

当两个裂变碎片达到匀速运动状态时，两个裂变碎片仍然具有激发能，碎片的激发能在原子核内要有一个通过核子–核子碰撞而趋向统计平衡的过程，瞬发中子和瞬发 γ 射线主要是通过平衡态复合核反应发射的。当然也有一部分瞬发中子和瞬发 γ 射线是在碎片达到平衡态之前发射的，这部分贡献可以用描述预平衡反应的激子模型描述。裂变碎片在核介质中要飞行一段时间，最终由于电离损失才会沉积下来。我们以激发能为 ε_g (g = L,H) 的初始裂变碎片 $A_g Z_g$ 为例进行讨论。瞬发中子和瞬发 γ 射线可能在裂变碎片在核介质中飞行过程中发射，也可能从沉积在介质中的裂变碎片发射。由于目前不太关心瞬发中子和瞬发 γ 射线的角分布问题，为了简单起见，可以只在碎片质心系中研究瞬发中子和瞬发 γ 射线的发射，也不考虑坐标系变换。但是在计算过程中，通过对能级密度参数以及激子模型所占比例参数的调节，可以影响瞬发中子和瞬发 γ 射线的能谱形状，这样可在一定程度上考虑瞬发中子和瞬发 γ 射线在碎片飞行过程中发射所造成的影响。由于初始裂变碎片大部分为丰中子核，对它们只需考虑瞬发中子和瞬发 γ 射线发射，不必考虑带电粒子发射。对于少量缺中子产物核，发射带电粒子的截面也比较小，也被忽略。如果初始裂变碎片激发能小于中子分离能，该初始裂变碎片只能发射瞬发 γ 射线，可以用光核反应处理。如果初始裂变碎片激发能大于中子分离能，该初始裂变碎片可以同时发射瞬发中子和瞬发 γ 射线，如果初始裂变碎片激发能比较大还可以发射多个瞬发中子，这时可以把激发能为 ε_g 的初始裂变碎片看成是在质心系中由能量为 $E_C = (\varepsilon_g - E_{g1})$ 的中子与 $(A_g - 1)Z_g$ 靶核发生反应所形成的复合核，其中 E_{g1} 是复合核发射第一个中子的分离能。由于裂变碎片总动能一般都超过 160 MeV，对于 20 MeV 以下能区的裂变反应，碎片激发能一般不会超过几十兆电子伏，因而可以用计算入射中子能量小于 100 MeV 只包含发射中子和 γ 射线的中重核全套核数据程序处理。用这个程序可计算复合核形成截面 σ_a，以及 $(n,\gamma), (n,n'\gamma), (n,2n\gamma), (n,3n\gamma), \cdots$ 等出射道的反应截面和中子能谱及 γ 射线能谱，并可将其换算成瞬发中子数，瞬发中子平均能量和瞬发中子能谱，瞬发 γ 射线能谱，瞬发 γ 射线平均能量和瞬发 γ 射线数等。对于不能再发射中子的剩余核，多数情况下都通过发射 γ 射线退激到基态，也有一些剩余核既可以退激到基态，也可能退激到同质异能态，这时要计算退激到同质异能态所占比例。然后，根据 $(n,\gamma), (n,n'\gamma), (n,2n\gamma), (n,3n\gamma), \cdots$ 等反应道截面与复合核形成截面 σ_a 的比值，可以知道初始裂变碎片 $A_i Z_i$ 有多少份额转换成独立裂变碎片 $A_i Z_i, (A_i - 1) Z_i, (A_i - 2) Z_i, (A_i - 3) Z_i, \cdots$。对于有同质异能态的剩余核，利用本书第 6 章给出的 γ 退激理论计算在独立裂变碎片中同质异能态和基态各占多少比例。我们称发射瞬发中子和瞬发 γ 射线后，但是尚未进行 β 衰变的裂变碎片为独立裂变碎片，相应的裂变碎片产额称为裂变碎片独立产额。我们知道瞬发中子和瞬发 γ 射线发射过程基本上属于复合核发射过程，它比断点后初始裂变碎片加速过程要慢很多，但是相对于 β 衰变过程它又是在瞬间完成的，所以才有瞬发中子和瞬发 γ 射线的名称。对于独立裂变产额可以给出总的裂变碎片电荷分布和不同质量的裂变碎片的电荷分布。事实上，只有 β 衰变前的裂变碎片电荷分布才有明确意义，一旦裂变碎片开始进行 β 衰变后，裂变碎片的电荷分布就会迅速发生变化。

在参考文献 [52,53] 中，给出了 $A = 72 \sim 161$ 的 649 个基态独立裂变产物核及相应的一些同质异能态核，但是他们用的是 20 世纪 80 年代的数据。最近，黄小龙等以图表形式给出了实验上已经观测到的分布在 $A = 66 \sim 172$ 区间的裂变产物核衰变链[54]，他们的科研成果在本书中以表 A.1 的形式被引用，其中包括基态产物核 1197 个，同质异能态产物核 355 个。当然，质量数小于 66 和大于 172 的裂变碎片也可能存在，但是由于它们的产额极低可以被忽略。在表 A.1 中对于每个基态或同质异能态核都标出了它们的半衰期、衰变途径及其分支比。大多数独立裂变产物是丰中子核，它们会以 β^- 衰变方式在表中向右移动位置，在该表中也包含少量缺中子的属于 $\varepsilon + \beta^+$ 衰变的产物核，它们的衰变方式在表中是向左移动位置。在计算裂变产物核衰变过程时还可以计算裂变产物核的衰变热。如果某个裂变碎片 AZ 发生 β^- 衰变后变成了 $A(Z+1)$ 核，而且该 $A(Z+1)$ 核的激发能大于中子分离能，这时便可能发射一个中子，该中子称为缓发中子，而裂变碎片 AZ 便是该缓发中子的先驱核，先驱核的半衰期就是缓发中子的半衰期。$A(Z+1)$ 核发射一个缓发中子后变成了 $(A-1)(Z+1)$ 核，这样它就衰变到了质量数减少了 1 的质量链。实验数据表明，缓发中子在裂变中子中只占 1% 左右，因而大部分独立裂变碎片都是在本身所处的质量链内衰变。在裂变发生以后任何时间都可以测量裂变碎片的产额，对于测量到的每个产物核的产额来说除了本身未衰变的独立裂变碎片成分以外，还包含了从本质量链其他原子核衰变过来的成分，还可能包含由于缓发中子发射而由高质量链衰变过来的成分。这时所测量到的裂变碎片产额称为累计产额。裂变碎片的累计产额与裂变发生后多长时间才进行的裂变碎片测量密切相关。测量裂变碎片的时间越晚，短寿命的原子核越少。理论预言半衰期最长的缓发中子先驱核是 $^{87}_{35}\text{Br}$，它的半衰期是 55.64 s，而且已经得到实验证实。我们可以说，裂变后 3 分钟或更长时间所测量到的裂变碎片基本上不可能再发射缓发中子了，于是可以把不稳定核的份额根据 β 衰变方向合并给同产物链的稳定核，这样便可以得到只有稳定核的裂变产额分布。如果再把一个质量链上的两个或三个稳定核的产额相加，所得到的裂变碎片分布称为链产额，也就是裂变碎片的质量分布。可以看出，从裂变发生后 3 分钟或更长时间所测量到的裂变累计产额和所推算出来的裂变碎片的质量分布应该都是一样的，并称为最终质量分布。

通常描述轻粒子反应的球形光学模型和耦合道光学模型都采用 j-j 角动量耦合方式，入射粒子与靶核处在不对等地位。而对于重离子反应应该采用 S-L 角动量耦合方式。本书发展了同时考虑两个粒子的角动量又不用求解耦合道方程的重离子球形光学模型，推导了适用于重离子反应的 Hauser-Feshbach (H-F) 理论。然后仔细讨论了计算裂变后各种物理量的理论计算方法，其中包括裂变碎片的质量分布和电荷分布，裂变碎片动能分布和角分布，裂变瞬发中子和瞬发 γ 射线等。本书提出了缓发中子简化模型，还给出了计算 (n,f) + (n,n′f) + (n,2nf) 三个裂变道对裂变后数据总贡献的理论方法。

关于平衡态复合核裂变后核数据的计算问题，我们建议采用三步计算模式。第一步，要对待研究的裂变核用裂变前的核数据程序开展计算工作，由于裂变后核数据的计算是建立在裂变前计算结果之上的，因而特别要求用裂变前核数据计算所得到的模型参数能满意地、合理地符合各种实验数据，对于那种理论计算结果只是粗略符合实验数据，然后再用实验数据拟合值取代理论计算值的做法在这里是不能采用的。第二步，在计算中子诱发裂变核裂变前核数据的程序基础上，研制出计算中子诱发裂变核裂变后初始态的程序，即只计算到瞬发中子发射前的裂变过程。在计算裂变前核数据时所定下来的所有模型参数在该程序中不能做任何更改。但是，在计算裂变后核数据的公式中包含了一些新的模型参数。在正式计算裂变后核数据之前要尽量合理地给出这些模型参数的初值，开始可以先人为调节参数，然后再使用在本书附录中所给出的对每个可调参数能分别自动调节步长的寻找最佳理论模型参数的改进的最速下降法调节理论模型参数，经过多次反复计算，最后可以得到符合实验数据比较满意的裂变后的核数据。第三步，再研究瞬发中子、瞬发 γ 射线、同质异能态核所占比例、独立产额、累计产额、裂变碎片衰变热、缓发中子，以及 (n,n′f) 和 (n,2nf) 裂变道的贡献等。

第 2 章　重离子碰撞运动学

本章研究质量可以相比较的两个粒子碰撞的运动学。假设在实验室系较轻的粒子 1 为入射粒子，其速度为 v_0，较重的粒子 2 是静止的。在实验室系二粒子系统的总动能为

$$E_L = \frac{1}{2} M_1 v_0^2 \tag{2.1}$$

其中 M_1 是较轻粒子 1 的质量。设该系统质心速度为 v_C，根据动量守恒定律可以得到

$$v_C = \frac{M_1}{M_1 + M_2} v_0 \tag{2.2}$$

其中 M_2 是较重粒子 2 的质量。在以二粒子系的质心为坐标原点的质心系 (简称第二质心系) 中粒子 1 和粒子 2 在发生碰撞前做迎面运动，粒子 1 的速度为

$$\boldsymbol{v}_1 = \boldsymbol{v}_0 - \boldsymbol{v}_C = \frac{M_2}{M_1 + M_2} \boldsymbol{v}_0 \tag{2.3}$$

由于动量守恒，粒子 2 的速度 $\boldsymbol{v}_2$ 应为

$$\boldsymbol{v}_2 = -\frac{M_1}{M_2} \boldsymbol{v}_1 = -\frac{M_1}{M_1 + M_2} \boldsymbol{v}_0 \tag{2.4}$$

利用式 (2.3) 和式 (2.4) 可以求得发生碰撞前在质心系中二粒子相对运动的总动能为

$$E_C = \frac{1}{2} M_1 v_1^2 + \frac{1}{2} M_2 v_2^2 = \frac{1}{2} \mu v_0^2 \tag{2.5}$$

其中

$$\mu = \frac{M_1 M_2}{M_1 + M_2} \tag{2.6}$$

μ 称为二粒子相对运动的折合质量。根据式 (2.1)，式 (2.5) 和式 (2.6) 可以得到

$$E_C = \frac{M_2}{M_1 + M_2} E_L \tag{2.7}$$

从以上结果可以看出，二粒子发生碰撞前，在实验室系中粒子 2 是静止的，粒子 1 以速度 v_0 沿 z 轴朝向粒子 2 运动；在以二粒子系的质心为坐标原点的第二

质心系中，粒子 1 和粒子 2 分别以速度 v_1 和速度 v_2 沿 z 轴朝向二粒子系统质心做迎头运动，二粒子动量相加为 0。在以较重粒子的质心为坐标原点，以两个粒子之间距离为坐标变量的二粒子相对运动质心系 (简称第一质心系) 中，粒子 2 是静止的，粒子 1 以速度 v_0 沿 z 轴朝向粒子 2 运动，但是粒子 1 的质量要用折合质量 μ 代替，其中 E_C 是第一质心系中二粒子相对运动动能。根据式 (2.5) 可知 E_C 等于第二质心系中二粒子动能之和，这符合能量守恒定律。

图 2.1 是二粒子发生碰撞后的粒子运动速度示意图。如果二粒子发生了弹性散射或非弹性散射，碰撞前后二粒子种类以及二粒子质心速度 v_C 都不发生变化；如果二粒子发生了粒子转移反应或裂变，出射粒子种类与碰撞前的粒子种类相比较会发生变化，系统的质心速度 $v_C^{(out)}$ 与 $v_C^{(in)}$ 也会不同。

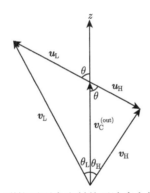

图 2.1　碰撞后两个出射粒子速度之间的关系

我们用 L 和 H 代表其质量相差不太大或者说其质量可以进行比较的两个出射粒子，其中 L 是较轻粒子。$v_C^{(out)}$ 为二粒子系出射道的质心速度。v_L 和 v_H 为碰撞后二粒子的实验室系速度，它们与 z 轴的夹角分别为 θ_L 和 θ_H；u_L 和 u_H 为碰撞后二粒子在以二粒子系的质心为坐标原点的第二质心系中的速度，与 z 轴的夹角均为 θ。在第二质心系中，两个粒子沿相反方向运动，二粒子运动状态用各自的动能 ϵ_L 和 ϵ_H 描述。根据动量守恒定律可知

$$M_L u_L = M_H u_H \tag{2.8}$$

利用此式可以求得

$$M_L \epsilon_L = \frac{1}{2} M_L^2 u_L^2 = \frac{1}{2} M_H^2 u_H^2 = M_H \epsilon_H \tag{2.9}$$

于是得到

$$\epsilon_H = \frac{M_L}{M_H} \epsilon_L, \quad \epsilon_L = \frac{M_H}{M_L} \epsilon_H \tag{2.10}$$

设 ϵ 为第一质心系中二粒子相对运动动能，根据能量守恒定律再参考式 (2.5) 可知

$$\epsilon = \epsilon_{\mathrm{L}} + \epsilon_{\mathrm{H}} \tag{2.11}$$

在以较重粒子 H 的质心为坐标原点的二粒子相对运动第一质心系中可以写出

$$\epsilon = \frac{1}{2}\mu u^2 \tag{2.12}$$

其中

$$\mu = \frac{M_{\mathrm{L}}M_{\mathrm{H}}}{M_{\mathrm{L}} + M_{\mathrm{H}}} \tag{2.13}$$

为折合质量，u 是在第一质心系中粒子 L 相对于粒子 H 的运动速度，ϵ 是第一质心系中二粒子相对运动动能，这时已把两体问题转化为一体问题了。由于两个粒子之间的相互作用势与二粒子之间距离有关，因而二粒子相对运动方程一定要在第一质心系中求解。由式 (2.11) 和式 (2.10) 可以求得

$$\epsilon_{\mathrm{L}} + \frac{M_{\mathrm{L}}}{M_{\mathrm{H}}}\epsilon_{\mathrm{L}} = \frac{M_{\mathrm{L}} + M_{\mathrm{H}}}{M_{\mathrm{H}}}\epsilon_{\mathrm{L}} = \epsilon, \quad \epsilon_{\mathrm{H}} + \frac{M_{\mathrm{H}}}{M_{\mathrm{L}}}\epsilon_{\mathrm{H}} = \frac{M_{\mathrm{L}} + M_{\mathrm{H}}}{M_{\mathrm{L}}}\epsilon_{\mathrm{H}} = \epsilon \tag{2.14}$$

于是得到

$$\epsilon_{\mathrm{L}} = \frac{M_{\mathrm{H}}}{M_{\mathrm{L}} + M_{\mathrm{H}}}\epsilon, \quad \epsilon_{\mathrm{H}} = \frac{M_{\mathrm{L}}}{M_{\mathrm{L}} + M_{\mathrm{H}}}\epsilon \tag{2.15}$$

从上式看出，当 $M_{\mathrm{L}} \ll M_{\mathrm{H}}$ 时，反冲核 H 的动能 ϵ_{H} 非常小，因而在轻粒子核反应理论中，不区分这两种质心系，不过这只是一种近似方法。但是，对于重离子反应来说，这两种质心系是有明显差别的。

从以上结果可以看出，二粒子发生碰撞后，由于动量守恒，在实验系中二粒子沿着与 z 轴具有不同夹角的方向在由二粒子运动方向和 z 轴所形成的平面内运动；在第二质心系中，由粒子 L 和粒子 H 在实验室系中出射方向所形成的平面上，二粒子从系统质心出发沿相反方向运动，二粒子动量相加为 0；在第一质心系中粒子 H 是静止的，粒子 L 在实验室系中二粒子出射方向所形成的平面上做逃离粒子 H 的运动，其运动方向与第二质心系中粒子 L 的运动方向相同，但是这时粒子 L 的质量要用折合质量 μ 代替，ϵ 是第一质心系中二粒子相对运动动能，它与第二质心系中的二粒子动能 ϵ_{L} 和 ϵ_{H} 满足由式 (2.11) 和式 (2.15) 给出的关系式。

还可以用另一种方法引入第一质心系 [6]。下面研究由入射粒子 a 和靶核 A 构成的二粒子体系。设 (x_1, y_1, z_1) 和 (x_2, y_2, z_2) 分别代表 a 和 A 的坐标，因为

二粒子之间的相互作用只与两粒子的相对位置有关，所以可以把 a 和 A 之间的相互作用势用 $U(x_1 - x_2, y_1 - y_2, z_1 - z_2)$ 表示，于是体系的薛定谔方程可以写成

$$
\begin{aligned}
i\hbar\frac{\partial}{\partial t}\Psi(x_1, y_1, z_1, x_2, y_2, z_2, t) = & \left[-\frac{\hbar^2}{2m}\left(\frac{\partial^2}{\partial x_1^2} + \frac{\partial^2}{\partial y_1^2} + \frac{\partial^2}{\partial z_1^2}\right)\right. \\
& \left. -\frac{\hbar^2}{2M}\left(\frac{\partial^2}{\partial x_2^2} + \frac{\partial^2}{\partial y_2^2} + \frac{\partial^2}{\partial z_2^2}\right) + U\right]\Psi(x_1, y_1, z_1, x_2, y_2, z_2, t)
\end{aligned} \tag{2.16}
$$

其中 m 和 M 依次是 a 和 A 的质量。下面把式 (2.16) 中的变数从两粒子坐标变换成两粒子相对运动坐标和质心坐标，用 x, y, z 表示 a 相对于 A 的坐标

$$
x = x_1 - x_2, \quad y = y_1 - y_2, \quad z = z_1 - z_2 \tag{2.17}
$$

用 X, Y, Z 表示体系质心坐标，并令

$$
M_{\mathrm{t}} = m + M \tag{2.18}
$$

再设

$$
M_{\mathrm{t}}X = mx_1 + Mx_2, \quad M_{\mathrm{t}}Y = my_1 + My_2, \quad M_{\mathrm{t}}Z = mz_1 + Mz_2 \tag{2.19}
$$

$$
X = \frac{1}{M_{\mathrm{t}}}(mx_1 + Mx_2), \quad Y = \frac{1}{M_{\mathrm{t}}}(my_1 + My_2), \quad Z = \frac{1}{M_{\mathrm{t}}}(mz_1 + Mz_2) \tag{2.20}
$$

可以求得

$$
\frac{\partial}{\partial x_1} = \frac{\partial x}{\partial x_1}\frac{\partial}{\partial x} + \frac{\partial X}{\partial x_1}\frac{\partial}{\partial X} = \frac{\partial}{\partial x} + \frac{m}{M_{\mathrm{t}}}\frac{\partial}{\partial X} \tag{2.21}
$$

$$
\frac{\partial^2}{\partial x_1^2} = \left(\frac{\partial}{\partial x} + \frac{m}{M_{\mathrm{t}}}\frac{\partial}{\partial X}\right)\left(\frac{\partial}{\partial x} + \frac{m}{M_{\mathrm{t}}}\frac{\partial}{\partial X}\right) = \frac{\partial^2}{\partial x^2} + \frac{2m}{M_{\mathrm{t}}}\frac{\partial}{\partial x}\frac{\partial}{\partial X} + \left(\frac{m}{M_{\mathrm{t}}}\right)^2\frac{\partial^2}{\partial X^2} \tag{2.22}
$$

$$
\frac{\partial}{\partial x_2} = \frac{\partial x}{\partial x_2}\frac{\partial}{\partial x} + \frac{\partial X}{\partial x_2}\frac{\partial}{\partial X} = -\frac{\partial}{\partial x} + \frac{M}{M_{\mathrm{t}}}\frac{\partial}{\partial X} \tag{2.23}
$$

$$
\frac{\partial^2}{\partial x_2^2} = \left(-\frac{\partial}{\partial x} + \frac{M}{M_{\mathrm{t}}}\frac{\partial}{\partial X}\right)\left(-\frac{\partial}{\partial x} + \frac{M}{M_{\mathrm{t}}}\frac{\partial}{\partial X}\right) = \frac{\partial^2}{\partial x^2} - \frac{2M}{M_{\mathrm{t}}}\frac{\partial}{\partial x}\frac{\partial}{\partial X} + \left(\frac{M}{M_{\mathrm{t}}}\right)^2\frac{\partial^2}{\partial X^2} \tag{2.24}
$$

进而可以求得

$$
\begin{aligned}
\frac{1}{m}\frac{\partial^2}{\partial x_1^2} + \frac{1}{M}\frac{\partial^2}{\partial x_2^2} &= \frac{1}{m}\left(\frac{\partial^2}{\partial x^2} + \left(\frac{m}{M_{\mathrm{t}}}\right)^2\frac{\partial^2}{\partial X^2}\right) + \frac{1}{M}\left(\frac{\partial^2}{\partial x^2} + \left(\frac{M}{M_{\mathrm{t}}}\right)^2\frac{\partial^2}{\partial X^2}\right) \\
&= \frac{m+M}{mM}\frac{\partial^2}{\partial x^2} + \frac{m+M}{M_{\mathrm{t}}^2}\frac{\partial^2}{\partial X^2} = \frac{1}{\mu}\frac{\partial^2}{\partial x^2} + \frac{1}{M_{\mathrm{t}}}\frac{\partial^2}{\partial X^2}
\end{aligned} \tag{2.25}
$$

其中

$$\mu = \frac{mM}{m + M} \tag{2.26}$$

称为约化质量。由于 y 轴、z 轴与 x 轴处在对等位置，利用式 (2.25) 便可以把式 (2.16) 改写成

$$i\hbar\frac{\partial \Psi}{\partial t} = -\left[\frac{\hbar^2}{2M_t}\left(\frac{\partial^2}{\partial X^2} + \frac{\partial^2}{\partial Y^2} + \frac{\partial^2}{\partial Z^2}\right) + \frac{\hbar^2}{2\mu}\left(\frac{\partial^2}{\partial x^2} + \frac{\partial^2}{\partial y^2} + \frac{\partial^2}{\partial z^2}\right) - U(x, y, z)\right]\Psi \tag{2.27}$$

考虑到上述偏微分方程是线性的，而且在应用中定解条件一般也是线性的，因而可以采用分离变量法来处理。把 Ψ 表示为三个函数的乘积

$$\Psi = \psi(x, y, z)\varphi(X, Y, Z)\chi(t) \tag{2.28}$$

将其代入方程 (2.27) 后，用 $\psi\varphi\chi$ 除方程两边，于是左边仅与时间有关而与坐标无关，右边仅与坐标有关而与时间无关，所以两边应等于同一常数，用 E_t 表示这个常数，于是从左边可得

$$\frac{i\hbar}{\chi}\frac{d\chi}{dt} = E_t \tag{2.29}$$

它的解是

$$\chi(t) = Ce^{-\frac{i}{\hbar}E_t t} \tag{2.30}$$

C 是归一化常数。从右边可得

$$-\frac{\hbar^2}{2M_t}\frac{1}{\varphi}\left(\frac{\partial^2}{\partial X^2} + \frac{\partial^2}{\partial Y^2} + \frac{\partial^2}{\partial Z^2}\right)\varphi - \frac{\hbar^2}{2\mu}\frac{1}{\psi}\left(\frac{\partial^2}{\partial x^2} + \frac{\partial^2}{\partial y^2} + \frac{\partial^2}{\partial z^2}\right)\psi + U(x, y, z) = E_t \tag{2.31}$$

该方程左边第一项仅与 X, Y, Z 有关，第二项和第三项仅与 x, y, z 有关，所以它们应该分别等于常数，两常数之和等于 E_t。用 E 表示左边第二项和第三项之和，便有

$$-\frac{\hbar^2}{2\mu}\left(\frac{\partial^2}{\partial x^2} + \frac{\partial^2}{\partial y^2} + \frac{\partial^2}{\partial z^2}\right)\psi + U(x, y, z)\psi = E\psi \tag{2.32}$$

$$-\frac{\hbar^2}{2M_t}\left(\frac{\partial^2}{\partial X^2} + \frac{\partial^2}{\partial Y^2} + \frac{\partial^2}{\partial Z^2}\right)\varphi = (E_t - E)\varphi \tag{2.33}$$

方程 (2.33) 是描写系统质心运动状态的波函数 φ 所满足的方程，很容易看出，这是能量为 $E_t - E$ 的自由粒子的定态薛定谔方程，即质心运动犹如自由粒子，其能量为 $E_t - E$。在核反应问题中，我们需要讨论的是粒子 a 和原子核 A 的相互

作用, 方程 (2.32) 是描写粒子 a 相对于原子核 A 运动的波函数 ψ 所满足的方程, E 为相对运动能量。可以把方程 (2.32) 改写成

$$\left[-\frac{\hbar^2}{2\mu}\nabla^2 + U(\boldsymbol{r})\right]\psi = E\psi \tag{2.34}$$

可以看出方程 (2.32) 或 (2.34) 所描写的运动犹如一个质量为折合质量 μ 的粒子在势能为 $U(\boldsymbol{r})$ 的势场中的运动。若令

$$H = -\frac{\hbar^2}{2\mu}\nabla^2 + U(\boldsymbol{r}) \tag{2.35}$$

于是可把式 (2.34) 改写成

$$H\psi = E\psi \tag{2.36}$$

这就是质心系的定态薛定谔方程, H 称为系统的哈密顿。由式 (2.17) 可以看出粒子 a 相对于原子核 A 的运动是在以原子核 A 的质心为坐标原点的质心系 (第一质心系) 中进行描述的。

从图 2.1 可以看出, 在第二质心系中粒子 L 的运动方向与第一质心系中粒子 L 相对于粒子 H 的运动方向是一致的; 而第二质心系中粒子 H 的运动方向与第一质心系中粒子 L 相对于粒子 H 的运动方向相反。而两种质心系中粒子动能满足关系式 (2.15)。

在第一质心系中求出的粒子 L 相对于粒子 H 的角分布 $\dfrac{\mathrm{d}\sigma(\epsilon,\theta)}{\mathrm{d}\Omega}$ 与第二质心系的粒子 L 和粒子 H 的角分布之间满足以下关系式

$$\frac{\mathrm{d}\sigma(\epsilon_{\mathrm{L}},\theta)}{\mathrm{d}\Omega} = \frac{\mathrm{d}\sigma(\epsilon,\theta)}{\mathrm{d}\Omega} \tag{2.37}$$

$$\frac{\mathrm{d}\sigma(\epsilon_{\mathrm{H}},\theta)}{\mathrm{d}\Omega} = \frac{\mathrm{d}\sigma(\epsilon,\pi-\theta)}{\mathrm{d}\Omega} \tag{2.38}$$

也就是说在第一质心系中用能量 ϵ 计算的角分布分别对应于第二质心系中能量为 ϵ_{L} 和 ϵ_{H} 的角分布。

在第一质心系中求出粒子 L 相对于粒子 H 的双微分截面 $\dfrac{\mathrm{d}\sigma^2(\epsilon,\theta)}{\mathrm{d}\Omega\mathrm{d}\epsilon}$, 其与第二质心系的粒子 L 的双微分截面满足以下关系式

$$\frac{\mathrm{d}\sigma^2(\epsilon_{\mathrm{L}},\theta)}{\mathrm{d}\Omega\mathrm{d}\epsilon_{\mathrm{L}}}\mathrm{d}\Omega\mathrm{d}\epsilon_{\mathrm{L}} = \frac{\mathrm{d}\sigma^2(\epsilon,\theta)}{\mathrm{d}\Omega\mathrm{d}\epsilon}\mathrm{d}\Omega\mathrm{d}\epsilon \tag{2.39}$$

根据式 (2.15)，由上式可以求得

$$\frac{\mathrm{d}\sigma^2(\epsilon_\mathrm{L},\theta)}{\mathrm{d}\Omega\mathrm{d}\epsilon_\mathrm{L}} = \frac{M_\mathrm{L}+M_\mathrm{H}}{M_\mathrm{H}}\frac{\mathrm{d}\sigma^2(\epsilon,\theta)}{\mathrm{d}\Omega\mathrm{d}\epsilon}, \quad \frac{\mathrm{d}\sigma^2(\epsilon,\theta)}{\mathrm{d}\Omega\mathrm{d}\epsilon} = \frac{M_\mathrm{H}}{M_\mathrm{L}+M_\mathrm{H}}\frac{\mathrm{d}\sigma^2(\epsilon_\mathrm{L},\theta)}{\mathrm{d}\Omega\mathrm{d}\epsilon_\mathrm{L}} \tag{2.40}$$

在第一质心系中求出粒子 L 相对于粒子 H 的双微分截面 $\dfrac{\mathrm{d}\sigma^2(\epsilon,\theta)}{\mathrm{d}\Omega\mathrm{d}\epsilon}$，其与第二质心系中粒子 H 的双微分截面满足以下关系式

$$\frac{\mathrm{d}\sigma^2(\epsilon_\mathrm{H},\theta)}{\mathrm{d}\Omega\mathrm{d}\epsilon_\mathrm{H}}\mathrm{d}\Omega\mathrm{d}\epsilon_\mathrm{H} = \frac{\mathrm{d}\sigma^2(\epsilon,\pi-\theta)}{\mathrm{d}\Omega\mathrm{d}\epsilon}\mathrm{d}\Omega\mathrm{d}\epsilon \tag{2.41}$$

根据式 (2.15)，由上式又可以求得

$$\frac{\mathrm{d}\sigma^2(\epsilon_\mathrm{H},\theta)}{\mathrm{d}\Omega\mathrm{d}\epsilon_\mathrm{H}} = \frac{M_\mathrm{L}+M_\mathrm{H}}{M_\mathrm{L}}\frac{\mathrm{d}\sigma^2(\epsilon,\pi-\theta)}{\mathrm{d}\Omega\mathrm{d}\epsilon}$$

$$\frac{\mathrm{d}\sigma^2(\epsilon,\theta)}{\mathrm{d}\Omega\mathrm{d}\epsilon} = \frac{M_\mathrm{L}}{M_\mathrm{L}+M_\mathrm{H}}\frac{\mathrm{d}\sigma^2(\epsilon_\mathrm{H},\pi-\theta)}{\mathrm{d}\Omega\mathrm{d}\epsilon_\mathrm{H}} \tag{2.42}$$

以上结果表明在第一质心系中用能量 ϵ 计算的双微分截面分别对应于第二质心系中能量为 ϵ_L 和 ϵ_H 的双微分截面。

当把在第一质心系中计算的角分布和双微分截面变换到第二质心系以后，才可以考虑把第二质心系的角分布和双微分截面变换到实验室系的问题。

我们研究以下单个裂变反应道

$$\mathrm{n}+\mathrm{A}\to\mathrm{L}+\mathrm{H} \tag{2.43}$$

其中 L 和 H 分别代表轻裂变碎片和重裂变碎片。假设在实验室系中粒子 L 和粒子 H 的动能分别为 e_L 和 e_H，实验室系二粒子总动能为

$$e = e_\mathrm{L} + e_\mathrm{H} \tag{2.44}$$

我们知道实验室系入射中子的能量为 E_L，对应的实验室系动量波矢值为

$$k_\mathrm{n} = \frac{\sqrt{2m_\mathrm{n}E_\mathrm{L}}}{\hbar} \tag{2.45}$$

其中，m_n 为入射中子质量。根据动量守恒定律，裂变后系统的质心速度为

$$\boldsymbol{\nu}_\mathrm{C}^{(\mathrm{out})} = \frac{\hbar\boldsymbol{k}_\mathrm{n}}{M_\mathrm{L}+M_\mathrm{H}} \tag{2.46}$$

利用式 (2.45) 和式 (2.46) 可以求得裂变后系统的质心动能为

$$E_C^{(\text{out})} = \frac{1}{2}\left(M_L + M_H\right)\left(\boldsymbol{\nu}_C^{(\text{out})}\right)^2 = \frac{m_n E_L}{M_L + M_H} \tag{2.47}$$

根据图 2.1 可以写出

$$v_L^2 = u_L^2 + v_C^{(\text{out})2} + 2u_L v_C^{(\text{out})}\cos\theta \tag{2.48}$$

$$v_H^2 = u_H^2 + v_C^{(\text{out})2} - 2u_H v_C^{(\text{out})}\cos\theta \tag{2.49}$$

由以上二式可以求得

$$e = e_L + e_H = \frac{1}{2}M_L v_L^2 + \frac{1}{2}M_H v_H^2 = \epsilon + \frac{1}{2}\left(M_L + M_H\right)v_C^{(\text{out})2}$$
$$+ (M_L u_L - M_H u_H)v_C^{(\text{out})}\cos\theta \tag{2.50}$$

根据动量守恒式 (2.8)，由式 (2.50) 可以得到

$$e = E_C^{(\text{out})} + \epsilon \tag{2.51}$$

其中 $E_C^{(\text{out})}$ 正是由式 (2.47) 给出的二粒子系质心动能。式 (2.51) 表明实验室系二粒子总动能 e 等于二粒子系质心动能 $E_C^{(\text{out})}$ 加上质心系中二粒子相对运动的动能 ϵ，这在物理上是非常合理的。

利用式 (2.47) 可把式 (2.48) 和式 (2.49) 改写成

$$e_L = \epsilon_L + \frac{M_L}{M_L + M_H}E_C^{(\text{out})} + 2\frac{\sqrt{M_L m_n E_L \epsilon_L}}{M_L + M_H}\cos\theta \tag{2.52}$$

$$e_H = \epsilon_H + \frac{M_H}{M_L + M_H}E_C^{(\text{out})} - 2\frac{\sqrt{M_H m_n E_L \epsilon_H}}{M_L + M_H}\cos\theta \tag{2.53}$$

根据图 2.1 又可以写出

$$u_L^2 = v_L^2 + v_C^{(\text{out})2} - 2v_L v_C^{(\text{out})}\cos\theta_L \tag{2.54}$$

$$u_H^2 = v_H^2 + v_C^{(\text{out})2} - 2v_H v_C^{(\text{out})}\cos\theta_H \tag{2.55}$$

进而可把以上二式改写成

$$\epsilon_L = e_L + \frac{M_L}{M_L + M_H}E_C^{(\text{out})} - 2\frac{\sqrt{M_L m_n E_L e_L}}{M_L + M_H}\cos\theta_L \tag{2.56}$$

$$\epsilon_{\rm H} = e_{\rm H} + \frac{M_{\rm H}}{M_{\rm L} + M_{\rm H}} E_{\rm C}^{\rm (out)} - 2\frac{\sqrt{M_{\rm H} m_{\rm n} E_{\rm L} e_{\rm H}}}{M_{\rm L} + M_{\rm H}} \cos\theta_{\rm H} \tag{2.57}$$

根据图 2.1 还可以写出

$$v_{\rm L} \cos\theta_{\rm L} = v_{\rm C}^{\rm (out)} + u_{\rm L} \cos\theta, \quad v_{\rm L} \sin\theta_{\rm L} = u_{\rm L} \sin\theta \tag{2.58}$$

并且被改写成

$$\frac{v_{\rm L}}{u_{\rm L}} \cos\theta_{\rm L} = \gamma + \cos\theta, \quad \frac{v_{\rm L}}{u_{\rm L}} \sin\theta_{\rm L} = \sin\theta \tag{2.59}$$

其中

$$\gamma = \frac{v_{\rm C}^{\rm (out)}}{u_{\rm L}} = \frac{\sqrt{2m_{\rm n} E_{\rm L}}}{M_{\rm L} + M_{\rm H}} \sqrt{\frac{M_{\rm L}}{2\epsilon_{\rm L}}} = \frac{\sqrt{M_{\rm L} m_{\rm n}}}{M_{\rm L} + M_{\rm H}} \sqrt{\frac{E_{\rm L}}{\epsilon_{\rm L}}} \tag{2.60}$$

对式 (2.59) 中的两式分别取平方然后相加可得

$$\left(\frac{v_{\rm L}}{u_{\rm L}}\right)^2 = 1 + \gamma^2 + 2\gamma\cos\theta = \frac{e_{\rm L}}{\epsilon_{\rm L}} \tag{2.61}$$

$$\frac{v_{\rm L}}{u_{\rm L}} = \pm \left|1 + \gamma^2 + 2\gamma\cos\theta\right|^{1/2} \tag{2.62}$$

为了确保当 $\gamma \approx 0$ 时，能得到 $\cos\theta_{\rm L} \approx \cos\theta$ 和 $\sin\theta_{\rm L} \approx \sin\theta$，由式 (2.59) 可得

$$\cos\theta_{\rm L} = \frac{\gamma + \cos\theta}{\left|1 + \gamma^2 + 2\gamma\cos\theta\right|^{1/2}}, \quad \sin\theta_{\rm L} = \frac{\sin\theta}{\left|1 + \gamma^2 + 2\gamma\cos\theta\right|^{1/2}} \tag{2.63}$$

根据图 2.1 又可以写出

$$v_{\rm H} \cos\theta_{\rm H} = v_{\rm C}^{\rm (out)} - u_{\rm H} \cos\theta, \quad v_{\rm H} \sin\theta_{\rm H} = u_{\rm H} \sin\theta \tag{2.64}$$

并且被改写成

$$\frac{v_{\rm H}}{u_{\rm H}} \cos\theta_{\rm H} = \beta - \cos\theta, \quad \frac{v_{\rm H}}{u_{\rm H}} \sin\theta_{\rm H} = \sin\theta \tag{2.65}$$

其中

$$\beta = \frac{v_{\rm C}^{\rm (out)}}{u_{\rm H}} = \frac{\sqrt{2m_{\rm n} E_{\rm L}}}{M_{\rm L} + M_{\rm H}} \sqrt{\frac{M_{\rm H}}{2\epsilon_{\rm H}}} = \frac{\sqrt{M_{\rm H} m_{\rm n}}}{M_{\rm L} + M_{\rm H}} \sqrt{\frac{E_{\rm L}}{\epsilon_{\rm H}}} \tag{2.66}$$

对式 (2.65) 中的两式分别取平方然后相加可得

$$\left(\frac{v_{\rm H}}{u_{\rm H}}\right)^2 = 1 + \beta^2 - 2\beta\cos\theta = \frac{e_{\rm H}}{\epsilon_{\rm H}} \tag{2.67}$$

$$\frac{v_{\mathrm{H}}}{u_{\mathrm{H}}} = \pm \left| 1 + \beta^2 - 2\beta\cos\theta \right|^{1/2} \tag{2.68}$$

为了确保当 $\beta \approx 0$ 时，能得到 $\cos\theta_{\mathrm{H}} \approx \cos\theta$ 和 $\sin\theta_{\mathrm{H}} \approx \sin\theta$，由式 (2.65) 可得

$$\cos\theta_{\mathrm{H}} = \frac{\cos\theta - \beta}{|1 + \beta^2 - 2\beta\cos\theta|^{1/2}}, \quad \sin\theta_{\mathrm{H}} = \frac{\sin\theta}{|1 + \beta^2 - 2\beta\cos\theta|^{1/2}} \tag{2.69}$$

下面讨论如何把第二质心系较轻粒子 L 的双微分截面 $\dfrac{\mathrm{d}\sigma^2(\epsilon_{\mathrm{L}}, \theta)}{\mathrm{d}\Omega \mathrm{d}\epsilon_{\mathrm{L}}}$ 变换成实验室系粒子 L 的双微分截面 $\dfrac{\mathrm{d}\sigma^2(e_{\mathrm{L}}, \theta_{\mathrm{L}})}{\mathrm{d}\Omega \mathrm{d}e_{\mathrm{L}}}$。它们之间满足以下关系式

$$\frac{\mathrm{d}\sigma^2(e_{\mathrm{L}}, \theta_{\mathrm{L}})}{\mathrm{d}\Omega \mathrm{d}e_{\mathrm{L}}} \mathrm{d}\cos\theta_{\mathrm{L}} \mathrm{d}e_{\mathrm{L}} = \frac{\mathrm{d}\sigma^2(\epsilon_{\mathrm{L}}, \theta)}{\mathrm{d}\Omega \mathrm{d}\epsilon_{\mathrm{L}}} \mathrm{d}\cos\theta \mathrm{d}\epsilon_{\mathrm{L}} \tag{2.70}$$

令

$$\mathrm{d}\cos\theta_{\mathrm{L}} \mathrm{d}e_{\mathrm{L}} = |J| \, \mathrm{d}\cos\theta \mathrm{d}\epsilon_{\mathrm{L}} \tag{2.71}$$

坐标变换的 Jacobian 行列式为

$$|J| = \left| \begin{array}{cc} \dfrac{\partial\cos\theta_{\mathrm{L}}}{\partial\cos\theta} & \dfrac{\partial e_{\mathrm{L}}}{\partial\cos\theta} \\[3mm] \dfrac{\partial\cos\theta_{\mathrm{L}}}{\partial\epsilon_{\mathrm{L}}} & \dfrac{\partial e_{\mathrm{L}}}{\partial\epsilon_{\mathrm{L}}} \end{array} \right| \tag{2.72}$$

由式 (2.60) 可以求得

$$\frac{\partial\gamma}{\partial\epsilon_{\mathrm{L}}} = -\frac{\gamma}{2\epsilon_{\mathrm{L}}} \tag{2.73}$$

由式 (2.63) 可知

$$\frac{\partial\cos\theta_{\mathrm{L}}}{\partial\cos\theta} = \frac{1 + \gamma\cos\theta}{(1 + \gamma^2 + 2\gamma\cos\theta)^{3/2}} \tag{2.74}$$

由式 (2.52) 可以求得

$$\frac{\partial e_{\mathrm{L}}}{\partial\epsilon_{\mathrm{L}}} = 1 + \gamma\cos\theta \tag{2.75}$$

$$\frac{\partial e_{\mathrm{L}}}{\partial\cos\theta} = 2\gamma\epsilon_{\mathrm{L}} \tag{2.76}$$

由式 (2.63) 和式 (2.60) 又可以求得

$$\frac{\partial\cos\theta_{\mathrm{L}}}{\partial\epsilon_{\mathrm{L}}} = -\frac{\gamma(1 - \cos^2\theta)}{2\epsilon_{\mathrm{L}}(1 + \gamma^2 + 2\gamma\cos\theta)^{3/2}} \tag{2.77}$$

把式 (2.74)~式 (2.77) 代入式 (2.72) 可得

$$
\begin{aligned}
|J| &= \frac{1 + \gamma\cos\theta}{(1 + \gamma^2 + 2\gamma\cos\theta)^{3/2}}(1 + \gamma\cos\theta) + 2\gamma\epsilon_{\mathrm{L}}\frac{\gamma(1 - \cos^2\theta)}{2\epsilon_{\mathrm{L}}(1 + \gamma^2 + 2\gamma\cos\theta)^{3/2}} \\
&= \frac{1 + 2\gamma\cos\theta + \gamma^2\cos^2\theta + \gamma^2 - \gamma^2\cos^2\theta}{(1 + \gamma^2 + 2\gamma\cos\theta)^{3/2}} = \frac{1}{|1 + \gamma^2 + 2\gamma\cos\theta|^{1/2}}
\end{aligned} \tag{2.78}
$$

利用式 (2.70)、式 (2.71)、式 (2.78) 和式 (2.61) 可得

$$
\frac{\mathrm{d}\sigma^2(e_{\mathrm{L}}, \theta_{\mathrm{L}})}{\mathrm{d}\Omega\mathrm{d}e_{\mathrm{L}}} = |1 + \gamma^2 + 2\gamma\cos\theta|^{1/2}\frac{\mathrm{d}\sigma^2(\epsilon_{\mathrm{L}}, \theta)}{\mathrm{d}\Omega\mathrm{d}\epsilon_{\mathrm{L}}} = \left(\frac{e_{\mathrm{L}}}{\epsilon_{\mathrm{L}}}\right)^{1/2}\frac{\mathrm{d}\sigma^2(\epsilon_{\mathrm{L}}, \theta)}{\mathrm{d}\Omega\mathrm{d}\epsilon_{\mathrm{L}}} \tag{2.79}
$$

　　下面讨论如何把第二质心系较重粒子 H 的双微分截面 $\dfrac{\mathrm{d}\sigma^2(\epsilon_{\mathrm{H}}, \theta)}{\mathrm{d}\Omega\mathrm{d}\epsilon_{\mathrm{H}}}$ 变换成实

验室系粒子 H 的双微分截面 $\dfrac{\mathrm{d}\sigma^2(e_{\mathrm{H}}, \theta_{\mathrm{H}})}{\mathrm{d}\Omega\mathrm{d}e_{\mathrm{H}}}$。它们之间满足以下关系式

$$
\frac{\mathrm{d}\sigma^2(e_{\mathrm{H}}, \theta_{\mathrm{H}})}{\mathrm{d}\Omega\mathrm{d}e_{\mathrm{H}}}\mathrm{d}\cos\theta_{\mathrm{H}}\mathrm{d}e_{\mathrm{H}} = \frac{\mathrm{d}\sigma^2(\epsilon_{\mathrm{H}}, \theta)}{\mathrm{d}\Omega\mathrm{d}\epsilon_{\mathrm{H}}}\mathrm{d}\cos\theta\mathrm{d}\epsilon_{\mathrm{H}} \tag{2.80}
$$

令

$$
\mathrm{d}\cos\theta_{\mathrm{H}}\mathrm{d}e_{\mathrm{H}} = |J'|\,\mathrm{d}\cos\theta\mathrm{d}\epsilon_{\mathrm{H}} \tag{2.81}
$$

坐标变换的 Jacobian 行列式为

$$
|J'| = \begin{vmatrix} \dfrac{\partial\cos\theta_{\mathrm{H}}}{\partial\cos\theta} & \dfrac{\partial e_{\mathrm{H}}}{\partial\cos\theta} \\ \dfrac{\partial\cos\theta_{\mathrm{H}}}{\partial\epsilon_{\mathrm{H}}} & \dfrac{\partial e_{\mathrm{H}}}{\partial\epsilon_{\mathrm{H}}} \end{vmatrix} \tag{2.82}
$$

由式 (2.66) 可以求得

$$
\frac{\partial\beta}{\partial\epsilon_{\mathrm{H}}} = -\frac{\beta}{2\epsilon_{\mathrm{H}}} \tag{2.83}
$$

由式 (2.69) 可知

$$
\frac{\partial\cos\theta_{\mathrm{H}}}{\partial\cos\theta} = \frac{1 - \beta\cos\theta}{(1 + \beta^2 - 2\beta\cos\theta)^{3/2}} \tag{2.84}
$$

由式 (2.53) 可以求得

$$
\frac{\partial e_{\mathrm{H}}}{\partial\epsilon_{\mathrm{H}}} = 1 - \beta\cos\theta \tag{2.85}
$$

$$\frac{\partial e_{\mathrm{H}}}{\partial \cos\theta} = -2\beta\epsilon_{\mathrm{H}} \tag{2.86}$$

由式 (2.66) 和式 (2.69) 又可以求得

$$\frac{\partial \cos\theta_{\mathrm{H}}}{\partial \epsilon_{\mathrm{H}}} = \frac{\beta(1-\cos^2\theta)}{2\epsilon_{\mathrm{H}}(1+\beta^2-2\beta\cos\theta)^{3/2}} \tag{2.87}$$

把式 (2.84)~式 (2.87) 代入式 (2.82) 可得

$$|J'| = \frac{1-\beta\cos\theta}{(1+\beta^2-2\beta\cos\theta)^{3/2}}(1-\beta\cos\theta) + 2\beta\epsilon_{\mathrm{H}}\frac{\beta(1-\cos^2\theta)}{2\epsilon_{\mathrm{H}}(1+\beta^2-2\beta\cos\theta)^{3/2}}$$

$$= \frac{1-2\beta\cos\theta+\beta^2\cos^2\theta+\beta^2-\beta^2\cos^2\theta}{(1+\beta^2-2\beta\cos\theta)^{3/2}} = \frac{1}{|1+\beta^2-2\beta\cos\theta|^{1/2}} \tag{2.88}$$

利用式 (2.80)、式 (2.81)、式 (2.88) 和式 (2.67) 可得

$$\frac{\mathrm{d}\sigma^2(e_{\mathrm{H}},\theta_{\mathrm{H}})}{\mathrm{d}\Omega\mathrm{d}e_{\mathrm{H}}} = |1+\beta^2-2\beta\cos\theta|^{1/2}\frac{\mathrm{d}\sigma^2(\epsilon_{\mathrm{H}},\theta)}{\mathrm{d}\Omega\mathrm{d}\epsilon_{\mathrm{H}}} = \left(\frac{e_{\mathrm{H}}}{\epsilon_{\mathrm{H}}}\right)^{1/2}\frac{\mathrm{d}\sigma^2(\epsilon_{\mathrm{H}},\theta)}{\mathrm{d}\Omega\mathrm{d}\epsilon_{\mathrm{H}}} \tag{2.89}$$

下面讨论如何把第二质心系较轻粒子 L 的角分布 $\dfrac{\mathrm{d}\sigma(\epsilon_{\mathrm{L}},\theta)}{\mathrm{d}\Omega}$ 变换成实验室系粒子 L 的角分布 $\dfrac{\mathrm{d}\sigma(e_{\mathrm{L}},\theta_{\mathrm{L}})}{\mathrm{d}\Omega}$。它们之间满足以下关系式

$$\frac{\mathrm{d}\sigma(e_{\mathrm{L}},\theta_{\mathrm{L}})}{\mathrm{d}\Omega}\mathrm{d}\cos\theta_{\mathrm{L}} = \frac{\mathrm{d}\sigma(\epsilon_{\mathrm{L}},\theta)}{\mathrm{d}\Omega}\mathrm{d}\cos\theta \tag{2.90}$$

利用式 (2.61) 和式 (2.74) 便得到

$$\frac{\mathrm{d}\sigma(e_{\mathrm{L}},\theta_{\mathrm{L}})}{\mathrm{d}\Omega} = \frac{(1+\gamma^2+2\gamma\cos\theta)^{3/2}}{1+\gamma\cos\theta}\frac{\mathrm{d}\sigma(\epsilon_{\mathrm{L}},\theta)}{\mathrm{d}\Omega}$$

$$= \left(\frac{e_{\mathrm{L}}}{\epsilon_{\mathrm{L}}}\right)^{3/2}\frac{1}{1+\gamma\cos\theta}\frac{\mathrm{d}\sigma(\epsilon_{\mathrm{L}},\theta)}{\mathrm{d}\Omega} \tag{2.91}$$

下面再讨论如何把第二质心系较重粒子 H 的角分布 $\dfrac{\mathrm{d}\sigma(\epsilon_{\mathrm{H}},\theta)}{\mathrm{d}\Omega}$ 变换成实验室系粒子 H 的角分布 $\dfrac{\mathrm{d}\sigma(e_{\mathrm{H}},\theta_{\mathrm{H}})}{\mathrm{d}\Omega}$。它们之间满足以下关系式

$$\frac{\mathrm{d}\sigma(e_{\mathrm{H}},\theta_{\mathrm{H}})}{\mathrm{d}\Omega}\mathrm{d}\cos\theta_{\mathrm{H}} = \frac{\mathrm{d}\sigma(\epsilon_{\mathrm{H}},\theta)}{\mathrm{d}\Omega}\mathrm{d}\cos\theta \tag{2.92}$$

利用式 (2.84) 和式 (2.67) 便得到

$$
\begin{aligned}
\frac{\mathrm{d}\sigma(e_\mathrm{H}, \theta_\mathrm{H})}{\mathrm{d}\Omega} &= \frac{(1 + \beta^2 - 2\beta\cos\theta)^{3/2}}{1 - \beta\cos\theta} \frac{\mathrm{d}\sigma(\epsilon_\mathrm{H}, \theta)}{\mathrm{d}\Omega} \\
&= \left(\frac{e_\mathrm{H}}{\epsilon_\mathrm{H}}\right)^{3/2} \frac{1}{1 - \beta\cos\theta} \frac{\mathrm{d}\sigma(\epsilon_\mathrm{H}, \theta)}{\mathrm{d}\Omega}
\end{aligned} \tag{2.93}
$$

注意到，式 (2.52) 和式 (2.53) 分别是计算实验室系出射粒子能量 e_L 和 e_H 的公式，式 (2.63) 和式 (2.69) 分别是计算实验室系出射粒子发射角余弦值 $\cos\theta_\mathrm{L}$ 和 $\cos\theta_\mathrm{H}$ 的公式。

本章给出了把在第一质心系中计算的质量可以相比较的两个出射粒子相对运动角分布和双微分截面变换成第二质心系的角分布和双微分截面的理论方法，又给出了把第二质心系的两个出射粒子角分布和双微分截面变换成实验室系的角分布和双微分截面的理论方法。

如果把本章推导的 n+A → L+H 反应的有关公式退化到研究 L+H → L+H 重离子弹性散射问题，便可以作以下简化。首先由式 (2.7) 可得

$$
\epsilon = \frac{M_\mathrm{H}}{M_\mathrm{L} + M_\mathrm{H}} E_\mathrm{L} \tag{2.94}
$$

再利用式 (2.15) 可得

$$
\epsilon_\mathrm{L} = \left(\frac{M_\mathrm{H}}{M_\mathrm{L} + M_\mathrm{H}}\right)^2 E_\mathrm{L}, \quad \epsilon_\mathrm{H} = \frac{M_\mathrm{L} M_\mathrm{H}}{(M_\mathrm{L} + M_\mathrm{H})^2} E_\mathrm{L} \tag{2.95}
$$

因为现在的入射粒子是 L 而不是中子，于是式 (2.60) 和式 (2.66) 便可以被简化为

$$
\gamma = \frac{M_\mathrm{L}}{M_\mathrm{H}}, \quad \beta = 1 \tag{2.96}
$$

这样在前边给出的坐标系变换公式将得到很大简化。

第 3 章　重离子球形核光学模型

通常的球形核光学模型只适用于入射粒子质量远小于靶核质量的轻粒子核反应,这时假设靶核自旋为 0,并采用 j-j 角动量耦合方式。对于两个重原子核 A+B 的重离子反应来说,入射道的两个粒子处在同等地位,其自旋都不能假设为 0。通常的耦合道光学模型虽然可以取靶核自旋不等于 0,但是由于一般都采用 j-j 角动量耦合方式,入射道的两个粒子不是处在同等地位,因而也不适用于重离子反应。

下边我们研究描述两个重原子核 A+B 发生弹性散射过程的重离子球形核光学模型,这时相互作用光学势要与入射核 A 和靶核 B 的表面密度分布的弥散宽度 a 和小半径 r 同时有关,而且入射核 A 和靶核 B 的自旋都要考虑,需要采用 S-L 角动量耦合方式。但是,在球形核假设下,不考虑它们的激发态。用该理论可以计算属于裂变产物范围内的两个较重原子核之间的弹性散射角分布和去弹截面,即广义的复合核形成截面。

系统的定态薛定谔方程为

$$H\Psi = E\Psi \tag{3.1}$$

当两个较重原子核 A+B 发生弹性散射时,令 M_A 和 M_B 分别作为入射粒子的比较轻的原子核 A 和作为靶核的比较重的原子核 B 的质量,E_L 为入射粒子原子核 A 在实验室系中的动能,E_C 为在以原子核 B 的质心为坐标原点的二粒子相对运动第一质心系中二粒子相对运动总动能,于是便有关系式

$$E = E_C = \frac{M_B}{M_A + M_B} E_L \tag{3.2}$$

把总波函数 Ψ 按总角动量 JM 展开

$$\Psi = \sum_{JM} \Psi_{JM} \tag{3.3}$$

将上式代入式 (3.1) 可得

$$H\Psi_{JM} = E\Psi_{JM} \tag{3.4}$$

我们用 X_{im_i} 代表入射核 A 的自旋波函数,i 和 m_i 分别代表入射核 A 的自旋及相应的磁量子数;Φ_{IM_I} 代表靶核 B 的自旋波函数,I 和 M_I 分别代表靶核 B 的

自旋及相应的磁量子数。在入射核 A 和靶核 B 的质量相接近的情况下，应该采用 S-L 耦合方式。定义 $\boldsymbol{S} = \boldsymbol{i} + \boldsymbol{I}$，相应的耦合波函数应该为

$$\chi_{SM_S} = \sum_{m_i M_I} C^{SM_S}_{im_i \, IM_I} X_{im_i} \varPhi_{IM_I} \tag{3.5}$$

$$X_{im_i} \varPhi_{IM_I} = \sum_{SM_S} C^{SM_S}_{im_i \, IM_I} \chi_{SM_S} \tag{3.6}$$

系统总角动量为 $\boldsymbol{J} = \boldsymbol{l} + \boldsymbol{S}$，$l$ 为 A、B 两粒子相对运动轨道角动量，相应的耦合波函数应该为

$$\mathcal{Y}_{lSJM} = \sum_{m_l M_S} C^{JM}_{lm_l \, SM_S} \mathrm{i}^l Y_{lm_l}(\varOmega) \chi_{SM_S} \tag{3.7}$$

$$\mathrm{i}^l Y_{lm_l}(\varOmega) \chi_{SM_S} = \sum_{JM} C^{JM}_{lm_l \, SM_S} \mathcal{Y}_{lSJM} \tag{3.8}$$

在式 (3.4) 中出现的波函数 $\varPsi_{JM}$ 可展开成

$$\varPsi_{JM} = \sum_{lS} \frac{1}{r} u_{lSJ}(r) \mathcal{Y}_{lSJM} \tag{3.9}$$

其中 $u_{lSJ}(r)$ 是在第一质心系中原子核 A 和 B 之间的径向波函数，r 是二原子核质心之间的距离。系统的哈密顿量为

$$H = -\frac{\hbar^2}{2\mu} \nabla^2 + V(r) \tag{3.10}$$

其中，折合质量 μ 为

$$\mu = \frac{M_\mathrm{A} M_\mathrm{B}}{M_\mathrm{A} + M_\mathrm{B}} \tag{3.11}$$

在重离子球形核光学模型中唯象光学势可取以下 Woods-Saxon 形式

$$V(r) = V_1(r) + V_2(r) \, \boldsymbol{l} \cdot \boldsymbol{S} \tag{3.12}$$

其中

$$V_1(r) = V_\mathrm{C}(r) + V_\mathrm{c}(r) + \mathrm{i} W_\mathrm{S}(r) + \mathrm{i} W_\mathrm{V}(r) \tag{3.13}$$

$$V_2(r) = V_\mathrm{SO}(r) + \mathrm{i} W_\mathrm{SO}(r) \tag{3.14}$$

其中 $V_\mathrm{C}(r)$ 为库仑势，取具有均匀电荷密度圆球的电势场，其形式为

$$V_{\mathrm{C}}(r) = \begin{cases} \dfrac{zZe^2}{r}, & \text{当} r \geqslant R_{\mathrm{CA}} \text{ 和 } r \geqslant R_{\mathrm{CB}} \text{时} \\[2mm] \dfrac{zZe^2}{2}\left[\dfrac{1}{2R_{\mathrm{CA}}}\left(3 - \dfrac{r^2}{R_{\mathrm{CA}}^2}\right) + \dfrac{1}{r}\right], & \text{当} r < R_{\mathrm{CA}} \text{ 和 } r \geqslant R_{\mathrm{CB}} \text{时} \\[2mm] \dfrac{zZe^2}{2}\left[\dfrac{1}{r} + \dfrac{1}{2R_{\mathrm{CB}}}\left(3 - \dfrac{r^2}{R_{\mathrm{CB}}^2}\right)\right], & \text{当} r \geqslant R_{\mathrm{CA}} \text{ 和 } r < R_{\mathrm{CB}} \text{时} \\[2mm] \dfrac{zZe^2}{4}\left[\dfrac{1}{R_{\mathrm{CA}}}\left(3 - \dfrac{r^2}{R_{\mathrm{CA}}^2}\right) + \dfrac{1}{R_{\mathrm{CB}}}\left(3 - \dfrac{r^2}{R_{\mathrm{CB}}^2}\right)\right], & \text{当} r < R_{\mathrm{CA}} \text{ 和 } r < R_{\mathrm{CB}} \text{时} \end{cases}$$

$$\tag{3.15}$$

式中 z 和 Z 分别为原子核 A 和 B 的电荷数。由于 zZ 是两个大数相乘，故两个重离子之间必须具有一定的相对运动动能，才能克服这个比较高的库仑势垒，从而进入到离靶核更近的位置而发生核相互作用。其中，$V_{\mathrm{c}}(r)$ 为中心实部势，其形式为

$$V_{\mathrm{c}}(r) = -\dfrac{\bar{V}_{\mathrm{c}}}{\left\{\left[1 + \exp\left(\dfrac{r - R_{\mathrm{cA}}}{a_{\mathrm{cA}}}\right)\right]\left[1 + \exp\left(\dfrac{r - R_{\mathrm{cB}}}{a_{\mathrm{cB}}}\right)\right]\right\}^{1/2}} \tag{3.16}$$

$W_{\mathrm{S}}(r)$ 为面吸收虚部势，其形式为

$$W_{\mathrm{S}}(r) = -4\bar{W}_{\mathrm{S}}\dfrac{\{\exp[(r - R_{\mathrm{SA}})/a_{\mathrm{SA}}]\exp[(r - R_{\mathrm{SB}})/a_{\mathrm{SB}}]\}^{1/2}}{\{1 + \exp[(r - R_{\mathrm{SA}})/a_{\mathrm{SA}}]\}\{1 + \exp[(r - R_{\mathrm{SB}})/a_{\mathrm{SB}}]\}} \tag{3.17}$$

$W_{\mathrm{V}}(r)$ 为体吸收虚部势，其形式为

$$W_{\mathrm{V}}(r) = -\dfrac{\bar{W}_{\mathrm{V}}}{\left\{\left[1 + \exp\left(\dfrac{r - R_{\mathrm{VA}}}{a_{\mathrm{VA}}}\right)\right]\left[1 + \exp\left(\dfrac{r - R_{\mathrm{VB}}}{a_{\mathrm{VB}}}\right)\right]\right\}^{1/2}} \tag{3.18}$$

$V_{\mathrm{SO}}(r)$ 和 $W_{\mathrm{SO}}(r)$ 分别为自旋–轨道耦合实部势和虚部势，其形式为

$$V_{\mathrm{SO}}(r) = -\bar{V}_{\mathrm{SO}}\dfrac{\lambda_{\pi}^2}{(a_{\mathrm{RSOA}}a_{\mathrm{RSOB}})^{1/2}\, r}\dfrac{\{\exp[(r - R_{\mathrm{RSOA}})/a_{\mathrm{RSOA}}]\}^{1/2}}{\{1 + \exp[(r - R_{\mathrm{RSOA}})/a_{\mathrm{RSOA}}]\}}$$

$$\times \dfrac{\{\exp[(r - R_{\mathrm{RSOB}})/a_{\mathrm{RSOB}}]\}^{1/2}}{\{1 + \exp[(r - R_{\mathrm{RSOB}})/a_{\mathrm{RSOB}}]\}} \tag{3.19}$$

$$W_{\mathrm{SO}}(r) = -\bar{W}_{\mathrm{SO}}\dfrac{\lambda_{\pi}^2}{(a_{\mathrm{ISOA}}a_{\mathrm{ISOB}})^{1/2}\, r}\dfrac{\{\exp[(r - R_{\mathrm{ISOA}})/a_{\mathrm{ISOA}}]\}^{1/2}}{\{1 + \exp[(r - R_{\mathrm{ISOA}})/a_{\mathrm{ISOA}}]\}}$$

$$\times \dfrac{\{\exp[(r - R_{\mathrm{ISOB}})/a_{\mathrm{ISOB}}]\}^{1/2}}{\{1 + \exp[(r - R_{\mathrm{ISOB}})/a_{\mathrm{ISOB}}]\}} \tag{3.20}$$

λ_π 为 π 介子康普顿波长，并且有 $\lambda_\pi^2 \cong 2.00\ \mathrm{fm}^2$。对于上述表达式，有关系式

$$R_{iA} = r_{iA}A_A^{1/3}, \quad R_{iB} = r_{iB}A_B^{1/3}, \quad i = \mathrm{C, c, S, V, RSO, ISO} \tag{3.21}$$

其中，A_A 和 A_B 分别为入射核 A 和靶核 B 的质量数。$r_{iA}, r_{iB}, a_{iA}, a_{iB}$ 为唯象光学势可调参数。在前面给出的唯象光学势的表达式中，势强度 $\bar{V}_c$，$\bar{W}_S$，$\bar{W}_V$ 可分别取如下形式

$$\bar{V}_c = \bar{V}_0 + \bar{V}_1 E_C + \bar{V}_2 E_C^2 + \bar{V}_A(2N_A - A_A)/A_A + \bar{V}_B(2N_B - A_B)/A_B$$

$$\bar{W}_S = \max\left\{\, 0,\ \bar{W}_{S0} + \bar{W}_{S1}E_C + \bar{W}_{SA}(2N_A - A_A)/A_A + \bar{W}_{SB}(2N_B - A_B)/A_B \right\}$$

$$\bar{W}_V = \max\left\{\, 0,\ \bar{W}_{V0} + \bar{W}_{V1}E_C + \bar{W}_{V2}E_C^2 \right\} \tag{3.22}$$

其中，N_A 和 N_B 分别是 A 核和 B 核的中子数，势强度的单位为 MeV，核半径常数和弥散宽度的单位为 fm，在式 (3.22) 中出现的能量 E_C 为第一质心系能量，即核 A 和核 B 相对运动能量。

把式 (3.10) 和式 (3.12) 代入式 (3.4) 便有

$$\left[\frac{\hbar^2}{2\mu}\nabla^2 + E - V_1(r) - V_2(r)\,\boldsymbol{l}\cdot\boldsymbol{S}\right]\Psi_{JM} = 0 \tag{3.23}$$

注意到

$$\boldsymbol{l}\cdot\boldsymbol{S} = \frac{1}{2}\left(\boldsymbol{J}^2 - \boldsymbol{l}^2 - \boldsymbol{S}^2\right) \tag{3.24}$$

把式 (3.9) 代入式 (3.23) 并乘以 r，再注意到参考文献 [6] 的式 (3.2.3)、式 (3.2.7)、式 (3.2.14) 可得

$$\sum_{l'S'}\left\{\frac{\hbar^2}{2\mu}\left[\frac{\mathrm{d}^2}{\mathrm{d}r^2} - \frac{l'(l'+1)}{r^2}\right] + E - V_1(r) - V_2(r)\frac{1}{2}\left[J(J+1) - l'(l'+1) - S'(S'+1)\right]\right\}$$

$$\times\ u_{l'S'J}(r)\mathcal{Y}_{l'S'JM} = 0 \tag{3.25}$$

用 $\mathcal{Y}_{lSJM}^+$ 左乘式 (3.25) 并对 $\mathrm{d}\Omega$ 积分，利用 $\mathcal{Y}_{lSJM}$ 的正交归一性可得

$$\left\{\frac{\hbar^2}{2\mu}\left[\frac{\mathrm{d}^2}{\mathrm{d}r^2} - \frac{l(l+1)}{r^2}\right] + E - V_1(r) - V_2(r)\frac{1}{2}\left[J(J+1) - l(l+1) - S(S+1)\right]\right\}$$

$$\times\ u_{lSJ}(r) = 0 \tag{3.26}$$

这就是重离子球形核光学模型径向波函数所满足的方程。

参考文献 [6] 的式 (3.3.76) 已给出入射粒子流强归一化为 1 的库仑场扭曲波展开公式为

$$\psi_{\rm C} = \sqrt{\frac{4\pi}{v}} \sum_l \hat{l} {\rm e}^{{\rm i}\sigma_l} \frac{F_l(kr)}{kr} {\rm i}^l Y_{l0}(\theta,0) \tag{3.27}$$

其中 $\hat{l} \equiv \sqrt{(2l+1)}$, $k = \dfrac{\sqrt{2\mu E}}{\hbar}$。该式描述入射核和靶核的相对运动, v 是第一质心系入射核和靶核的相对运动速度。当入射核 A 尚远离靶核 B 时, 整个系统的波函数可以写成

$$\Psi^{(\rm i)} = \psi_{\rm C} X_{im_i} \Phi_{IM_I} \tag{3.28}$$

$\Psi^{(\rm i)}$ 代表总的入射波。把式 (3.27) 代入式 (3.28) 得到

$$\Psi^{(\rm i)} = \sqrt{\frac{4\pi}{v}} \left(\sum_l \hat{l}\, {\rm e}^{{\rm i}\sigma_l} \frac{F_l(kr)}{kr} {\rm i}^l Y_{l0}(\theta,0) \right) X_{im_i} \Phi_{IM_I} \tag{3.29}$$

把式 (3.6) 和 (3.8) 代入式 (3.29) 可得

$$\Psi^{(\rm i)} = \frac{1}{kr} \sqrt{\frac{4\pi}{v}} \sum_{lSJM} \hat{l} C_{l0\,SM}^{JM} C_{im_i\,IM_I}^{SM} {\rm e}^{{\rm i}\sigma_l} F_l(kr) \mathcal{Y}_{lSJM} \tag{3.30}$$

利用参考文献 [6] 的式 (3.5.3) 可把上式改写成

$$\Psi^{(\rm i)} = \frac{{\rm i}\sqrt{\pi}}{kr\sqrt{v}} \sum_{lSJM} \hat{l} C_{l0\,SM}^{J\,M} C_{im_i\,IM_I}^{S\,M} {\rm e}^{{\rm i}\sigma_l} \left[(G_l - {\rm i}F_l) - (G_l + {\rm i}F_l) \right] \mathcal{Y}_{lSJM} \tag{3.31}$$

如果入射核和靶核发生了反应, 考虑到在重离子球形核光学模型中 l 和 S 均为好量子数, 反应后的系统总波函数可以写成

$$\Psi^{(\rm t)} = \frac{{\rm i}\sqrt{\pi}}{kr\sqrt{v}} \sum_{lSJM} \hat{l} C_{l0\,SM}^{JM} C_{im_i\,IM_I}^{SM} {\rm e}^{{\rm i}\sigma_l} \left[(G_l - {\rm i}F_l) - S_{lS}^J (G_l + {\rm i}F_l) \right] \mathcal{Y}_{lSJM} \tag{3.32}$$

其中, S_{lS}^J 就是重离子弹性散射的 S 矩阵元。

令 r 的外边界为 r_m, 当 $r \geqslant r_m$ 时入射核 A 和靶核 B 之间的核势可以忽略。我们规定用 “ ′ ” 代表对 kr 求导数, 于是对于弹性散射过程根据式 (3.9) 和式 (3.32) 可以写出边界条件为

$$\left. \frac{(u_{lSJ}(r))'}{u_{lSJ}(r)} \right|_{r_m} = \left. \frac{(G_l'(kr) - {\rm i}F_l'(kr)) - S_{lS}^J (G_l'(kr) + {\rm i}F_l'(kr))}{(G_l(kr) - {\rm i}F_l(kr)) - S_{lS}^J (G_l(kr) + {\rm i}F_l(kr))} \right|_{r_m} \tag{3.33}$$

其中 $u_{lSJ}(r)$ 是在存在核势的内部区域通过数值求解方程 (3.26) 而得到的。式 (3.33) 就是确定 S 矩阵元 S_{lS}^J 的方程。

我们可把式 (3.32) 改写成

$$\Psi^{(\mathrm{t})} = \frac{\sqrt{4\pi}}{kr\sqrt{v}} \sum_{lSJM} \hat{l} C_{l0\,SM}^{JM} C_{im_i\,IM_I}^{SM} \mathrm{e}^{\mathrm{i}\sigma_l} \left[F_l + \frac{\mathrm{i}}{2} \left(1 - S_{lS}^J\right) (G_l + \mathrm{i}F_l) \right] \mathcal{Y}_{lSJM}$$

(3.34)

可以看出式 (3.34) 的第一项正是由式 (3.30) 给出的 $\Psi^{(\mathrm{i})}$，第二项为发生反应部分的波函数 $\Psi^{(\mathrm{f})}$，再利用参考文献 [6] 的式 (3.8.5) 及式 (3.7) 和式 (3.5) 可得

$$\Psi^{(\mathrm{f})} \xrightarrow{r \to \infty} \frac{\mathrm{i}\sqrt{\pi}}{kr\sqrt{v}} \sum_{lSJM} \hat{l} C_{l0\,SM}^{JM} C_{im_i\,IM_I}^{SM} \mathrm{e}^{2\mathrm{i}\sigma_l} \left(1 - S_{lS}^J\right) \mathrm{e}^{\mathrm{i}(kr - \eta \ln(2kr))}$$

$$\times \sum_{m_i' M_I' m_l' M_S'} C_{lm_l'\,SM_S'}^{JM} C_{im_i'\,IM_I'}^{SM_S'} Y_{lm_l'}(\Omega) X_{im_i'} \Phi_{IM_I'}$$

(3.35)

已知 $\Psi^{(\mathrm{i})}$ 可分解为由参考文献 [6] 的式 (3.8.7) 给出的 $\Psi^{(1)}$ 和由参考文献 [6] 的式 (3.8.8) 给出的 $\Psi^{(2)}$ 两部分，总反应波函数为

$$\Psi^{(\mathrm{r})} = \Psi^{(2)} + \Psi^{(\mathrm{f})}$$

(3.36)

把参考文献 [6] 的式 (3.8.8) 和式 (3.35) 代入上式可得

$$\Psi^{(\mathrm{r})} \xrightarrow{r \to \infty} \sum_{m_i' M_I'} \frac{1}{\sqrt{v}} f_{m_i' M_I', m_i M_I}(\Omega) \frac{\mathrm{e}^{\mathrm{i}(kr - \eta \ln(2kr))}}{r} X_{im_i'} \Phi_{IM_I'}$$

(3.37)

其中

$$f_{m_i' M_I', m_i M_I}(\Omega) = f_{\mathrm{C}}(\theta) \delta_{m_i' M_I',\,m_i M_I} + \frac{\mathrm{i}\sqrt{\pi}}{k} \sum_{lSJMm_l' M_S'} \hat{l} \mathrm{e}^{2\mathrm{i}\sigma_l} \left(1 - S_{lS}^J\right)$$

$$\times C_{l0\,SM}^{JM} C_{im_i\,IM_I}^{SM} C_{lm_l'\,SM_S'}^{JM} C_{im_i'\,IM_I'}^{SM_S'} Y_{lm_l'}(\theta, \varphi)$$

(3.38)

其中，$f_{\mathrm{C}}(\theta)$ 已由参考文献 [6] 的式 (3.3.41) 给出。在不考虑极化情况下可以得到弹性散射角分布为

$$\frac{\mathrm{d}\sigma_{\mathrm{el}}}{\mathrm{d}\Omega} = \frac{1}{\hat{i}^2 \hat{I}^2} \sum_{m_i M_I m_i' M_I'} \left| f_{m_i' M_I', m_i M_I}(\Omega) \right|^2$$

(3.39)

我们令

$$X_{m_i M_I m_i' M_I'}(\theta) = \frac{1}{\hat{i}\hat{I}} f_{\mathrm{C}}(\theta) \delta_{m_i' M_I',\,m_i M_I}$$

(3.40)

$$Z_{m_i M_I m_i' M_I'}(\theta, \varphi) = \frac{\mathrm{i}\sqrt{\pi}}{\hat{i}\hat{I}k} \sum_{lSJMm_l'M_S'} \hat{l} e^{2\mathrm{i}\sigma_l} \left(1 - S_{lS}^J\right)$$

$$\times C_{l0\ SM}^{JM} C_{im_i\ IM_I}^{SM} C_{lm_l'\ SM_S'}^{JM} C_{im_i'\ IM_I'}^{SM_S'} \mathrm{Y}_{lm_l'}(\theta, \varphi) \qquad (3.41)$$

这样便可把式 (3.39) 改写成

$$\frac{\mathrm{d}\sigma_{\mathrm{el}}}{\mathrm{d}\Omega} = \frac{\mathrm{d}\sigma_{\mathrm{el}}^{(1)}}{\mathrm{d}\Omega} + \frac{\mathrm{d}\sigma_{\mathrm{el}}^{(2)}}{\mathrm{d}\Omega} + \frac{\mathrm{d}\sigma_{\mathrm{el}}^{(3)}}{\mathrm{d}\Omega} \qquad (3.42)$$

其中

$$\frac{\mathrm{d}\sigma_{\mathrm{el}}^{(1)}}{\mathrm{d}\Omega} = \sum_{m_i M_I m_i' M_I'} \left| Z_{m_i M_I m_i' M_I'}(\theta, \varphi) \right|^2 \qquad (3.43)$$

$$\frac{\mathrm{d}\sigma_{\mathrm{el}}^{(2)}}{\mathrm{d}\Omega} = \sum_{m_i M_I m_i' M_I'} \left| X_{m_i M_I m_i' M_I'}(\theta) \right|^2 \qquad (3.44)$$

$$\frac{\mathrm{d}\sigma_{\mathrm{el}}^{(3)}}{\mathrm{d}\Omega}$$

$$= \sum_{m_i M_I m_i' M_I'} \left(X_{m_i M_I m_i' M_I'}^*(\theta) Z_{m_i M_I m_i' M_I'}(\theta, \varphi) + X_{m_i M_I m_i' M_I'}(\theta) Z_{m_i M_I m_i' M_I'}^*(\theta, \varphi) \right)$$

$$(3.45)$$

由以上表达式可以看出，第一项为核反应弹性散射项，第二项是纯库仑散射项，第三项是库仑散射与核反应弹性散射相干项。

先研究式 (3.42) 的第二项。把式 (3.40) 以及参考文献 [6] 的式 (3.3.41) 和式 (3.3.3) 代入式 (3.44) 便得到

$$\frac{\mathrm{d}\sigma_{\mathrm{el}}^{(2)}}{\mathrm{d}\Omega} = |f_{\mathrm{C}}(\theta)|^2 = \left(\frac{zZe^2}{2\mu v^2}\right)^2 \csc^4\frac{\theta}{2} = \frac{\eta^2}{4k^2} \csc^4\frac{\theta}{2} \qquad (3.46)$$

$$v = \frac{\hbar k}{\mu}, \quad \eta = \frac{\mu zZe^2}{\hbar^2 k} = \frac{zZe^2}{\hbar v} \qquad (3.47)$$

可见该项正是描述库仑散射的 Rutherford 公式，其中 z 和 Z 分别代表入射核 A 和靶核 B 的电荷数。

下边研究式 (3.42) 的第三项。把式 (3.40) 和 (3.41) 代入式 (3.45) 可得

$$\frac{\mathrm{d}\sigma_{\mathrm{el}}^{(3)}}{\mathrm{d}\Omega} = \frac{\sqrt{\pi}}{k}\frac{1}{\hat{\imath}^2\hat{I}^2}$$

$$\times\left\{ f_{\mathrm{C}}^*(\theta)\sum_{\substack{lSJM\\m_iM_I}}\hat{l}\,\mathrm{i}\,\mathrm{e}^{2\mathrm{i}\sigma_l}\left(1-S_{lS}^J\right)C_{l0\ SM}^{JM}C_{im_i\ IM_I}^{SM}C_{l0\ SM}^{JM}C_{im_i\ IM_I}^{SM}Y_{l0}(\theta,0)\right.$$

$$\left.+f_{\mathrm{C}}(\theta)\sum_{\substack{lSJM\\m_iM_I}}\hat{l}\,(-\mathrm{i})\,\mathrm{e}^{-2\mathrm{i}\sigma_l}\left(1-S_{lS}^{J*}\right)C_{l0\ SM}^{JM}C_{im_i\ IM_I}^{SM}C_{l0\ SM}^{JM}C_{im_i\ IM_I}^{SM}Y_{l0}(\theta,0)\right\}$$

$$(3.48)$$

利用参考文献 [6] 的式 (3.1.14) 和 C-G 系数正交性及以下关系式

$$A^*B + AB^* = 2\mathrm{Re}(AB^*) \tag{3.49}$$

便可把式 (3.48) 化成

$$\frac{\mathrm{d}\sigma_{\mathrm{el}}^{(3)}}{\mathrm{d}\Omega} = \frac{1}{\hat{\imath}^2\hat{I}^2 k}\sum_{lSJ}\hat{J}^2\mathrm{Re}\left[f_{\mathrm{C}}^*(\theta)\mathrm{i}\,\mathrm{e}^{2\mathrm{i}\sigma_l}\left(1-S_{lS}^J\right)\right]P_l(\cos\theta) \tag{3.50}$$

注意到 $-\mathrm{i} = \mathrm{e}^{-\mathrm{i}\frac{\pi}{2}}$，再把参考文献 [6] 的式 (3.3.41) 和式 (3.3.3) 代入式 (3.50) 便得到

$$\frac{\mathrm{d}\sigma_{\mathrm{el}}^{(3)}}{\mathrm{d}\Omega} = \frac{1}{\hat{\imath}^2\hat{I}^2 k}\frac{zZe^2}{2\mu v^2}\csc^2\frac{\theta}{2}\sum_{lSJ}\hat{J}^2\mathrm{Re}\left[\mathrm{e}^{2\mathrm{i}(\sigma_l-\sigma_0)-\mathrm{i}\frac{\pi}{2}+\mathrm{i}\eta\ln\left(\sin^2\frac{\theta}{2}\right)}\left(1-S_{lS}^J\right)\right]P_l(\cos\theta)$$

$$= \frac{1}{\hat{\imath}^2\hat{I}^2 k}\frac{\eta}{2k}\csc^2\frac{\theta}{2}\sum_{lSJ}\hat{J}^2\mathrm{Re}\left[\mathrm{e}^{2\mathrm{i}(\sigma_l-\sigma_0)-\mathrm{i}\frac{\pi}{2}+\mathrm{i}\eta\ln\left(\sin^2\frac{\theta}{2}\right)}\left(1-S_{lS}^J\right)\right]P_l(\cos\theta)$$

$$(3.51)$$

这项属于库仑散射和核弹性散射相干项。

最后研究式 (3.42) 的第一项。将式 (3.41) 代入式 (3.43) 便可得到

$$\frac{\mathrm{d}\sigma_{\mathrm{el}}^{(1)}}{\mathrm{d}\Omega} = \frac{\pi}{\hat{\imath}^2\hat{I}^2 k^2}\sum_{m_iM_Im_i'M_I'}\left|\sum_{lSJMm_l'M_S'}\hat{l}\,\mathrm{e}^{2\mathrm{i}\sigma_l}\left(1-S_{lS}^J\right)\right.$$

$$\left.\times C_{l0\ SM}^{JM}C_{im_i\ IM_I}^{SM}C_{lm_l'\ SM_S'}^{JM}C_{im_i'\ IM_I'}^{SM_S'}Y_{lm_l'}(\theta,\varphi)\right|^2 \tag{3.52}$$

利用公式

$$\left| \sum_{lSJMm_l'M_S'} f_{lSJMm_l'M_S'} \right|^2 = \sum_{\substack{l_1S_1J_1M_1m_{l_1}'M_{S_1}' \\ l_2S_2J_2M_2m_{l_2}'M_{S_2}'}} f_{l_1S_1J_1M_1m_{l_1}'M_{S_1}'} f_{l_2S_2J_2M_2m_{l_2}'M_{S_2}'}^* \tag{3.53}$$

并首先求得

$$\sum_{m_i'M_I'} C_{im_i'\ IM_I'}^{S_1M_{S_1}'} C_{im_i'\ IM_I'}^{S_2M_{S_2}'} = \delta_{S_1S_2}\delta_{M_{S_1}'M_{S_2}'} \tag{3.54}$$

利用参考文献 [6] 的式 (3.2.13)、式 (3.9.15) 和式 (3.9.16) 可以求得

$$\sum_{m_{l_1}'\ m_{l_2}'\ M_S'} C_{l_1m_{l_1}'\ SM_S'}^{J_1M_1} C_{l_2m_{l_2}'\ SM_S'}^{J_2M_2} C_{l_1m_{l_1}'\ l_2-m_{l_2}'}^{LM_L} (-1)^{m_{l_2}'}$$

$$= \sum_{m_{l_1}'\ m_{l_2}'\ M_S'} (-1)^{l_1-m_{l_1}'} \frac{\hat{J}_1}{\hat{S}} C_{J_1M_1\ l_1-m_{l_1}'}^{SM_S'} (-1)^{l_2+S-J_2} C_{SM_S'\ l_2m_{l_2}'}^{J_2M_2}$$

$$\times (-1)^{l_1+l_2-L} C_{l_1-m_{l_1}'\ l_2m_{l_2}'}^{L-M_L} (-1)^{m_{l_2}'}$$

$$= (-1)^{S-J_2-L-M_L} \hat{J}_1 \hat{L} C_{J_1M_1\ L-M_L}^{J_2M_2} W(J_1l_1J_2l_2;SL) \tag{3.55}$$

又可以求得

$$\sum_{m_iM_I} C_{im_i\ IM_I}^{SM_1} C_{im_i\ IM_I}^{SM_2} = \delta_{M_1M_2} \tag{3.56}$$

利用参考文献 [6] 的式 (3.9.16) 还可以求得

$$\sum_M C_{l_10\ SM}^{J_1M} C_{l_20\ SM}^{J_2M} C_{J_1M\ L0}^{J_2M} = \sum_M (-1)^{l_1} \frac{\hat{J}_1}{\hat{S}} C_{l_10\ J_1-M}^{S-M} (-1)^{S+M} \frac{\hat{J}_2}{\hat{l}_2} C_{S-M\ J_2M}^{l_20}$$

$$\times (-1)^{J_1-M} \frac{\hat{J}_2}{\hat{L}} (-1)^{J_1+J_2-L} C_{J_1-M\ J_2M}^{L0}$$

$$= \frac{\hat{J}_1\hat{J}_2^2}{\hat{l}_2} (-)^{l_2+S-J_2} C_{l_10\ L0}^{l_20} W(l_1J_1l_2J_2;SL) \tag{3.57}$$

然后再利用参考文献 [6] 的式 (3.1.14) 和式 (3.9.17) 便可得到

$$\frac{d\sigma_{\text{el}}^{(1)}}{d\Omega} = \frac{1}{4\pi} \sum_{L=0}^{\infty} (2L+1) B_L P_L(\cos\theta) \tag{3.58}$$

$$B_L = \frac{\pi}{k^2} \frac{1}{\hat{i}^2 \hat{I}^2} \sum_{l_1 l_2 S J_1 J_2} \hat{l}_1^2 \hat{J}_1^2 \hat{J}_2^2 \left[C_{l_1 0 \; L0}^{l_2 \; 0} W(l_1 J_1 l_2 J_2; SL) \right]^2$$

$$\times \operatorname{Re} \left[e^{2i\sigma_{l_1}} \left(1 - S_{l_1 S}^{J_1} \right) e^{-2i\sigma_{l_2}} \left(1 - S_{l_2 S}^{J_2 *} \right) \right] \tag{3.59}$$

这项属于核弹性散射项。

　　现在我们定义入射核和靶核的去弹截面，也可称为广义复合核形成截面。式 (3.32) 给出了发生反应后系统总波函数，它代表入射波与弹性散射出去的波之和。设有一个以靶核质心为中心，半径为 r 的很大球面，如果发生了去弹反应，进入该球面的原子核数一定多于散射出去的原子核数，因而对式 (3.32) 用径向流量公式所计算的截面就是去弹截面 σ_{ne}。参考文献 [6] 的式 (3.8.17) 已经给出了由波函数求单位立体角的概率流密度的表达式，向球面里边流动的径向总流量为

$$J_r = -\frac{\hbar}{2\mu i} \int \left[\Psi^{(t)+} \frac{\partial \Psi^{(t)}}{\partial r} - \frac{\partial \Psi^{(t)+}}{\partial r} \Psi^{(t)} \right] r^2 \mathrm{d}\Omega \tag{3.60}$$

由于入射波已经归一化，再考虑到要对初态自旋磁量子数求平均，因而有

$$\sigma_{\text{ne}} = \frac{1}{\hat{i}^2 \hat{I}^2} \sum_{m_i M_I} J_r \tag{3.61}$$

有正交关系式

$$\int \mathcal{Y}_{lSJM}^+ \mathcal{Y}_{l'S'J'M'} \mathrm{d}\Omega = \delta_{lSJM, \, l'S'J'M'} \tag{3.62}$$

以及 C-G 系数公式

$$\sum_{m_i M_I} C_{im_i \; IM_I}^{SM} C_{im_i \; IM_I}^{SM} = 1 \tag{3.63}$$

$$\sum_M C_{l0 \; SM}^{JM} C_{l0 \; SM}^{JM} = \frac{\hat{J}^2}{\hat{l}^2} \sum_M C_{J-M \; SM}^{l0} C_{J-M \; SM}^{l0} = \frac{\hat{J}^2}{\hat{l}^2} \tag{3.64}$$

并注意到对于第一质心系速度 v 有关系式

$$v = \frac{\hbar k}{\mu} \tag{3.65}$$

同时，由参考文献 [6] 的式 (3.3.77) 和式 (3.3.78) 又可知

$$F_l(kr) \xrightarrow[r \to \infty]{} \sin(kr), \quad G_l(kr) \xrightarrow[r \to \infty]{} \cos(kr) \tag{3.66}$$

于是把式 (3.32) 代入式 (3.60)，并利用式 (3.61)~(3.66) 可以求得

$$\sigma_{\mathrm{ne}} = \frac{\pi}{k^2}\frac{1}{\hat{i}^2\hat{I}^2}\sum_{lSJ}\hat{J}^2\ T_{(iI)lSJ} \tag{3.67}$$

其中

$$T_{(iI)lSJ} = \left(1 - \left|S^J_{lS}\right|^2\right) \tag{3.68}$$

称为穿透系数，i 和 I 分别是入射道 A、B 粒子的自旋。式 (3.67) 就是在重离子球形光学模型中计算入射核和靶核的去弹截面或称为广义复合核形成截面的计算公式。在重离子球形光学模型中计算的 σ_{ne} 包含了融合截面和深度非弹截面。在调节重离子唯象光学势时，要充分利用重离子反应的融合截面、深度非弹截面和弹性散射角分布的实验数据。对于只有融合截面实验数据，而没有深度非弹截面实验数据的能点，可以选用人们通常所用的计算深度非弹截面的理论，或者根据现有的深度非弹截面实验数据给出计算重离子深度非弹截面的经验公式，最后通过符合实验数据来确定经验公式中的理论参数。

深度非弹性散射包含非弹性散射和核子转移两种反应类型，其中非弹性散射代表把部分动能转化成两个原子核的激发能。裂变发生后也有把部分激发能转化成两个碎片核动能的阶段，而且裂变核的断点处于特大形变状态，两个碎片核的断开又有随机性，因而在两个碎片刚刚断开的一瞬间，两个碎片之间发生核子转移是完全有可能的。所以我们用包含了融合截面和深度非弹截面的去弹截面 σ_{ne} 作为单个裂变反应道的逆截面是合理的。这与在计算 (n,p),(n,d)(n,t),(n,α) 等轻带电粒子发射反应时都是用去弹截面 σ_{ne} 作为逆截面是一致的。

第 4 章　重离子反应的 Hauser-Feshbach 理论

对于初态 i 为 n + A，末态 f 为 L + H 的单个裂变道来说，假设在第一质心系中入射粒子能量为 E_C，便可令

$$k = \frac{\sqrt{2\mu E_C}}{\hbar} \tag{4.1}$$

其中

$$\mu = \frac{m_n M_A}{m_n + M_A} \tag{4.2}$$

根据 S-L 角动量耦合方式的 S 矩阵理论 [55] 及第 3 章所介绍的理论方法，在第一质心系中轻碎片 L 的角分布为

$$\frac{\mathrm{d}\sigma_{f,i}}{\mathrm{d}\Omega} = \frac{1}{\hat{i}^2 \hat{I}^2} \sum_{m_i M_I m_i' M_I'} \left| f_{f m_i' M_I', i m_i M_I}(\Omega) \right|^2 \tag{4.3}$$

对于中子入射的核反应，其中

$$
f_{f m_i' M_I', i m_i M_I}(\Omega) = \frac{\mathrm{i}\sqrt{\pi}}{k} \sum_{\substack{l S l' S' J \\ M m_i' M_S'}} \hat{l} \mathrm{e}^{\mathrm{i}(\sigma_l + \sigma_{l'})} \left(\delta_{f l' S', i l S} - S^J_{f\, l' S', i l S} \right)
$$

$$
\times C^{J\ M}_{l 0\ S M} C^{S\ M}_{i m_i\ I M_I} C^{J\ M}_{l' m_l'\ S' M_S'} C^{S'\ M_S'}_{i' m_i'\ I' M_I'} Y_{l' m_l'}(\theta, \varphi) \tag{4.4}
$$

相应的积分截面为

$$\sigma_{f,i} = \frac{\pi}{k^2} \frac{1}{\hat{i}^2 \hat{I}^2} \sum_{l S l' S' J} \hat{J}^2 \left| \delta_{f\, l' S', i l S} - S^J_{f l' S', i l S} \right|^2 \tag{4.5}$$

其中 $S^J_{f l' S', i l S}$ 是 S 矩阵元。

前边所给出的 S 矩阵元和截面的关系式都是在确定入射粒子能量情况下得到的。在实验上入射粒子不可能完全单能，只能是一个从 $E - \frac{\Delta E}{2}$ 到 $E + \frac{\Delta E}{2}$ 的波包，所测量的截面也只能是在 ΔE 范围内的平均截面。事实上，在光滑能区，在 ΔE 内会有很多共振能级，只不过在实验上无法区分而已。这里要求对所有能级来说，ΔE 远远大于能级宽度和能级间距，这样求平均值才有意义；同时 ΔE 又要

足够小, 使得一些随能量缓变的函数在 ΔE 内基本保持为常数。能量函数 $A(E)$ 的平均值 $\bar{A}(E)$ 的定义如下

$$\bar{A}(E) = \frac{1}{\Delta E} \int_{E-\frac{\Delta E}{2}}^{E+\frac{\Delta E}{2}} A(E') \mathrm{d}E' \tag{4.6}$$

在核反应的模型理论中, 假设核反应过程可以分解为直接反应和复合核反应两部分, 所测量的实验数据也认为是由这两种反应机制贡献叠加的结果。显然这种分成两种反应机制的做法只是一种近似, 这种理论的计算结果在符合实验数据方面也存在一些偏差, 所以又陆续建立了一些考虑中间发射过程的理论, 其中有代表性的是经典和半经典预平衡发射理论 (激子模型) 和量子预平衡发射理论。

根据以上假设, 我们把 S 矩阵元 $S_{c'c}$ 分成两部分

$$S_{c'c} = \bar{S}_{c'c} + \Delta S_{c'c} \tag{4.7}$$

其中 $\bar{S}_{c'c}$ 为 $S_{c'c}$ 按式 (4.6) 所求的平均值, 属于随能量 E 缓慢变化部分, 而 $\Delta S_{c'c}$ 为涨落部分, 是无规的, 属于随能量 E 快速变化部分。我们假设由光学模型、耦合道光学模型和扭曲波玻恩近似 (DWBA) 等直接反应理论所计算的 S 矩阵元就是 $\bar{S}_{c'c}$, 由 $\bar{S}_{c'c}$ 所计算的截面属于直接反应截面, 用 $\sigma^{(d)}$ 表示。而认为 $\Delta S_{c'c}$ 对截面的贡献相应于复合核反应部分, 称为复合核反应截面或涨落截面, 用 $\sigma^{(c)}$ 表示, 复合核反应截面可通过由 R 矩阵理论所给出的 S 矩阵元表达式进行研究。在这里我们假设属于非平衡统计理论的预平衡发射的贡献也包含在 S 矩阵元的涨落部分 $\Delta S_{c'c}$ 中。

由于实验上测量的截面都是平均截面 $\bar{\sigma}$, 下边我们来研究如何根据式 (4.7) 把平均截面 $\bar{\sigma}$ 分成直接反应截面 $\sigma^{(d)}$ 和复合核反应截面 $\sigma^{(c)}$ 两部分。由式 (4.7) 显然可得

$$\overline{\Delta S_{c'c}} = 0 \tag{4.8}$$

进而可以求得

$$\overline{|S_{c'c}|^2} = \left|\bar{S}_{c'c}\right|^2 + \overline{|\Delta S_{c'c}|^2} \tag{4.9}$$

$$\overline{|\delta_{c'c} - S_{c'c}|^2} = \left|\delta_{c'c} - \bar{S}_{c'c}\right|^2 + \overline{|\Delta S_{c'c}|^2} \tag{4.10}$$

$$\overline{\left(\delta_{c_1'c_1} - S_{c_1'c_1}\right)\left(\delta_{c_2'c_2} - S_{c_2'c_2}^*\right)}$$

$$= \left(\delta_{c_1'c_1} - \bar{S}_{c_1'c_1}\right)\left(\delta_{c_2'c_2} - \bar{S}_{c_2'c_2}^*\right) + \overline{\Delta S_{c_1'c_1}\Delta S_{c_2'c_2}^*} \tag{4.11}$$

对由式 (4.5) 给出的 $n + A \to L + H$ 反应的积分截面求平均，并把式 (4.10) 代入立即求得

$$\bar{\sigma}_{f,i} = \sigma_{f,i}^{(d)} + \sigma_{f,i}^{(c)} \tag{4.12}$$

其中

$$\sigma_{f,i}^{(d)} = \frac{\pi}{k^2} \frac{1}{\hat{i}^2 \hat{I}^2} \sum_{lSl'S'J} \hat{J}^2 \left| \delta_{fl'S',ilS} - \bar{S}_{fl'S',ilS}^J \right|^2 \tag{4.13}$$

$$\sigma_{f,i}^{(c)} = \frac{\pi}{k^2} \frac{1}{\hat{i}^2 \hat{I}^2} \sum_{lSl'S'J} \hat{J}^2 \overline{\left| \Delta S_{fl'S',ilS}^J \right|^2} \tag{4.14}$$

注意，由于可以认为 k^2 是能量的缓变函数，因此可以把它提到对能量的平均之外。由于我们认为 $n + A \to L + H$ 反应完全是由平衡态复合核反应机制贡献的，没有直接反应机制，因而只需由式 (4.14) 求 $\sigma_{f,i}^{(c)}$ 即可。

关于微分截面由式 (4.3) 和式 (4.11) 可以求得

$$\overline{\frac{d\sigma_{f,i}}{d\Omega}} = \frac{d\sigma_{f,i}^{(d)}}{d\Omega} + \frac{d\sigma_{f,i}^{(c)}}{d\Omega} \tag{4.15}$$

其中

$$
\begin{aligned}
\frac{d\sigma_{f,i}^{(d)}}{d\Omega} = & \frac{\pi}{k^2} \frac{1}{\hat{i}^2 \hat{I}^2} \sum_{m_i M_I m_i' M_I'} \left| \sum_{\substack{lSl'S'J \\ M m_l' M_S'}} \hat{l}\, e^{i(\sigma_l + \sigma_{l'})} \left(\delta_{fl'S',ilS} - \bar{S}_{fl'S',ilS}^J \right) \right. \\
& \left. \times C_{l0\ SM_S}^{J\ M} C_{im_i\ IM_I}^{S\ M_S} C_{l'm_l'\ S'M_S'}^{J\ M} C_{i'm_i'\ I'M_I'}^{S'\ M_S'} Y_{l'm_l'}(\theta, \varphi) \right|^2 \\
= & \frac{\pi}{k^2} \frac{1}{\hat{i}^2 \hat{I}^2} \sum_{m_i M_I m_i' M_I'} \sum_{\substack{l_1 S_1 l_1' S_1' J_1 M_1 m_{l_1}' M_{S_1}' \\ l_2 S_2 l_2' S_2' J_2 M_2 m_{l_2}' M_{S_2}'}} \hat{l}_1 \hat{l}_2 \\
& \times \mathrm{Re}\left[e^{i\left(\sigma_{l_1} + \sigma_{l_1'}\right)} \left(\delta_{f\ l_1' S_1', i l_1 S_1} - \bar{S}_{f\ l_1' S_1', i l_1 S_1}^{J_1} \right) \right. \\
& \left. \times e^{-i\left(\sigma_{l_2} + \sigma_{l_2'}\right)} \left(\delta_{f\ l_2' S_2', i l_2 S_2} - \bar{S}_{f\ l_2' S_2', i l_2 S_2}^{J_2 *} \right) \right] \\
& \times C_{l_1 0\ S_1 M_1}^{J_1\ M_1} C_{im_i\ IM_I}^{S_1\ M_1} C_{l_1' m_{l_1}'\ S_1' M_{S_1}'}^{J_1\ M_1} C_{i'm_i'\ I'M_I'}^{S_1'\ M_{S_1}'} Y_{l_1' m_{l_1}'}(\theta, \varphi) \\
& \times C_{l_2 0\ S_2 M_2}^{J_2\ M_2} C_{im_i\ IM_I}^{S_2\ M_2} C_{l_2' m_{l_2}'\ S_2' M_{S_2}'}^{J_2\ M_2} C_{i'm_i'\ I'M_I'}^{S_2'\ M_{S_2}'} Y_{l_2' m_{l_2}'}^*(\theta, \varphi)
\end{aligned}
$$

$$\tag{4.16}$$

$$
\frac{d\sigma_{f,i}^{(c)}}{d\Omega} = \frac{\pi}{k^2} \frac{1}{\hat{i}^2 \hat{I}^2} \sum_{m_i M_I m_i' M_I'} \sum_{\substack{l_1 S_1 l_1' S_1' J_1 M_1 m_{l_1}' M_{S_1} \\ l_2 S_2 l_2' S_2' J_2 M_2 m_{l_2}' M_{S_2}}} \hat{l}_1 \hat{l}_2 e^{i\left(\sigma_{l_1} + \sigma_{l_1'} - \sigma_{l_2} - \sigma_{l_2'}\right)}
$$

$$
\times \overline{\Delta S_{fl_1' S_1', il_1 S_1}^{J_1} \Delta S_{fl_2' S_2', il_2 S_2}^{J_2 *}}
$$

$$
\times C_{l_1 0 \ S_1 M_1}^{J_1 \ M_1} C_{im_i \ IM_I}^{S_1 \ M_1} C_{l_1' m_{l_1}' \ S_1' M_{S_1}'}^{J_1 \ M_1} C_{i'm_i' \ I'M_I'}^{S_1' M_{S_1}'} Y_{l_1' m_{l_1}'}(\theta, \varphi)
$$

$$
\times C_{l_2 0 \ S_2 M_2}^{J_2 \ M_2} C_{im_i \ IM_I}^{S_2 \ M_2} C_{l_2' m_{l_2}' \ S_2' M_{S_2}'}^{J_2 \ M_2} C_{i'm_i' \ I'M_I'}^{S_2' M_{S_2}'} Y_{l_2' m_{l_2}'}^*(\theta, \varphi) \tag{4.17}
$$

首先求得

$$
\sum_{m_i M_I} C_{im_i \ IM_I}^{S_1 \ M_1} C_{im_i \ IM_I}^{S_2 \ M_2} = \delta_{S_1 S_2} \delta_{M_1 M_2}, \qquad \sum_{m_i' M_I'} C_{i'm_i' \ I'M_I'}^{S_1' \ M_{S_1}'} C_{i'm_i' \ I'M_I'}^{S_2' \ M_{S_2}'} = \delta_{S_1' S_2'} \delta_{M_{S_1}' M_{S_2}'} \tag{4.18}
$$

再利用以下关系式

$$
Y_{lm}^* = (-1)^m Y_{l \ -m}, \qquad Y_{l_1 m_1} Y_{l_2 m_2} = \frac{1}{\sqrt{4\pi}} \sum_{LM} \frac{\hat{l}_1 \hat{l}_2}{\hat{L}} C_{l_1 m_1 \ l_2 m_2}^{LM} C_{l_1 0 \ l_2 0}^{L0} Y_{LM} \tag{4.19}
$$

$$
\sum_{\beta\delta\varepsilon} C_{a\alpha \ b\beta}^{e\varepsilon} C_{e\varepsilon \ d\delta}^{c\gamma} C_{b\beta \ d\delta}^{f\phi} = \hat{e}\hat{f} \ C_{a\alpha \ f\phi}^{c\gamma} \ W(abcd; ef) \tag{4.20}
$$

又可以求得

$$
Y_{l_1' m_{l_1}'} Y_{l_2' m_{l_2}'}^* = \frac{1}{\sqrt{4\pi}} \sum_{LM_L} \frac{\hat{l}_1' \hat{l}_2'}{\hat{L}} (-1)^{m_{l_2}'} C_{l_1' m_{l_1}' \ l_2' \ -m_{l_2}'}^{L \ M_L} C_{l_1' 0 \ l_2' 0}^{L \ 0} Y_{LM_L} \tag{4.21}
$$

$$
\sum_{m_{l_1}' m_{l_2}' M_S'} C_{l_1' m_{l_1}' \ S' M_S'}^{J_1 \ M} C_{l_2' m_{l_2}' \ S' M_S'}^{J_2 \ M} C_{l_1' m_{l_1}' \ l_2' \ -m_{l_2}'}^{L \ M_L} (-1)^{m_{l_2}'}
$$

$$
= \sum_{m_{l_1}' m_{l_2}' M_S'} (-1)^{l_1' - m_{l_1}'} \frac{\hat{J}_1}{\hat{S}'} C_{J_1 M \ l_1' \ -m_{l_1}'}^{S' \ M_S'} (-1)^{l_2' + S' - J_2} C_{S' M_S' \ l_2' m_{l_2}'}^{J_2 M}
$$

$$
\times (-1)^{l_1' + l_2' - L} C_{l_1' - m_{l_1}' \ l_2' m_{l_2}'}^{L - M_L} (-1)^{m_{l_2}'}
$$

$$
= (-1)^{S' - J_2 - L - M_L} \hat{J}_1 \hat{L} C_{J_1 M \ L \ 0}^{J_2 M} W(J_1 l_1' J_2 l_2'; S'L) \delta_{M_L 0} \tag{4.22}
$$

$$
\sum_M C_{l_1 0 \ SM}^{J_1 \ M} C_{l_2 0 \ SM}^{J_2 \ M} C_{J_1 M \ L 0}^{J_2 M} = \sum_M (-1)^{l_1} \frac{\hat{J}_1}{\hat{S}} C_{l_1 0 \ J_1 - M}^{S - M} (-1)^{S+M} \frac{\hat{J}_2}{\hat{l}_2} C_{S - M \ J_2 M}^{l_2 0}
$$

$$\times (-1)^{J_1-M}\frac{\hat{J}_2}{\hat{L}}(-1)^{J_1+J_2-L}C^{L0}_{J_1-M\ J_2M}$$

$$=\frac{\hat{J}_1\hat{J}_2^2}{\hat{l}_2}(-)^{l_2+S-J_2}C^{l_2\ 0}_{l_10\ L0}W\left(l_1J_1l_2J_2;SL\right)\quad(4.23)$$

其中用到 $2(J_1+J_2)$ 为偶数的性质。再注意到关系式

$$Y_{L0}(\theta,0)=\sqrt{\frac{2L+1}{4\pi}}P_L(\cos\theta)\qquad(4.24)$$

于是由式 (4.16) 和 (4.17) 可以分别求得

$$\frac{\mathrm{d}\sigma^{(\mathrm{d})}_{\mathrm{f,i}}}{\mathrm{d}\Omega}=\frac{1}{4\pi}\sum_{L=0}^{\infty}(2L+1)B^{(\mathrm{d})}_LP_L\left(\cos\theta\right)\qquad(4.25)$$

$$B^{(\mathrm{d})}_L=\frac{\pi}{k^2}\frac{1}{\hat{i}^2\hat{I}^2}\sum_{\substack{l_1l'_1J_1\\l_2l'_2J_2SS'}}\hat{l}_1\hat{l}'_1\hat{J}_1^2\hat{J}_2^2(-)^{S-S'+l_1+l'_1}C^{l_2\ 0}_{l_10\ L0}C^{l'_2\ 0}_{l'_10\ L0}$$

$$\times W\left(l_1J_1l_2J_2;SL\right)W\left(l'_1J_1l'_2J_2;S'L\right)$$

$$\times \mathrm{Re}\left[\mathrm{e}^{\mathrm{i}\left(\sigma_{l_1}+\sigma_{l'_1}\right)}\left(\delta_{\mathrm{f}\ l'_1S',\mathrm{i}l_1S}-\bar{S}^{J_1}_{\mathrm{f}\ l'_1S',\mathrm{i}l_1S}\right)\right.$$

$$\left.\times \mathrm{e}^{-\mathrm{i}\left(\sigma_{l_2}+\sigma_{l'_2}\right)}\left(\delta_{\mathrm{f}\ l'_2S',\mathrm{i}l_2S}-\bar{S}^{J_2*}_{\mathrm{f}\ l'_2S',\mathrm{i}l_2S}\right)\right]\qquad(4.26)$$

$$\frac{\mathrm{d}\sigma^{(\mathrm{c})}_{\mathrm{f,\ i}}}{\mathrm{d}\Omega}=\frac{1}{4\pi}\sum_{L=0}^{\infty}(2L+1)B^{(\mathrm{c})}_LP_L\left(\cos\theta\right)\qquad(4.27)$$

$$B^{(\mathrm{c})}_L=\frac{\pi}{k^2}\frac{1}{\hat{i}^2\hat{I}^2}\sum_{\substack{l_1l'_1J_1\\l_2l'_2J_2SS'}}\hat{l}_1\hat{l}'_1\hat{J}_1^2\hat{J}_2^2(-)^{S-S'+l_1+l'_1}C^{l_2\ 0}_{l_10\ L0}C^{l'_2\ 0}_{l'_10\ L0}$$

$$\times W\left(l_1J_1l_2J_2;SL\right)W\left(l'_1J_1l'_2J_2;S'L\right)$$

$$\times \mathrm{Re}\left[\mathrm{e}^{\mathrm{i}\left(\sigma_{l_1}+\sigma_{l'_1}-\sigma_{l_2}-\sigma_{l'_2}\right)}\overline{\Delta S^{J_1}_{\mathrm{f}\ l'_1S',\mathrm{i}l_1S}\Delta S^{J_2*}_{\mathrm{f}\ l'_2S',\mathrm{i}l_2S}}\right]\qquad(4.28)$$

从以上结果可以看出，直接反应截面 $\sigma^{(d)}$ 与 S 矩阵理论中截面 σ 的公式形式完全一样，只需将 S 矩阵元 $S_{c'c}$ 改为 $\overline{S_{c'c}}$ 即可。对于 $n + A \to L + H$ 反应来说，只需要研究平衡态复合核反应机制的贡献 $\dfrac{\mathrm{d}\sigma_{\mathrm{f,i}}^{(c)}}{\mathrm{d}\Omega}$。

复合核形成截面，也称为吸收截面的定义为

$$\sigma_{\mathrm{a}} = \frac{\pi}{k^2} \frac{1}{\hat{i}^2 \hat{I}^2} \sum_{lSJ} \hat{J}^2 \left(1 - \sum_{fl'S'} \left| \bar{S}_{fl'S',\,ilS}^J \right|^2 \right) \tag{4.29}$$

令穿透系数为

$$T_{ilS}^J = 1 - \sum_{fl'S'} \left| \bar{S}_{fl'S',\,ilS}^J \right|^2 \tag{4.30}$$

其中，$\bar{S}_{fl'S',\,ilS}^J$ 包含了所有直接反应的平均 S 矩阵元。于是，可把式 (4.29) 改写成

$$\sigma_{\mathrm{a}} = \frac{\pi}{k^2} \frac{1}{\hat{i}^2 \hat{I}^2} \sum_{lSJ} \hat{J}^2 T_{ilS}^J \tag{4.31}$$

前面已提到，由于能量分辨率的关系，实验上测量的截面值实际上是 $E - \dfrac{\Delta E}{2}$ 到 $E + \dfrac{\Delta E}{2}$ 区间的平均值。对能量平均相当于对统计系综的平均。在能量比较高的能区，在 ΔE 范围内原子核会有很多共振能级，并假设 $\Delta E \gg \Gamma$ 和 $\Delta E \gg D$，Γ 和 D 分别为共振能级宽度和能级间距。ΔE 又要足够小，使得一些对能量缓变函数在 ΔE 内基本保持为常数。

在这里引入道标符号 c' 和 c，于是可把由式 (4.30) 给出的穿透系数改写成

$$T_c = 1 - \sum_{c'} \left| \bar{S}_{c'c} \right|^2 \tag{4.32}$$

R 矩阵理论中的 S 矩阵元表达式已由参考文献 [6] 的式 (4.6.17) 给出，并可改写成

$$S_{c'c}(E) = \mathrm{e}^{-\mathrm{i}(\phi_{c'} + \phi_c)} \left(\delta_{c'c} - \mathrm{i} \sum_{\lambda} \frac{\Gamma_{\lambda c'}^{1/2} \Gamma_{\lambda c}^{1/2}}{E - E_{\lambda} + \dfrac{\mathrm{i}}{2} \Gamma_{\lambda}} \right) \tag{4.33}$$

其中 λ 代表能级标号，我们用式 (4.6) 给出的求平均值方法和式 (4.33) 给出的 $S_{c'c}(E)$ 来计算式 (4.32) 中的 $\bar{S}_{c'c}$。首先根据式 (4.6) 可以写出

$$\bar{S}_{c'c} = \frac{1}{\Delta E} \int_{E - \frac{\Delta E}{2}}^{E + \frac{\Delta E}{2}} S_{c'c}(E') \mathrm{d}E' \tag{4.34}$$

然后把式 (4.33) 代入式 (4.34)。把式 (4.33) 中代表对能级求和的第二项展开成逐项相加形式，然后将其代入式 (4.34)，在积分上下限不做任何变化的情况下对于所展开的各项分别进行积分，然后再把被积分后的各项用求和号的形式表示出来，这就相当于对式 (4.33) 的第二项把积分号与求和号相交换，这样做不会影响计算结果。于是我们需要求以下积分

$$I_\lambda \equiv \int_{E-\frac{\Delta E}{2}}^{E+\frac{\Delta E}{2}} \frac{\mathrm{d}E'}{E' - E_\lambda + \frac{\mathrm{i}}{2}\Gamma_\lambda} \tag{4.35}$$

我们是在 $E - \dfrac{\Delta E}{2}$ 到 $E + \dfrac{\Delta E}{2}$ 区间内求物理量在能量 E 处的平均值。并且我们已经假设 $\Delta E \gg \Gamma$ 和 $\Delta E \gg D$，因而只有处在 ΔE 区间内的能级才有明显贡献，在 ΔE 区间外的能级的贡献可以忽略。式 (4.35) 的被积函数是 λ 能级的表示式，显然只有当 E' 处在 E_λ 附近时才有贡献。除去靠近 ΔE 区间边界的极少数能级以外，对于 ΔE 区间内绝大多数能级来说，把式 (4.35) 的积分上下限中的 E 改成 E_λ 都不影响计算结果。因为在式 (4.35) 中对于这些能级无论从 $E - \dfrac{\Delta E}{2}$ 到 $E + \dfrac{\Delta E}{2}$ 进行积分或者从 $E_\lambda - \dfrac{\Delta E}{2}$ 到 $E_\lambda + \dfrac{\Delta E}{2}$ 进行积分都包含了对该积分确实有贡献的 E_λ 附近的很小的能区。于是可以把式 (4.35) 改写成

$$I_\lambda = \int_{E_\lambda-\frac{\Delta E}{2}}^{E_\lambda+\frac{\Delta E}{2}} \frac{\mathrm{d}E'}{E' - E_\lambda + \frac{\mathrm{i}}{2}\Gamma_\lambda} \tag{4.36}$$

对上式作变换 $x = E' - E_\lambda + \dfrac{\mathrm{i}}{2}\Gamma_\lambda, \mathrm{d}x = \mathrm{d}E'$，并注意到 $\Gamma_\lambda \ll \Delta E$，于是可以求得

$$I_\lambda = \int_{-\frac{\Delta E}{2}+\frac{1}{2}\Gamma_\lambda}^{\frac{\Delta E}{2}+\frac{1}{2}\Gamma_\lambda} \frac{1}{x}\mathrm{d}x = \ln\left[\frac{\Delta E + i\Gamma_\lambda}{-\Delta E + i\Gamma_\lambda}\right] = \ln\left[\frac{-((\Delta E)^2 - \Gamma_\lambda^2 + 2i\Gamma_\lambda\Delta E)}{(\Delta E)^2 + \Gamma_\lambda^2}\right]$$
$$= \ln\left[-\left(1 + \frac{-2\Gamma_\lambda^2 + 2i\Gamma_\lambda\Delta E}{(\Delta E)^2 + \Gamma_\lambda^2}\right)\right] \cong \ln(-1) \tag{4.37}$$

注意到有以下复数关系式

$$\mathrm{e}^{\pm \mathrm{i}x} = \cos x \pm \mathrm{i}\sin x \tag{4.38}$$

于是得到

$$I_\lambda \cong \ln(\mathrm{e}^{\pm \mathrm{i}\pi}) = \pm \mathrm{i}\pi \tag{4.39}$$

假设在 ΔE 区间共有 N 条能级，其平均间距为 D，则 $\Delta E = ND$，并用如下方式定义 ΔE 内 N 条能级的平均值

$$\langle f_\lambda \rangle_\lambda = \frac{1}{N} \sum_{\lambda=1}^{N} f_\lambda \tag{4.40}$$

于是由式 (4.34) 和式 (4.33) 可以求得

$$\bar{S}_{c'c} = \mathrm{e}^{-\mathrm{i}(\phi_{c'}+\phi_c)} \left(\delta_{c'c} - \frac{\pi}{D} \left\langle \Gamma_{\lambda c'}^{1/2} \Gamma_{\lambda c}^{1/2} \right\rangle_\lambda \right) \tag{4.41}$$

由于要求 $|\bar{S}_{c'c}| \leqslant 1$，于是在式 (4.39) 中取负号而得到式 (4.41)。

把式 (4.41) 代入式 (4.32) 得到

$$T_c = 1 - \sum_{c'} \left[\delta_{cc'} - \frac{\pi}{D} \left\langle \Gamma_{\lambda c'}^{1/2} \Gamma_{\lambda c}^{1/2} \right\rangle_\lambda \right]^2$$

$$= \frac{2\pi}{D} \langle \Gamma_{\lambda c} \rangle_\lambda - \frac{\pi^2}{D^2} \sum_{c'} \left\langle \Gamma_{\lambda c'}^{1/2} \Gamma_{\lambda c}^{1/2} \right\rangle_\lambda^2 \tag{4.42}$$

或改写成

$$T_c = \frac{2\pi}{D} \langle \Gamma_{\lambda c} \rangle_\lambda - \left(\frac{\pi}{D} \langle \Gamma_{\lambda c} \rangle_\lambda \right)^2 - \frac{\pi^2}{D^2} \sum_{c' \neq c} \left\langle \Gamma_{\lambda c'}^{1/2} \Gamma_{\lambda c}^{1/2} \right\rangle_\lambda^2 \tag{4.43}$$

式 (4.43) 前两项是形状弹性散射的贡献，而第三项是直接非弹及其他直接反应道的贡献。如果不考虑形状弹性散射以外的直接反应的贡献，再假设 $\langle \Gamma_{\lambda c} \rangle_\lambda / D$ 小到式 (4.43) 的第二项与第一项相比可以忽略时便得到

$$T_c = \frac{2\pi}{D} \langle \Gamma_{\lambda c} \rangle_\lambda \tag{4.44}$$

可以看出式 (4.44) 成立的条件包括要求能级可以区分，能级之间重叠很少，尽管实验测量上尚无法把它们分开。根据 T_c 的物理意义要求 $0 \leqslant T_c \leqslant 1$，于是由式 (4.44) 可以研究 $\langle \Gamma_{\lambda c} \rangle_\lambda / D$ 的变化范围。当我们在程序中采用轻粒子球形光学模型和重离子球形光学模型计算复合核形成截面时，就表明在直接反应中我们只考虑形状弹性散射。事实上在所有直接反应机制中，形状弹性散射的贡献也是最大的。

式 (4.7) 和式 (4.8) 已经给出

$$\Delta S_{c'c} = S_{c'c} - \bar{S}_{c'c}, \quad \overline{\Delta S_{c'c}} = 0 \tag{4.45}$$

把式 (4.33) 和式 (4.41) 代入上式便得到

$$\Delta S_{c'c} = \mathrm{e}^{-\mathrm{i}(\phi_{c'}+\phi_c)} \left[\frac{\pi}{D} \left\langle \Gamma_{\lambda c'}^{1/2} \Gamma_{\lambda c}^{1/2} \right\rangle_\lambda - \mathrm{i} \sum_\lambda \frac{\Gamma_{\lambda c'}^{1/2} \Gamma_{\lambda c}^{1/2}}{E - E_\lambda + \frac{\mathrm{i}}{2}\Gamma_\lambda} \right] \tag{4.46}$$

进而求得

$$\begin{aligned}
|\Delta S_{c'c}|^2 &= \left[\frac{\pi}{D} \left\langle \Gamma_{\lambda c'}^{1/2} \Gamma_{\lambda c}^{1/2} \right\rangle_\lambda - \mathrm{i} \sum_\lambda \frac{\Gamma_{\lambda c'}^{1/2} \Gamma_{\lambda c}^{1/2}}{E - E_\lambda + \frac{\mathrm{i}}{2}\Gamma_\lambda} \right] \\
&\quad \times \left[\frac{\pi}{D} \left\langle \Gamma_{\lambda c'}^{1/2} \Gamma_{\lambda c}^{1/2} \right\rangle_\lambda + \mathrm{i} \sum_\lambda \frac{\Gamma_{\lambda c'}^{1/2} \Gamma_{\lambda c}^{1/2}}{E - E_\lambda - \frac{\mathrm{i}}{2}\Gamma_\lambda} \right] \\
&= \left[\frac{\pi}{D} \left\langle \Gamma_{\lambda c'}^{1/2} \Gamma_{\lambda c}^{1/2} \right\rangle_\lambda \right]^2 + \sum_{\lambda\lambda'} \frac{\Gamma_{\lambda c'}^{1/2} \Gamma_{\lambda c}^{1/2}}{E - E_\lambda + \frac{\mathrm{i}}{2}\Gamma_\lambda} \frac{\Gamma_{\lambda' c'}^{1/2} \Gamma_{\lambda' c}^{1/2}}{E - E_{\lambda'} - \frac{\mathrm{i}}{2}\Gamma_{\lambda'}} \\
&\quad + \frac{\pi}{D} \left\langle \Gamma_{\lambda c'}^{1/2} \Gamma_{\lambda c}^{1/2} \right\rangle_\lambda \mathrm{i} \left(\sum_\lambda \frac{\Gamma_{\lambda c'}^{1/2} \Gamma_{\lambda c}^{1/2}}{E - E_\lambda - \frac{\mathrm{i}}{2}\Gamma_\lambda} - \sum_\lambda \frac{\Gamma_{\lambda c'}^{1/2} \Gamma_{\lambda c}^{1/2}}{E - E_\lambda + \frac{\mathrm{i}}{2}\Gamma_\lambda} \right)
\end{aligned} \tag{4.47}$$

引入以下简化符号

$$g_{\mathrm{i}}^J = \frac{\hat{J}^2}{\hat{\imath}^2 \hat{I}^2} \tag{4.48}$$

于是可把式 (4.14) 改写成

$$\sigma_{\mathrm{f,i}}^{(\mathrm{c})} = \sum_{lSl'S'J} \sigma_{lSl'S'J}^{(\mathrm{c})} \tag{4.49}$$

$$\sigma_{lSl'S'J}^{(\mathrm{c})} = \frac{\pi}{k^2} g_{\mathrm{i}}^J \overline{\left| \Delta S_{\mathrm{f}\, l'S',\, \mathrm{i}lS}^J \right|^2} \tag{4.50}$$

用道标号 c' 和 c 可把上式改写成

$$\sigma_{c'c}^{(\mathrm{c})} = \frac{\pi}{k^2} g_c \overline{\left| \Delta S_{c'c} \right|^2} \tag{4.51}$$

如果我们假设能级间距较大，能级宽度又比较窄，不同能级之间基本无重叠，即 $\Gamma_\lambda < D/2$ 能充分满足，考虑到核反应中的能级具有无规统计性质，因而我们可以引入能级无关联假设。具体来说就是在对式 (4.47) 求平均时可作以下假设

$$\overline{\left(\sum_\lambda \frac{\Gamma_{\lambda c'}^{1/2}\Gamma_{\lambda c}^{1/2}}{E - E_\lambda + \frac{\mathrm{i}}{2}\Gamma_\lambda}\right)\left(\sum_{\lambda'} \frac{\Gamma_{\lambda'c'}^{1/2}\Gamma_{\lambda'c}^{1/2}}{E - E_{\lambda'} - \frac{\mathrm{i}}{2}\Gamma_{\lambda'}}\right)} \cong \overline{\sum_\lambda \frac{\Gamma_{\lambda c'}\Gamma_{\lambda c}}{(E - E_\lambda)^2 + \frac{1}{4}\Gamma_\lambda^2}} \tag{4.52}$$

即认为能级交差项对能量平均后为零。于是根据式 (4.52) 和式 (4.47) 我们需要求以下积分

$$II_\lambda \equiv \int_{E - \frac{\Delta E}{2}}^{E + \frac{\Delta E}{2}} \frac{\mathrm{d}E'}{(E' - E_\lambda)^2 + \frac{1}{4}\Gamma_\lambda^2} \tag{4.53}$$

把前面讨论式 (4.35) 的方法用于式 (4.53) 便可得到

$$II_\lambda = \int_{E_\lambda - \frac{\Delta E}{2}}^{E_\lambda + \frac{\Delta E}{2}} \frac{\mathrm{d}E'}{(E' - E_\lambda)^2 + \frac{1}{4}\Gamma_\lambda^2} \tag{4.54}$$

做变换 $x = E' - E_\lambda, \mathrm{d}x = \mathrm{d}E'$，可得

$$II_\lambda = \int_{-\frac{\Delta E}{2}}^{\frac{\Delta E}{2}} \frac{\mathrm{d}x}{x^2 + \left(\frac{\Gamma_\lambda}{2}\right)^2} = \left(\frac{2}{\Gamma_\lambda}\right)^2 \int_{-\frac{\Delta E}{2}}^{\frac{\Delta E}{2}} \frac{\mathrm{d}x}{1 + \left(\frac{2x}{\Gamma_\lambda}\right)^2} \tag{4.55}$$

对式 (4.55) 再做以下变换 $z = \dfrac{2x}{\Gamma_\lambda}, \mathrm{d}z = \dfrac{2}{\Gamma_\lambda}\mathrm{d}x$，并注意到 $\Delta E/\Gamma_\lambda \approx \infty$ 和 $\arctan(\infty) = \dfrac{\pi}{2}$，利用积分公式可以得到

$$II_\lambda = \frac{2}{\Gamma_\lambda} \int_{-\frac{\Delta E}{\Gamma_\lambda}}^{\frac{\Delta E}{\Gamma_\lambda}} \frac{\mathrm{d}z}{1 + z^2} = \frac{2}{\Gamma_\lambda}\left[\arctan\left(\frac{\Delta E}{\Gamma_\lambda}\right) - \arctan\left(-\frac{\Delta E}{\Gamma_\lambda}\right)\right] \cong \frac{2}{\Gamma_\lambda}\pi \tag{4.56}$$

根据式 (4.35) 可知

$$I'_\lambda \equiv \int_{E - \frac{\Delta E}{2}}^{E + \frac{\Delta E}{2}} \frac{\mathrm{d}E'}{E' - E_\lambda - \frac{\mathrm{i}}{2}\Gamma_\lambda} = I_\lambda^* \tag{4.57}$$

前面已经指出在式 (4.39) 中我们取 $I_\lambda \cong -\mathrm{i}\pi$，因而应该取 $I'_\lambda \cong \mathrm{i}\pi$。

根据式 (4.6) 对式 (4.47) 给出的 $|\Delta S_{c'c}|^2$ 进行能量平均，再利用式 (4.53)、式 (4.56) 和式 (4.57) 可以得到

$$\overline{|\Delta S_{c'c}|^2} = \frac{2\pi}{D}\left\langle \frac{\Gamma_{\lambda c'}\Gamma_{\lambda c}}{\Gamma_\lambda}\right\rangle_\lambda - \frac{\pi^2}{D^2}\left\langle \Gamma_{\lambda c'}^{1/2}\Gamma_{\lambda c}^{1/2}\right\rangle_\lambda^2 \tag{4.58}$$

把上式代入式 (4.51) 得到

$$\sigma_{c'c}^{(c)} = \frac{\pi}{k^2} g_c \left[\frac{2\pi}{D} \left\langle \frac{\Gamma_{\lambda c'} \Gamma_{\lambda c}}{\Gamma_\lambda} \right\rangle_\lambda - \frac{\pi^2}{D^2} \left\langle \Gamma_{\lambda c'}^{1/2} \Gamma_{\lambda c}^{1/2} \right\rangle_\lambda^2 \right] \tag{4.59}$$

若 $c' = c$，则式 (4.59) 退化为复合核弹性散射截面

$$\sigma_{cc}^{(c)} = \frac{\pi}{k^2} g_c \left[\frac{2\pi}{D} \left\langle \frac{\Gamma_{\lambda c}^2}{\Gamma_\lambda} \right\rangle_\lambda - \frac{\pi^2}{D^2} \left\langle \Gamma_{\lambda c} \right\rangle_\lambda^2 \right] \tag{4.60}$$

对式 (4.59) 可以进行类似于对式 (4.43) 的讨论，如果不考虑形状弹性散射以外的直接反应道的贡献，再假设 $\langle \Gamma_{\lambda c} \rangle_\lambda / D$ 小到在式 (4.59) 中第二项与第一项相比可以忽略时，由式 (4.59) 便得到

$$\sigma_{c'c}^{(c)} = \frac{\pi}{k^2} g_c \frac{2\pi}{D} \left\langle \frac{\Gamma_{\lambda c'} \Gamma_{\lambda c}}{\Gamma_\lambda} \right\rangle_\lambda \tag{4.61}$$

定义宽度涨落修正因子为

$$W_{c'c} = \left\langle \frac{\Gamma_{\lambda c'} \Gamma_{\lambda c}}{\Gamma_\lambda} \right\rangle_\lambda \bigg/ \frac{\langle \Gamma_{\lambda c'} \rangle_\lambda \langle \Gamma_{\lambda c} \rangle_\lambda}{\langle \Gamma_\lambda \rangle_\lambda} \tag{4.62}$$

于是式 (4.61) 变成

$$\sigma_{c'c}^{(c)} = \frac{\pi}{k^2} g_c \frac{2\pi}{D} \frac{\langle \Gamma_{\lambda c'} \rangle_\lambda \langle \Gamma_{\lambda c} \rangle_\lambda}{\langle \Gamma_\lambda \rangle_\lambda} W_{c'c} \tag{4.63}$$

再利用由式 (4.44) 给出的穿透系数，可把上式改写成

$$\sigma_{c'c}^{(c)} = \frac{\pi}{k^2} g_c \frac{T_{c'} T_c}{\sum\limits_{c''} T_{c''}} W_{c'c} \tag{4.64}$$

在上式的分母中，$\sum\limits_{c''} T_{c''}$ 代表对所有可能的出射反应道求和。式 (4.64) 就是带有宽度涨落修正因子的 H-F 理论的积分截面公式。由于在前面讨论的 H-F 理论中物理量是对很多共振能级求平均的结果，而共振能级宽度具有一定分布，因而在式 (4.64) 中引进了宽度涨落修正因子 $W_{c'c}$，并且有人根据理论和实验结果得到了中子弹性和非弹性散射共振宽度所需要满足的宽度涨落修正因子的计算公式 [6]。对于重离子反应，我们可以近似忽略宽度涨落修正因子的影响，于是可把式 (4.64) 改写成

$$\sigma_{c'c}^{(c)} = \frac{\pi}{k^2} g_c \frac{T_{c'} T_c}{\sum\limits_{c''} T_{c''}} \tag{4.65}$$

根据式 (4.65) 由式 (4.48)～式 (4.50) 可以得到

$$\sigma_{\mathrm{f,i}}^{(\mathrm{c})} = \frac{\pi}{k^2} \frac{1}{\hat{i}^2 \hat{I}^2} \sum_{lSl'S'J} \hat{J}^2 \frac{T_{ilSJ} T_{\mathrm{f}l'S'J}}{\sum\limits_{\alpha l''S''} T_{\alpha l''S''J}} \tag{4.66}$$

其中角标 α 代表所有可能的出射道。当在直接反应中只考虑形状弹性散射时，其中穿透系数为

$$T_c = 1 - |S_c|^2, \quad c = ilSJ, \mathrm{f}\, l'S'J, \alpha l''S''J \tag{4.67}$$

这正是由重离子球形核光学模型的式 (3.68) 给出的表示式。对于中子诱发裂变反应的单个裂变道来说，初态 i 代表 n + A，末态 f 代表 L + H，而 α 包含了所有粒子发射道，γ 辐射俘获道以及所有可能的 $A_{\mathrm{L}}Z_{\mathrm{L}}(A_{\mathrm{H}}Z_{\mathrm{H}})$ 裂变道，即总裂变道。式 (4.66) 就是在 S-L 角动量耦合情况下，忽略了宽度涨落修正因子的 H-F 理论的积分截面公式。

式 (4.27) 和式 (4.28) 给出了 S-L 角动量耦合情况下的 H-F 理论的微分截面公式。根据复合核状态随机分布的统计性质，我们采用无道道关联假设，即不同出射道或不同入射道之间无关联，具体来说就是对出现在式 (4.28) 中的物理量做以下近似

$$\overline{\Delta S_{\mathrm{f}l_1'S', il_1S}^{J_1} \Delta S_{\mathrm{f}l_2'S', il_2S}^{J_2*}} = \overline{\left|\Delta S_{\mathrm{f}l'S', ilS}^{J}\right|^2} \delta_{l_1l_1'J_1, l_2l_2'J_2} \tag{4.68}$$

也就是说不同出射道之间的交叉项或不同入射道之间的交叉项对能量平均后均为零。于是可把式 (4.28) 改写成

$$B_L^{(\mathrm{c})} = \frac{\pi}{k^2} \frac{1}{\hat{i}^2 \hat{I}^2} \sum_{ll'JSS'} \hat{l}\hat{l}' \hat{J}^4 (-1)^{S-S'+l+l'} C_{l0\ L0}^{l\,0} C_{l'0\ L0}^{l'0}$$
$$\times W(lJlJ; SL) W(l'Jl'J; S'L) \overline{\left|\Delta S_{\mathrm{f}l'S', ilS}^{J}\right|^2} \tag{4.69}$$

由 $C_{l0\ L0}^{l0}$ 或 $C_{l'0\ L0}^{l'0}$ 的性质可知只有 $L=$ 偶数时 $B_L^{(\mathrm{c})}$ 才不等于零，因此由 H-F 理论计算的质心系角分布是 90° 对称的。参考式 (4.44) 和式 (4.58)，利用前面在无能级关联假设下所得到的结果，在忽略了宽度涨落修正因子的情况下，可把式 (4.69) 改写成

$$B_L^{(\mathrm{c})} = \frac{\pi}{k^2} \frac{1}{\hat{i}^2 \hat{I}^2} \sum_{ll'JSS'} \hat{l}\hat{l}' \hat{J}^4 (-1)^{S-S'+l+l'} C_{l0\ L0}^{l\,0} C_{l'0\ L0}^{l'0}$$
$$\times W(lJlJ; SL) W(l'Jl'J; S'L) \frac{T_{ilSJ} T_{\mathrm{f}l'S'J}}{\sum\limits_{\alpha l''S''} T_{\alpha l''S''J}}$$

$$= \frac{\pi}{k^2} \frac{1}{\hat{\imath}^2 \hat{I}^2} \sum_J \frac{\hat{J}^4}{\displaystyle\sum_{\alpha l'' S''} T_{\alpha l'' S'' J}} \sum_{lS} \hat{l}(-1)^{l+S} C_{l0\ L0}^{l0} W(lJlJ; SL)\ T_{il SJ}$$

$$\times \sum_{l'S'} \hat{l}'(-1)^{l'-S'} C_{l'0\ L0}^{l'0} W(l'Jl'J; S'L)\ T_{\mathrm{f} l' S' J} \tag{4.70}$$

式 (4.27) 和式 (4.70) 就是在 $S\text{-}L$ 角动量耦合情况下，忽略了宽度涨落修正因子的 H-F 理论的微分截面公式。

另外需注意到，在 $S\text{-}L$ 角动量耦合情况下的核反应理论中，角动量 l 代表二粒子相对运动的轨道角动量，与宇称无关。宇称守恒只是要求入射道二粒子宇称乘积等于出射道二粒子宇称乘积。

第 5 章　裂变碎片的初始产额、动能分布和角分布

5.1　初始裂变碎片瞬发中子发射前的质量分布、
　　电荷分布和裂变碎片总动能分布

在现有的裂变核全套中子核数据计算程序中，对于轻粒子核反应一般都采用 j-j 角动量耦合的靶核自旋为 0 的球形光学模型，用忽略了宽度涨落修正因子的 H-F 理论计算积分截面的公式的一般形式为 [6]

$$\sigma_{\mathrm{f,\,i}} = \frac{\pi}{k^2} \frac{1}{\hat{i}^2 \hat{I}^2} \sum_{J\Pi} \frac{\hat{J}^2}{T^{J\Pi}} \sum_{lj} T_{\mathrm{i}lj}^{J\Pi} \sum_{l'j'} T_{\mathrm{f}l'j'}^{J\Pi} \tag{5.1}$$

把此式用于 (n,f) 裂变反应便有

$$\sigma_{\mathrm{n,\,f}} = \frac{\pi}{k^2} \frac{1}{\hat{i}^2 \hat{I}^2} \sum_{J\Pi} \frac{\hat{J}^2}{T^{J\Pi}} \left(\sum_{lj} T_{\mathrm{n}lj}^{J\Pi} \right) T_{\mathrm{f}}^{J\Pi} \tag{5.2}$$

其中

$$T^{J\Pi} = T_{\mathrm{P}}^{J\Pi} + T_{\gamma}^{J\Pi} + T_{\mathrm{f}}^{J\Pi} \tag{5.3}$$

$$T_{\mathrm{P}}^{J\Pi} = \sum_{\mathrm{g=n,p,d,t,^3He,\alpha}} \sum_{lj} T_{\mathrm{g}\,lj}^{J\Pi} \tag{5.4}$$

$T_{\mathrm{P}}^{J\Pi}$ 代表由发射轻粒子 n,p,d,t,^{3}He,α 所贡献的总穿透系数，$T_{\gamma}^{J\Pi}$ 是 γ 辐射俘获道所贡献的穿透系数 [6]，$T_{\mathrm{f}}^{J\Pi}$ 是用推广的 Bohr-Wheeler 公式 (1.8) 计算的裂变道穿透系数。

上述计算裂变截面的理论属于平衡态复合核裂变前理论，也是当前在计算裂变核核数据程序中普遍使用的理论方法。在上述理论中所计算的裂变穿透系数 $T_{\mathrm{f}}^{J\Pi}$ 和裂变截面 $\sigma_{\mathrm{n,\,f}}$ 都可能包含了数百个 $A_{\mathrm{L}}Z_{\mathrm{L}}(A_{\mathrm{H}}Z_{\mathrm{H}})$ 单个裂变道的贡献，而且每个单个裂变道都有相应的二碎片相对运动动能分布。我们把当复合核越过断点后，在第二质心系中沿相反方向运动的二碎片，在第一质心系观察其相对运动动能已达到最大值的匀速运动二粒子体系称为裂变后初始态。区分不同裂变后初始态的物理量包括碎片种类、相对运动动能分布和碎片激发能的分布。

我们研究以下单个裂变反应道

$$\mathrm{n + A \to L + H} \tag{5.5}$$

例如，$\mathrm{n + A}$ 可以是 $\mathrm{n +\ ^{235}U}$，而 L 和 H 分别代表轻裂变碎片和重裂变碎片。设实验室系入射中子能量为 E_L，对应的实验室系动量波矢值为

$$k_\mathrm{n} = \frac{\sqrt{2m_\mathrm{n} E_\mathrm{L}}}{\hbar} \tag{5.6}$$

其中 m_n 为入射中子质量。在第一质心系中入射中子与靶核的相对运动能量为

$$E_\mathrm{C} = \frac{M_\mathrm{A}}{m_\mathrm{n} + M_\mathrm{A}} E_\mathrm{L} \tag{5.7}$$

其中 M_A 为靶核质量。设裂变后轻裂变碎片和重裂变碎片的内部激发能分别为 ε_L 和 ε_H，两个裂变碎片总内部激发能为

$$\varepsilon = \varepsilon_\mathrm{L} + \varepsilon_\mathrm{H} \tag{5.8}$$

设 e 为两个裂变碎片在实验室系的总动能，在实验室系能量守恒要求满足

$$e + \varepsilon = E_\mathrm{L} + Q \equiv A_\mathrm{LH} \tag{5.9}$$

其中裂变反应道的 Q 值已由式 (1.24) 给出。对于确定的入射中子能量和确定的裂变碎片 A_LH 是个确定值。再令

$$e = e_\mathrm{L} + e_\mathrm{H} \tag{5.10}$$

其中 e_L 和 e_H 分别代表轻裂变碎片和重裂变碎片实验室系动能。

裂变前系统的质心速度为

$$\boldsymbol{v}_\mathrm{C}^{(\mathrm{in})} = \frac{\hbar \boldsymbol{k}_\mathrm{n}}{m_\mathrm{n} + M_\mathrm{A}} \tag{5.11}$$

根据动量守恒，裂变后系统的质心速度应变为

$$\boldsymbol{v}_\mathrm{C}^{(\mathrm{out})} = \frac{\hbar \boldsymbol{k}_\mathrm{n}}{M_\mathrm{L} + M_\mathrm{H}} \tag{5.12}$$

由于 $M_\mathrm{L} + M_\mathrm{H} < m_\mathrm{n} + M_\mathrm{A}$，因此裂变后系统的质心速度会变快一点。利用式 (5.11) 和式 (5.6) 可以求得裂变前系统的质心动能为

$$E_\mathrm{C}^{(\mathrm{in})} = \frac{1}{2} \left(m_\mathrm{n} + M_\mathrm{A} \right) \left(\boldsymbol{v}_\mathrm{C}^{(\mathrm{in})} \right)^2 = \frac{m_\mathrm{n} E_\mathrm{L}}{m_\mathrm{n} + M_\mathrm{A}} \tag{5.13}$$

再利用式 (5.12) 和式 (5.6) 又可以求得裂变后系统的质心动能为

$$E_{\mathrm{C}}^{(\mathrm{out})} = \frac{1}{2} \left(M_{\mathrm{L}} + M_{\mathrm{H}} \right) \left(\boldsymbol{v}_{\mathrm{C}}^{(\mathrm{out})} \right)^2 = \frac{m_{\mathrm{n}} E_{\mathrm{L}}}{M_{\mathrm{L}} + M_{\mathrm{H}}} \tag{5.14}$$

系统的总能量包含质心动能、两粒子相对运动动能和内能，于是可得

$$E_{\mathrm{C}} + E_{\mathrm{C}}^{(\mathrm{in})} + Q = E_{\mathrm{C}}^{(\mathrm{out})} + \epsilon + \varepsilon \tag{5.15}$$

其中 ϵ 为裂变后在第一质心系中两个碎片之间的相对运动动能，并且由式 (5.6)、式 (5.7)、式 (5.13)~(5.15) 可以求得

$$\begin{aligned} \epsilon + \varepsilon &= \frac{M_{\mathrm{A}}}{m_{\mathrm{n}} + M_{\mathrm{A}}} E_{\mathrm{L}} + Q - m_{\mathrm{n}} E_{\mathrm{L}} \left(\frac{1}{M_{\mathrm{L}} + M_{\mathrm{H}}} - \frac{1}{m_{\mathrm{n}} + M_{\mathrm{A}}} \right) \\ &= \left[M_{\mathrm{A}} - \frac{(m_{\mathrm{n}} + M_{\mathrm{A}} - M_{\mathrm{L}} - M_{\mathrm{H}}) \, m_{\mathrm{n}}}{M_{\mathrm{L}} + M_{\mathrm{H}}} \right] \frac{E_{\mathrm{L}}}{m_{\mathrm{n}} + M_{\mathrm{A}}} + Q \equiv B_{\mathrm{LH}} \end{aligned} \tag{5.16}$$

我们把对于 $n + {}^{235}U$ 反应各种可能的单个裂变道所计算的重碎片所对应的裂变 Q 值 (以 MeV 为单位) 列在表 5.1 中。对于确定的复合核，重碎片确定后轻碎片也就确定了。对于这个表格读者要从低部向上看。表的横坐标代表重碎片的电荷数 Z，纵坐标代表重碎片的质量数 A。因为我们只能对质量表中存在的原子核进行计算，因而在该表中能计算出裂变 Q 值的重裂变碎片分布在从左下角到右上角一个宽带形区域。如果把所有结果都显示在一张表上，表的左上部和右下部将出现很大的无用区域，而且由于横坐标 Z 值分布太宽而无法在一张表上给出来。因而我们把纵坐标 A 值从小到大 (在表上从下到上) 分成四个区域，这样，对应于由少数个 A 值所构成的区域的有用的 Z 值区域就不会太宽了。在表中被星号 * 所占据的位置表示在轻、重两个碎片中至少有一个碎片的质量在质量表中查不到。

由表 5.1 可以看出，处于数值表边沿区域原子核的 Q 值明显偏小，因而所对应的逆反应能量也就偏低，而重离子反应的融合截面是随着能量增大而增大的，所以它们对裂变产额的贡献也就偏小。从该表可以看出，复合核 ${}^{236}_{92}U$ 对称裂变成两个 ${}^{118}_{46}Pd$ 核的 Q 值为 200 MeV，而当非对称裂变成 ${}^{104}_{42}Mo$ 和 ${}^{132}_{50}Sn$ 两个 0^+ 基态核时，Q 值为 206 MeV，因而从核结构角度考虑，支持低能锕系核裂变应该属于非对称裂变。从该表还可以看出，当重碎片的质量数大于 160 时，其 Q 值都小于 170 MeV；当重碎片的质量数大于 172 时，其 Q 值都小于 150 MeV。可见，在这个质量区间的 Q 值与接近 $A/2$ 的质量区边缘核的 Q 值比较接近。我们已知实验上测量到的裂变碎片的质量数范围为 66~172 [54]。从表 5.1 又可以看出，轻带电粒子 p, d, t, ^{3}He 的发

表 5.1　　n+^{235}U 裂变反应重碎片所对应的裂变 Q 值数值表

A\Z	75	76	77	78	79	80	81	82	83	84	85	86	87	88	89	90	91	92
235	*	*	*	*	*	*	*	*	*	*	*	*	*	*	*	*	−0.6	0.
234	*	*	*	*	*	*	*	*	*	*	*	*	*	*	*	*	−4.5	*
233	*	*	*	*	*	*	*	*	*	*	*	*	*	*	−21.0	−4.7	−3.4	*
232	*	*	*	*	*	*	*	*	*	*	*	*	*	*	−15.5	11.1	−11.6	*
231	*	*	*	*	*	*	*	*	*	*	*	*	*	−26.4	1.5	3.9	−17.3	*
230	*	*	*	*	*	*	*	*	*	*	*	*	−37.8	−3.9	1.1	0.5	−25.1	*
229	*	*	*	*	*	*	*	*	*	*	*	*	−14.4	0.7	3.4	−6.7	−30.0	*
228	*	*	*	*	*	*	*	*	*	*	*	−21.3	−7.3	15.1	−0.9	−9.4	*	*
227	*	*	*	*	*	*	*	*	*	*	*	−12.8	6.9	10.5	−1.8	−17.8	*	*
226	*	*	*	*	*	*	*	*	*	*	−24.5	4.5	9.4	12.7	−8.4	−23.4	*	*
225	*	*	*	*	*	*	*	*	*	*	−33.3	−5.7	11.8	16.5	6.8	−13.4	*	*
224	*	*	*	*	*	*	*	*	*	−12.9	3.9	26.5	13.9	5.1	−20.2	*	*	*
223	*	*	*	*	*	*	*	*	−25.3	−1.2	20.2	25.5	14.0	−1.9	−25.8	*	*	*
222	*	*	*	*	*	*	*	*	−11.9	18.5	25.2	29.6	8.9	−5.3	*	*	*	*
221	*	*	*	*	*	*	*	8.2	26.4	32.1	24.6	6.8	−13.8	*	*	*	*	*
220	*	*	*	*	*	*	0.9	17.4	38.5	28.9	24.7	0.4	−18.7	*	*	*	*	*
219	*	*	*	*	*	*	11.9	30.7	37.1	30.7	19.1	−3.3	*	*	*	*	*	*
218	*	*	*	*	*	0.2	28.0	34.9	41.4	27.8	18.9	−9.9	*	*	*	*	*	*
217	*	*	*	*	*	17.4	35.0	41.7	39.8	28.7	12.9	−15.1	*	*	*	*	*	*
216	*	*	*	*	10.6	27.3	48.5	43.1	43.4	25.0	11.2	−23.4	*	*	*	*	*	*
215	*	*	*	*	21.0	41.1	50.4	47.4	41.5	25.0	4.5	−29.7	*	*	*	*	*	*
214	*	*	*	*	37.6	47.7	57.2	47.4	44.2	20.6	−0.3	*	*	*	*	*	*	*
213	*	*	*	*	46.3	56.7	57.3	50.9	41.0	18.8	−9.5	*	*	*	*	*	*	*
212	*	*	*	*	59.9	59.0	62.5	49.6	40.9	10.7	*	*	*	*	*	*	*	*
211	*	*	*	*	62.6	64.4	61.5	49.5	34.1	4.7	*	*	*	*	*	*	*	*
210	*	*	*	*	58.5	70.5	65.1	63.2	45.1	30.3	*	*	*	*	*	*	*	*
209	*	*	*	*	68.4	72.2	68.2	59.6	42.1	20.7	*	*	*	*	*	*	*	*
208	*	*	*	71.0	71.7	77.3	66.7	59.4	34.5	14.4	*	*	*	*	*	*	*	*
207	*	*	*	75.0	77.8	76.1	67.3	53.0	28.9	*	*	*	*	*	*	*	*	*
206	*	*	*	82.7	79.0	78.8	62.8	49.5	20.1	*	*	*	*	*	*	*	*	*
205	*	*	79.0	84.8	82.5	74.4	60.6	41.6	13.2	*	*	*	*	*	*	*	*	*
204	*	*	82.9	90.7	80.5	74.5	54.7	37.1	*	*	*	*	*	*	*	*	*	*
203	*	82.8	89.7	89.0	80.6	69.3	51.0	27.6	*	*	*	*	*	*	*	*	*	*
202	*	91.5	90.2	91.7	76.3	68.0	43.3	22.1	*	*	*	*	*	*	*	*	*	*
A/Z	75	76	77	78	79	80	81	82	83	84	85	86	87	88	89	90	91	92

A\Z	66	67	68	69	70	71	72	73	74	75	76	77	78	79	80	81	82
201	*	*	*	*	*	*	*	*	*	*	92.7	93.7	87.1	75.6	61.0	38.3	*
200	*	*	*	*	*	*	*	*	*	98.2	90.8	88.0	70.3	58.1	30.1	*	*
199	*	*	*	*	*	*	*	95.	96.2	92.4	82.9	68.3	50.3	23.9	*	*	*
198	*	*	*	*	*	*	*	96.	99.5	89.3	83.1	62.1	45.9	14.6	*	*	*
197	*	*	*	*	*	*	97.	99.	97.2	90.0	77.1	58.6	36.8	7.4	*	*	*
196	*	*	*	*	*	*	103.	99.	100.1	86.6	76.0	51.3	31.3	*	*	*	*
195	*	*	*	*	*	*	103.	102.	97.5	85.7	68.6	47.0	21.9	*	*	*	*
194	*	*	*	*	*	101.	108.	101.	99.1	80.4	66.9	39.2	*	*	*	*	*
193	*	*	*	*	*	106.	107.	103.	94.6	78.5	59.1	34.1	*	*	*	*	*
192	*	*	*	*	*	108.	111.	101.	94.1	72.7	56.0	*	*	*	*	*	*
191	*	*	*	*	*	112.	110.	102.	88.7	69.7	47.6	*	*	*	*	*	*
190	*	*	*	*	117.	113.	113.	98.	87.1	62.9	*	*	*	*	*	*	*
189	*	*	*	*	118.	117.	110.	97.	80.8	58.6	*	*	*	*	*	*	*
188	*	*	*	*	117.	124.	115.	110.	92.	77.7	*	*	*	*	*	*	*
187	*	*	*	123.	123.	115.	106.	89.	69.8	*	*	*	*	*	*	*	*
186	*	*	*	*	124.	125.	113.	105.	83.	*	*	*	*	*	*	*	*

续表

A/Z	66	67	68	69	70	71	72	73	74	75	76	77	78	79	80	81	82
185	****	****	****	****	127.	126.	124.	113.	99.	79.	****	****	****	****	****	****	****
184	****	****	****	****	131.	126.	125.	109.	96.	71.	****	****	****	****	****	****	****
183	****	****	****	****	131.	127.	122.	107.	89.	****	****	****	****	****	****	****	****
182	****	****	****	130.	134.	125.	120.	101.	85.	****	****	****	****	****	****	****	****
181	****	****	****	134.	132.	125.	115.	97.	****	****	****	****	****	****	****	****	****
180	****	****	137.	133.	133.	121.	112.	90.	****	****	****	****	****	****	****	****	****
179	****	****	138.	135.	130.	119.	106.	85.	****	****	****	****	****	****	****	****	****
178	****	137.	141.	134.	130.	115.	103.	78.	****	****	****	****	****	****	****	****	****
177	****	141.	140.	134.	126.	112.	96.	72.	****	****	****	****	****	****	****	****	****
A/Z	66	67	68	69	70	71	72	73	74	75	76	77	78	79	80	81	82

A\Z	53	54	55	56	57	58	59	60	61	62	63	64	65	66	67	68	69	70	71	72	73
176	****	****	****	****	****	****	****	****	****	****	****	****	****	144.	141.	143.	131.	125.	107.	93.0	****
175	****	****	****	****	****	****	****	****	****	****	****	****	****	145.	144.	140.	131.	120.	104.	84.0	****
174	****	****	****	****	****	****	****	****	****	****	****	****	142.	149.	143.	142.	128.	118.	97.0	****	****
173	****	****	****	****	****	****	****	****	****	****	****	****	147.	148.	145.	139.	127.	112.	93.0	****	****
172	****	****	****	****	****	****	****	****	****	****	****	****	149.	148.	152.	143.	139.	123.	110.	****	****
171	****	****	****	****	****	****	****	****	****	****	****	****	150.	152.	150.	144.	135.	120.	103.	****	****
170	****	****	****	****	****	****	****	****	****	****	****	146.	156.	152.	153.	142.	134.	115.	****	****	****
169	****	****	****	****	****	****	****	****	****	****	****	152.	157.	155.	150.	141.	129.	112.	****	****	****
168	****	****	****	****	****	****	****	****	****	****	****	151.	154.	161.	153.	151.	138.	128.	****	****	****
167	****	****	****	****	****	****	****	****	****	****	****	153.	158.	160.	155.	148.	137.	122.	****	****	****
166	****	****	****	****	****	****	****	****	****	****	****	159.	159.	163.	153.	148.	133.	120.	****	****	****
165	****	****	****	****	****	****	****	****	****	****	****	154.	160.	162.	161.	154.	145.	131.	****	****	****
164	****	****	****	****	****	****	****	****	****	****	****	156.	165.	162.	163.	151.	144.	125.	****	****	****
163	****	****	****	****	****	****	****	****	****	****	154.	162.	165.	165.	160.	152.	139.	122.	****	****	****
162	****	****	****	****	****	****	****	****	****	****	161.	163.	169.	164.	162.	148.	138.	****	****	****	****
161	****	****	****	****	****	****	****	****	****	155.	163.	168.	168.	165.	159.	147.	132.	****	****	****	****
160	****	****	****	****	****	****	****	****	161.	157.	169.	168.	172.	163.	159.	142.	129.	****	****	****	****
159	****	****	****	****	****	****	****	****	****	155.	164.	170.	172.	170.	164.	155.	140.	****	****	****	****
158	****	****	****	****	****	****	****	****	****	163.	166.	175.	172.	172.	161.	155.	134.	****	****	****	****
157	****	****	****	****	****	****	****	****	****	154.	165.	171.	175.	174.	169.	161.	148.	****	****	****	****
156	****	****	****	****	****	****	****	****	****	158.	172.	173.	179.	172.	170.	156.	145.	****	****	****	****
155	****	****	****	****	****	****	****	****	****	165.	173.	177.	178.	174.	165.	153.	137.	****	****	****	****
154	****	****	****	****	****	****	****	****	163.	168.	179.	177.	180.	170.	164.	146.	133.	****	****	****	****
153	****	****	****	****	****	****	****	****	****	165.	174.	179.	180.	177.	169.	158.	143.	****	****	****	****
152	****	****	****	****	****	****	****	****	158.	173.	176.	184.	179.	177.	164.	156.	136.	****	****	****	****
151	****	****	****	****	****	****	****	****	****	165.	175.	181.	183.	179.	173.	162.	149.	****	****	****	****
150	****	****	****	****	****	****	****	163.	170.	182.	181.	184.	176.	172.	156.	146.	****	****	****	****	****
149	****	****	****	****	****	****	****	****	167.	177.	183.	183.	182.	176.	167.	154.	****	****	****	****	****
148	****	****	****	****	****	****	****	****	176.	179.	186.	182.	183.	172.	166.	148.	****	****	****	****	****
A/Z	53	54	55	56	57	58	59	60	61	62	63	64	65	66	67	68	69	70	71	72	73

A\Z	41	42	43	44	45	46	47	48	49	50	51	52	53	54	55	56	57	58	59	60	61
147	****	****	****	****	****	****	****	****	****	****	****	****	168.	178.	183.	186.	184.	180.	171.	160.	****
146	****	****	****	****	****	****	****	****	****	****	****	****	171.	183.	184.	189.	182.	180.	167.	158.	****
145	****	****	****	****	****	****	****	****	****	****	****	167.	176.	184.	187.	187.	183.	177.	165.	****	****
144	****	****	****	****	****	****	****	****	****	****	****	174.	179.	189.	187.	190.	183.	176.	160.	****	****
143	****	****	****	****	****	****	****	****	****	****	****	177.	184.	189.	189.	187.	180.	171.	****	****	****
142	****	****	****	****	****	****	****	****	****	****	169.	183.	186.	193.	188.	188.	177.	170.	****	****	****
141	****	****	****	****	****	****	****	****	****	****	175.	185.	190.	192.	189.	185.	176.	165.	****	****	****
140	****	****	****	****	****	****	****	****	****	****	172.	179.	191.	191.	195.	187.	185.	172.	****	****	****
139	****	****	****	****	****	****	****	****	****	****	176.	185.	192.	194.	193.	188.	181.	170.	****	****	****
138	****	****	****	****	****	****	****	****	****	****	183.	187.	196.	193.	195.	186.	181.	164.	****	****	****

续表

A/Z	41	42	43	44	45	46	47	48	49	50	51	52	53	54	55	56	57	58	59	60	61
137	****	****	****	****	****	****	****	****	172.	185.	191.	196.	196.	194.	187.	175.	****	****	****	****	****
136	****	****	****	****	****	****	****	****	176.	191.	193.	200.	196.	195.	182.	172.	****	****	****	****	****
135	****	****	****	****	****	****	****	170.	182.	193.	198.	200.	198.	191.	179.	165.	****	****	****	****	****
134	****	****	****	****	****	****	****	178.	186.	199.	200.	203.	194.	189.	173.	****	****	****	****	****	****
133	****	****	****	****	****	****	166.	180.	191.	201.	203.	200.	193.	184.	170.	****	****	****	****	****	****
132	****	****	****	****	****	****	170.	188.	194.	206.	200.	200.	189.	182.	164.	****	****	****	****	****	****
131	****	****	****	****	****	163.	178.	190.	199.	204.	201.	196.	187.	176.	****	****	****	****	****	****	****
130	****	****	****	****	****	172.	181.	190.	199.	205.	197.	195.	182.	173.	****	****	****	****	****	****	****
129	****	****	****	****	****	175.	188.	196.	201.	202.	197.	190.	179.	166.	****	****	****	****	****	****	****
128	****	****	****	****	164.	183.	189.	200.	199.	203.	193.	189.	174.	****	****	****	****	****	****	****	****
127	****	****	****	****	171.	184.	193.	198.	200.	199.	192.	183.	170.	****	****	****	****	****	****	****	****
126	****	****	****	****	174.	189.	193.	201.	198.	200.	188.	181.	****	****	****	****	****	****	****	****	****
125	****	****	****	167.	179.	189.	196.	199.	198.	195.	186.	174.	****	****	****	****	****	****	****	****	****
124	****	****	****	173.	180.	194.	195.	201.	195.	181.	172.	****	****	****	****	****	****	****	****	****	****
123	****	****	****	175.	185.	193.	197.	196.	195.	178.	165.	****	****	****	****	****	****	****	****	****	****
122	****	****	164.	181.	186.	197.	196.	200.	191.	189.	172.	****	****	****	****	****	****	****	****	****	****
121	****	****	170.	182.	190.	196.	191.	183.	169.	****	****	****	****	****	****	****	****	****	****	****	****
120	****	****	172.	187.	190.	199.	195.	197.	186.	181.	163.	****	****	****	****	****	****	****	****	****	****
119	****	166.	178.	187.	194.	197.	197.	192.	185.	175.	****	****	****	****	****	****	****	****	****	****	****
118	****	173.	180.	193.	193.	200.	193.	193.	180.	173.	****	****	****	****	****	****	****	****	****	****	****

射属于有阈反应,是吸能反应,而发射 α 粒子的反应属于无阈反应。还可以看出,轻粒子发射和单个裂变道在表 5.1 中处在同等地位,只不过在两个分离开的粒子中核子的分配方式不同而已,因而本书把研究轻粒子发射的理论推广用于研究单个裂变道显然是合理的。

对于确定的入射中子能量和确定的裂变碎片,由式 (5.16) 给出的第一质心系碎片总动能上限 B_{LH} 是个确定值,而第一质心系碎片总动能 ϵ 的数值在小于 B_{LH} 的区域会有一定分布,相应的碎片总激发能 ε 也会有一定分布。

通常的 H-F 理论公式只适用于分立能级,即只适用于单一能量出射道。为了描述剩余核处在连续能级的轻粒子发射,在 H-F 理论中需要引入剩余核能级密度,所计算的某一能量的出射粒子穿透系数与相应能量的剩余核能级密度以相乘形式出现,用此方法可以计算轻粒子的发射能谱,如果再对出射粒子能量进行积分,又可以求得整个连续能级区域的积分截面。由出射的轻粒子和剩余核所构成的量子系统与我们要讨论的裂变后初始态相比较,它们都是由在第二质心系沿相反方向运动的两个粒子构成,所不同的是前者由轻粒子和重剩余核构成,后者由两个中重核构成;前者只有剩余核可用能级密度,轻粒子没有激发态,而后者两个裂变碎片都可以用能级密度。因此,我们完全有理由认为裂变后初始态也是一个量子系统。能级密度公式是在大量实验数据和理论分析的基础上得到的,而且一般都有一些可调参数。目前有很多种能级密度公式,这就说明能级密度公式尚具有很大的不确定性,例如对鞍点态能级密度是无法进行直接测量的。在理论上引入能级密度的目的是给出出射粒子的能量分布,现在我们考虑如何引入裂变后初始态在第一质心系中裂变碎片总动能 ϵ 的分布。当前有大量实验数据表明,实验室系裂变碎片总动能具有高斯型分布，也有的可分解为两个高斯型分布的叠加 [9]。从上述有关实验数据还可以看出，实验室系裂变碎片总平均动能明显大于裂变碎片总平均激发能。根据上述事实，我们假设裂变后初始态在第一质心系中裂变碎片总动能 ϵ 的分布为两个高斯型分布的叠加形式，其分布函数的参数仅与裂变碎片种类和入射中子能量有关，而与角动量 lSJ 无关，其具体表达式取为

$$\rho_{\mathrm{LH}}(\epsilon) = \frac{1}{C_{\mathrm{LH}}} \left\{ \exp\left[-\frac{(\epsilon - q_1)^2}{2q_2^2} \right] + q_3 \exp\left[-\frac{(\epsilon - q_4)^2}{2q_5^2} \right] \right\} \theta\left(B_{\mathrm{LH}} - \epsilon \right) \quad (5.17)$$

其中归一化常数为

$$C_{\mathrm{LH}} = \int_0^{B_{\mathrm{LH}}} \left\{ \exp\left[-\frac{(\epsilon - q_1)^2}{2q_2^2} \right] + q_3 \exp\left[-\frac{(\epsilon - q_4)^2}{2q_5^2} \right] \right\} \mathrm{d}\epsilon \quad (5.18)$$

阶梯函数 $\theta(x)$ 的定义为

$$\theta(x) = \begin{cases} 1, & \text{当} x \geqslant 0 \text{时} \\ 0, & \text{当} x < 0 \text{时} \end{cases} \quad (5.19)$$

式中的参数可取为

$$q_i = q_{i0} + q_{i1}E_{\mathrm{C}} + q_{i2}Q + q_{i3}Z_{\mathrm{L}}Z_{\mathrm{H}} + q_{i4}A_{\mathrm{L}} + q_{i5}A_{\mathrm{H}}$$

$$+ q_{i6}\left(A_{\mathrm{L}} - 2Z_{\mathrm{L}} \right)/A_{\mathrm{L}} + q_{i7}\left(A_{\mathrm{H}} - 2Z_{\mathrm{H}} \right)/A_{\mathrm{H}}, \quad i = 1 \sim 5 \quad (5.20)$$

其中 q_{ij}, $i = 1 \sim 5$; $j = 0 \sim 7$ 是可调参数。

对于裂变碎片的角动量已经有人进行了一些研究工作 [56,57]，一般是用裂变碎片同质异能态的数据研究裂变碎片的角动量，用这种方法所得到的碎片角动量应该属于裂变碎片统计性地发射了瞬发中子和 γ 射线以后的碎片角动量。最近有人用微观理论研究瞬发中子和瞬发 γ 射线发射前的初始裂变碎片的角动量，并认为初始裂变碎片角动量比瞬发中子和瞬发 γ 射线发射后的裂变碎片角动量要高一些 [58]。目前我们无法确切知道每个初始裂变碎片的角动量，因而在这里我们将其设为可调参数。令

$$I_{\mathrm{g}} = I_{0\mathrm{g}}\theta(I_{0\mathrm{g}} - I_{\mathrm{mi,g}})\theta(I_{\mathrm{ma,g}} - I_{0\mathrm{g}}), \quad \mathrm{g} = \mathrm{L,H} \quad (5.21)$$

$$I_{0\mathrm{g}} = \mathrm{Int} \mid a_{0\mathrm{g}} + a_{1\mathrm{g}}A_{\mathrm{g}} + a_{2\mathrm{g}}Z_{\mathrm{g}} + a_{3\mathrm{g}}\left(A_{\mathrm{g}} - 2Z_{\mathrm{g}} \right)/A_{\mathrm{g}} + a_{4\mathrm{g}}\varepsilon_{\mathrm{g}} \mid, \mathrm{g} = \mathrm{L,H} \quad (5.22)$$

在上式中认为裂变碎片角动量与其激发能 ε_{g} 有关。由式 (5.16) 可知总激发能 $\varepsilon = B_{\mathrm{LH}} - \epsilon$，关于如何由总激发能 ε 得到碎片 g 的激发能 ε_{g} 在第 7 章中将进行讨论。其中 $a_{j\mathrm{g}}$, $j = 0 \sim 4$, g = L, H 为可调参数，Int 代表取非负的整数。轻碎片角动量 i 和重碎片角动量 I 分别取为

$$i = \begin{cases} I_{\mathrm{L}}, & \text{当}A_{\mathrm{L}} \text{为偶数时} \\ I_{\mathrm{L}} + \dfrac{1}{2}, & \text{当}A_{\mathrm{L}} \text{为奇数时} \end{cases} \tag{5.23}$$

$$I = \begin{cases} I_{\mathrm{H}}, & \text{当}A_{\mathrm{H}} \text{为偶数时} \\ I_{\mathrm{H}} + \dfrac{1}{2}, & \text{当}A_{\mathrm{H}} \text{为奇数时} \end{cases} \tag{5.24}$$

其中 I_{L} 和 I_{H} 由式 (5.21) 给出。在式 (5.21) 中 $I_{\mathrm{mi,g}}$ 和 $I_{\mathrm{ma,g}}$ 是人为设定的分别为碎片 g 的角动量下限和上限，可以把它们取为 2 和 14，或 0 和 30 [58]。

对于单个裂变道，我们取穿透系数

$$T_{\mathrm{LH}}^{J\Pi} = \sum_{l'S'} T_{l'S'}^{J\Pi} \tag{5.25}$$

其中

$$T_{l'S'}^{J\Pi} = P(\Pi) \int_0^{B_{\mathrm{LH}}} T_{(iI)l'S'J}(\epsilon) \rho_{\mathrm{LH}}(\epsilon) \mathrm{d}\epsilon \tag{5.26}$$

$$P(\Pi) = \frac{1}{2}, \quad \Pi = +, - \tag{5.27}$$

式中 $T_{(iI)l'S'J}(\epsilon)$ 是由式 (3.68) 给出的穿透系数，它对应于单个裂变道 $\mathrm{n} + \mathrm{A} \rightarrow \mathrm{L} + \mathrm{H}$ 的逆向形成复合核的反应，L 和 H 分别对应于重离子球形光学模型中的 A 离子和 B 离子，ϵ 是在第一质心系中 L、H 两个粒子相对运动动能，i 和 I 分别是 L 和 H 两个粒子的自旋，$\rho_{\mathrm{LH}}(\epsilon)$ 已由式 (5.17) 给出。在这里引入以下简化求和符号

$$\sum_{\mathrm{L(H)}} \equiv \sum_{A_{\mathrm{L}}Z_{\mathrm{L}}(A_{\mathrm{H}}Z_{\mathrm{H}})} \tag{5.28}$$

以上求和号代表对所有可能出现的裂变碎片对求和。我们用式 (5.25) 定义以下物理量

$$C_{\mathrm{f}}^{J\Pi} = \frac{1}{T_{\mathrm{f}}^{J\Pi}} \sum_{\mathrm{L(H)}} T_{\mathrm{LH}}^{J\Pi} = \frac{1}{T_{\mathrm{f}}^{J\Pi}} \sum_{\mathrm{L(H)}} \sum_{l'S'} T_{l'S'}^{J\Pi} \tag{5.29}$$

其中 $T_{\mathrm{f}}^{J\Pi}$ 是由推广的 Bohr-Wheeler 公式 (1.8) 给出的裂变道穿透系数，$T_{l'S'}^{J\Pi}$ 已由式 (5.26) 给出。再令

$$\bar{T}_{\mathrm{f}}^{J\Pi} = \sum_{\mathrm{L(H)}} \bar{T}_{\mathrm{LH}}^{J\Pi} \tag{5.30}$$

$$\bar{T}_{\mathrm{LH}}^{J\Pi} = \sum_{l'S'} \bar{T}_{l'S'}^{J\Pi} \tag{5.31}$$

$$\bar{T}_{l'S'}^{J\Pi} = \frac{1}{C_{\mathrm{f}}^{J\Pi}} P(\Pi) \int_0^{B_{\mathrm{LH}}} T_{(iI)l'S'J}(\epsilon) \rho_{\mathrm{LH}}(\epsilon) \mathrm{d}\epsilon \tag{5.32}$$

由以上结果很容易看出

$$\bar{T}_{\mathrm{f}}^{J\Pi} = T_{\mathrm{f}}^{J\Pi} \tag{5.33}$$

于是把式 (5.33) 代入式 (5.2) 便得到

$$\sigma_{\mathrm{n,\,f}} = \frac{\pi}{k^2} \frac{1}{\hat{i}^2 \hat{I}^2} \sum_{J\Pi} \frac{\hat{J}^2}{T^{J\Pi}} \left(\sum_{lj} T_{\mathrm{n}lj}^{J\Pi} \right) \bar{T}_{\mathrm{f}}^{J\Pi} \tag{5.34}$$

再利用式 (5.30) 由式 (5.34) 可得

$$\sigma_{\mathrm{n,\,f}} = \sum_{\mathrm{L(H)}} \sigma_{\mathrm{n,\,f}}^{\mathrm{LH}} \tag{5.35}$$

$$\sigma_{\mathrm{n,\,f}}^{\mathrm{LH}} = \frac{\pi}{k^2} \frac{1}{\hat{i}^2 \hat{I}^2} \sum_{J\Pi} \frac{\hat{J}^2}{T^{J\Pi}} \left(\sum_{lj} T_{\mathrm{n}lj}^{J\Pi} \right) \bar{T}_{\mathrm{LH}}^{J\Pi} \tag{5.36}$$

显然，$\sigma_{\mathrm{n,\,f}}^{\mathrm{LH}}$ 就是单个裂变道的裂变截面。若令

$$Y_{\mathrm{L}} = \frac{1}{\sigma_{\mathrm{n,\,f}}} \sigma_{\mathrm{n,\,f}}^{\mathrm{LH}} \tag{5.37}$$

这样，Y_{L} 就是裂变后初始态的初始轻碎片产额。由于轻碎片的初始产额与相应的重碎片的初始产额是相等的，我们也可以根据式 (5.37) 定义重碎片的初始产额 Y_{H}，然后把这两种产额 Y_{L} 和 Y_{H} 合并在一起，便得到了包含所有初始裂变碎片的初始产额 Y_{LH}。注意当发射瞬发中子后，这种轻碎片和重碎片的对称性就不能保持了。我们再引入对轻碎片和重碎片同时求和的简化求和符号

$$\sum_{\mathrm{LH}} \equiv \sum_{A_{\mathrm{L}} Z_{\mathrm{L}} A_{\mathrm{H}} Z_{\mathrm{H}}} \tag{5.38}$$

于是便有

$$\sum_{\mathrm{LH}} Y_{\mathrm{LH}} = 2 \tag{5.39}$$

代表一次裂变有两个碎片。后边我们将用 $Y^{\mathrm{ini}}(A, Z)$ 代替初始产额 Y_{LH}，其中 A 和 Z 分别代表裂变碎片的质量数和电荷数，于是可以求得初始碎片的质量分布为

$$Y^{\mathrm{ini}}(A) = \sum_Z Y^{\mathrm{ini}}(A, Z) \tag{5.40}$$

初始碎片的电荷分布为

$$Y^{\text{ini}}(Z) = \sum_A Y^{\text{ini}}(A, Z) \tag{5.41}$$

注意，这里所得到的是瞬发中子发射前的质量分布和电荷分布。

我们知道，初始裂变碎片是有激发能的，但是本章所给出的所有初始态产额都是对激发能进行积分后的初始态积分产额。关于初始态产物核激发能的分布函数将在第 7 章中进行讨论。

用放射性次级束流做实验，可以对半衰期非常短的产物核进行测量[59]，在实验上是可以区分瞬发中子发射前和发射后的裂变产物核质量分布的。

前面所用到的裂变碎片的质心系是以重碎片质心为坐标原点，以两个粒子之间距离为坐标变量的第一质心系，也就是折合质量为 $\dfrac{M_L M_H}{M_L + M_H}$ 的质心系，这时二粒子运动状态用二粒子相对运动动能 ϵ 描述。另外，还有以二粒子系质心为坐标原点的第二质心系，其中两个出射粒子沿相反方向运动，二粒子运动状态用两个粒子各自的动能 ϵ_L 和 ϵ_H 来描述。根据能量守恒定律可知

$$\epsilon_L + \epsilon_H = \epsilon \tag{5.42}$$

假设在第二质心系中，碎片 L 和 H 的速度分别为 u_L 和 u_H，根据动量守恒定律可知

$$M_L u_L = M_H u_H \tag{5.43}$$

式 (2.15) 已经给出

$$\epsilon_L = \frac{M_H}{M_L + M_H}\epsilon, \quad \epsilon_H = \frac{M_L}{M_L + M_H}\epsilon \tag{5.44}$$

假设在实验室系中碎片 L 和 H 的速度分别为 v_L 和 v_H，图 2.1 给出了二出射粒子速度之间的关系，其中角度 θ 是 u_L 与 z 轴之间的夹角。根据图 2.1 很容易写出

$$v_L^2 = u_L^2 + v_C^{(\text{out})2} + 2u_L v_C^{(\text{out})} \cos\theta \tag{5.45}$$

$$v_H^2 = u_H^2 + v_C^{(\text{out})2} - 2u_H v_C^{(\text{out})} \cos\theta \tag{5.46}$$

其中 $v_C^{(\text{out})}$ 已由式 (5.12) 给出。由以上二式可以求得

$$\begin{aligned}
e = e_L + e_H &= \frac{1}{2}M_L v_L^2 + \frac{1}{2}M_H v_H^2 = \epsilon + \frac{1}{2}(M_L + M_H)v_C^{(\text{out})2} \\
&\quad + (M_L u_L - M_H u_H)v_C^{(\text{out})}\cos\theta
\end{aligned} \tag{5.47}$$

利用动量守恒式 (5.43)，由式 (5.47) 得到

$$e = E_C^{(\text{out})} + \epsilon \tag{5.48}$$

其中 $E_C^{(\text{out})}$ 是由式 (5.14) 给出的二裂变碎片的质心动能。式 (5.48) 表明实验室系二碎片总动能 e 等于二碎片系质心动能 $E_C^{(\text{out})}$ 加上质心系中二碎片相对运动动能 ϵ。

根据式 (5.17)、式 (5.18) 和式 (5.48) 可以写出实验室系二碎片总动能 e 的分布函数为

$$\rho_{\text{LH}}^{(\text{L})}(e) = \frac{1}{C_{\text{LH}}^{(\text{L})}} \left\{ \exp\left[-\frac{\left(e - E_C^{(\text{out})} - q_1\right)^2}{2q_2^2} \right] + q_3 \exp\left[-\frac{\left(e - E_C^{(\text{out})} - q_4\right)^2}{2q_5^2} \right] \right\} \theta\left(A_{\text{LH}} - e\right) \tag{5.49}$$

其中归一化常数为

$$C_{\text{LH}}^{(\text{L})} = \int_0^{A_{\text{LH}}} \left\{ \exp\left[-\frac{\left(e - E_C^{(\text{out})} - q_1\right)^2}{2q_2^2} \right] + q_3 \exp\left[-\frac{\left(e - E_C^{(\text{out})} - q_4\right)^2}{2q_5^2} \right] \right\} \mathrm{d}e \tag{5.50}$$

实验室系二碎片总动能 e 的上限 A_{LH} 已由式 (5.9) 给出。这两个动能上限 A_{LH} 和 B_{LH} 都对应于裂变碎片总激发能 $\varepsilon = 0$ 的情况。整个裂变反应的实验室系二碎片总动能 e 的分布函数可以利用以下表示式通过对所有裂变碎片对的二碎片总动能 e 的分布函数 $\rho_{\text{LH}}^{(\text{L})}(e)$ 进行加权求和以后得到

$$\rho^{(\text{L})}(e) = \sum_{\text{L(H)}} Y_{\text{L}} \rho_{\text{LH}}^{(\text{L})}(e) \tag{5.51}$$

注意，上式只是对裂变碎片对 (可以用轻碎片 L 作代表) 求和，其中 Y_{L} 已由式 (5.37) 给出。由上式也可以求得实验室系二碎片平均总动能 (TKE) 为

$$\bar{e} = \int^{A_{\text{max}}} e\rho^{(\text{L})}(e)\mathrm{d}e \tag{5.52}$$

$$A_{\text{max}} = \max\left\{ A_{\text{LH}}, \quad \text{对于所有裂变碎片对} \right\} \tag{5.53}$$

式 (5.52) 的积分下限在实际计算时确定，可以先取为 0，然后从实际数值结果看应该取多少合适，估计积分下限应该在 160 MeV 左右。

5.2　单个初始裂变碎片的动能分布和角分布

利用式 (5.14) 可把式 (5.45) 和式 (5.46) 改写成

$$e_{\mathrm{L}} = \epsilon_{\mathrm{L}} + \frac{M_{\mathrm{L}}}{M_{\mathrm{L}} + M_{\mathrm{H}}} E_{\mathrm{C}}^{(\mathrm{out})} + 2\frac{\sqrt{M_{\mathrm{L}} m_{\mathrm{n}} E_{\mathrm{L}} \epsilon_{\mathrm{L}}}}{M_{\mathrm{L}} + M_{\mathrm{H}}} \cos\theta \tag{5.54}$$

$$e_{\mathrm{H}} = \epsilon_{\mathrm{H}} + \frac{M_{\mathrm{H}}}{M_{\mathrm{L}} + M_{\mathrm{H}}} E_{\mathrm{C}}^{(\mathrm{out})} - 2\frac{\sqrt{M_{\mathrm{H}} m_{\mathrm{n}} E_{\mathrm{L}} \epsilon_{\mathrm{H}}}}{M_{\mathrm{L}} + M_{\mathrm{H}}} \cos\theta \tag{5.55}$$

由以上二式可以得到轻碎片和重碎片在实验室系动能上限为

$$A_{\mathrm{LM}} = \frac{M_{\mathrm{H}}}{M_{\mathrm{L}} + M_{\mathrm{H}}} B_{\mathrm{LH}} + \frac{M_{\mathrm{L}} m_{\mathrm{n}} E_{\mathrm{L}}}{(M_{\mathrm{L}} + M_{\mathrm{H}})^2} + 2\frac{\sqrt{M_{\mathrm{L}} M_{\mathrm{H}} m_{\mathrm{n}} E_{\mathrm{L}} B_{\mathrm{LH}}}}{(M_{\mathrm{L}} + M_{\mathrm{H}})^{3/2}} \tag{5.56}$$

$$A_{\mathrm{HM}} = \frac{M_{\mathrm{L}}}{M_{\mathrm{L}} + M_{\mathrm{H}}} B_{\mathrm{LH}} + \frac{M_{\mathrm{H}} m_{\mathrm{n}} E_{\mathrm{L}}}{(M_{\mathrm{L}} + M_{\mathrm{H}})^2} + 2\frac{\sqrt{M_{\mathrm{L}} M_{\mathrm{H}} m_{\mathrm{n}} E_{\mathrm{L}} B_{\mathrm{LH}}}}{(M_{\mathrm{L}} + M_{\mathrm{H}})^{3/2}} \tag{5.57}$$

根据图 2.1 又可以写出

$$u_{\mathrm{L}}^2 = v_{\mathrm{L}}^2 + v_{\mathrm{C}}^{(\mathrm{out})2} - 2v_{\mathrm{L}} v_{\mathrm{C}}^{(\mathrm{out})} \cos\theta_{\mathrm{L}} \tag{5.58}$$

$$u_{\mathrm{H}}^2 = v_{\mathrm{H}}^2 + v_{\mathrm{C}}^{(\mathrm{out})2} - 2v_{\mathrm{H}} v_{\mathrm{C}}^{(\mathrm{out})} \cos\theta_{\mathrm{H}} \tag{5.59}$$

进而可把以上二式改写成

$$\epsilon_{\mathrm{L}} = e_{\mathrm{L}} + \frac{M_{\mathrm{L}}}{M_{\mathrm{L}} + M_{\mathrm{H}}} E_{\mathrm{C}}^{(\mathrm{out})} - 2\frac{\sqrt{M_{\mathrm{L}} m_{\mathrm{n}} E_{\mathrm{L}} e_{\mathrm{L}}}}{M_{\mathrm{L}} + M_{\mathrm{H}}} \cos\theta_{\mathrm{L}} \tag{5.60}$$

$$\epsilon_{\mathrm{H}} = e_{\mathrm{H}} + \frac{M_{\mathrm{H}}}{M_{\mathrm{L}} + M_{\mathrm{H}}} E_{\mathrm{C}}^{(\mathrm{out})} - 2\frac{\sqrt{M_{\mathrm{H}} m_{\mathrm{n}} E_{\mathrm{L}} e_{\mathrm{H}}}}{M_{\mathrm{L}} + M_{\mathrm{H}}} \cos\theta_{\mathrm{H}} \tag{5.61}$$

式 (2.60) 和式 (2.63) 已给出

$$\gamma = \frac{v_{\mathrm{C}}^{(\mathrm{out})}}{u_{\mathrm{L}}} = \frac{\sqrt{2m_{\mathrm{n}} E_{\mathrm{L}}}}{M_{\mathrm{L}} + M_{\mathrm{H}}} \sqrt{\frac{M_{\mathrm{L}}}{2\epsilon_{\mathrm{L}}}} = \frac{\sqrt{M_{\mathrm{L}} m_{\mathrm{n}}}}{M_{\mathrm{L}} + M_{\mathrm{H}}} \sqrt{\frac{E_{\mathrm{L}}}{\epsilon_{\mathrm{L}}}} \tag{5.62}$$

$$\cos\theta_{\mathrm{L}} = \frac{\gamma + \cos\theta}{|1 + \gamma^2 + 2\gamma\cos\theta|^{1/2}}, \quad \sin\theta_{\mathrm{L}} = \frac{\sin\theta}{|1 + \gamma^2 + 2\gamma\cos\theta|^{1/2}} \tag{5.63}$$

式 (2.66) 和式 (2.69) 又给出

$$\beta = \frac{v_{\mathrm{C}}^{(\mathrm{out})}}{u_{\mathrm{H}}} = \frac{\sqrt{2m_{\mathrm{n}} E_{\mathrm{L}}}}{M_{\mathrm{L}} + M_{\mathrm{H}}} \sqrt{\frac{M_{\mathrm{H}}}{2\epsilon_{\mathrm{H}}}} = \frac{\sqrt{M_{\mathrm{H}} m_{\mathrm{n}}}}{M_{\mathrm{L}} + M_{\mathrm{H}}} \sqrt{\frac{E_{\mathrm{L}}}{\epsilon_{\mathrm{H}}}} \tag{5.64}$$

$$\cos\theta_{\mathrm{H}} = \frac{\cos\theta - \beta}{|1 + \beta^2 - 2\beta\cos\theta|^{1/2}}, \quad \sin\theta_{\mathrm{H}} = \frac{\sin\theta}{|1 + \beta^2 - 2\beta\cos\theta|^{1/2}} \tag{5.65}$$

根据式 (5.44) 又可以得到轻碎片和重碎片第二质心系动能上限分别为

$$B_{\mathrm{LM}} = \frac{M_{\mathrm{H}}}{M_{\mathrm{L}} + M_{\mathrm{H}}} B_{\mathrm{LH}}, \quad B_{\mathrm{HM}} = \frac{M_{\mathrm{L}}}{M_{\mathrm{L}} + M_{\mathrm{H}}} B_{\mathrm{LH}} \tag{5.66}$$

根据式 (5.17) 和式 (5.18) 可以写出轻碎片和重碎片第二质心系的动能分布分别为

$$\rho_{\mathrm{L}}(\epsilon_{\mathrm{L}}) = \frac{1}{C_{\mathrm{L}}} \left\{ \exp\left[-\frac{\left(\frac{M_{\mathrm{L}} + M_{\mathrm{H}}}{M_{\mathrm{H}}}\epsilon_{\mathrm{L}} - q_1\right)^2}{2q_2^2} \right] + q_3 \exp\left[-\frac{\left(\frac{M_{\mathrm{L}} + M_{\mathrm{H}}}{M_{\mathrm{H}}}\epsilon_{\mathrm{L}} - q_4\right)^2}{2q_5^2} \right] \right\}$$
$$\times \theta\left(B_{\mathrm{LM}} - \epsilon_{\mathrm{L}}\right) \tag{5.67}$$

其中

$$C_{\mathrm{L}} = \int_0^{B_{\mathrm{LM}}} \left\{ \exp\left[-\frac{\left(\frac{M_{\mathrm{L}} + M_{\mathrm{H}}}{M_{\mathrm{H}}}\epsilon_{\mathrm{L}} - q_1\right)^2}{2q_2^2} \right] + q_3 \exp\left[-\frac{\left(\frac{M_{\mathrm{L}} + M_{\mathrm{H}}}{M_{\mathrm{H}}}\epsilon_{\mathrm{L}} - q_4\right)^2}{2q_5^2} \right] \right\} \mathrm{d}\epsilon_{\mathrm{L}} \tag{5.68}$$

$$\rho_{\mathrm{H}}(\epsilon_{\mathrm{H}}) = \frac{1}{C_{\mathrm{H}}} \left\{ \exp\left[-\frac{\left(\frac{M_{\mathrm{L}} + M_{\mathrm{H}}}{M_{\mathrm{L}}}\epsilon_{\mathrm{H}} - q_1\right)^2}{2q_2^2} \right] + q_3 \exp\left[-\frac{\left(\frac{M_{\mathrm{L}} + M_{\mathrm{H}}}{M_{\mathrm{L}}}\epsilon_{\mathrm{H}} - q_4\right)^2}{2q_5^2} \right] \right\}$$
$$\times \theta\left(B_{\mathrm{HM}} - \epsilon_{\mathrm{H}}\right) \tag{5.69}$$

其中

$$C_{\mathrm{H}} = \int_0^{B_{\mathrm{HM}}} \left\{ \exp\left[-\frac{\left(\frac{M_{\mathrm{L}} + M_{\mathrm{H}}}{M_{\mathrm{L}}}\epsilon_{\mathrm{H}} - q_1\right)^2}{2q_2^2} \right] + q_3 \exp\left[-\frac{\left(\frac{M_{\mathrm{L}} + M_{\mathrm{H}}}{M_{\mathrm{L}}}\epsilon_{\mathrm{H}} - q_4\right)^2}{2q_5^2} \right] \right\} \mathrm{d}\epsilon_{\mathrm{H}} \tag{5.70}$$

对于 $\mathrm{n} + \mathrm{A} \to \mathrm{L} + \mathrm{H}$ 反应, 根据式 (4.27) 和式 (4.70) 可以写出在第一质心系中相对运动动能为 ϵ 的单一能点的轻碎片 L 的角分布为

$$\frac{\mathrm{d}\sigma_{\mathrm{n, L}}}{\mathrm{d}\Omega} = \frac{1}{4\pi} \sum_{L=0}^{\infty} (2L + 1) B_L(\epsilon) \mathrm{P}_L(\cos\theta) \tag{5.71}$$

$$B_L\left(\epsilon\right)=\frac{\pi}{k^2}\frac{1}{\hat{i}^2\hat{I}^2}\sum_{J\Pi}\frac{\hat{J}^4}{T^{J\Pi}}\sum_{lS}\hat{l}(-1)^{l+S}C_{l0\ L0}^{l0}W\left(lJlJ;SL\right)T_{\mathrm{n}lS}^{J\Pi}$$

$$\times\sum_{l'S'}\hat{l}'(-1)^{l'-S'}C_{l'0\ L0}^{l'0}W\left(l'Jl'J;S'L\right)\bar{T}_{l'S'}^{J\Pi}\left(\epsilon\right)\tag{5.72}$$

参照式 (5.32) 可以写出式 (5.72) 中的 $\bar{T}_{l'S'}^{J\Pi}(\epsilon)$ 为

$$\bar{T}_{l'S'}^{J\Pi}(\epsilon)=\frac{1}{C_{\mathrm{f}}^{J\Pi}}P\left(\Pi\right)T_{(iI)l'S'J}(\epsilon)\tag{5.73}$$

式 (5.72) 中的 $T^{J\Pi}$ 采用在式 (5.2) 和式 (5.34) 中所用的总穿透系数。描述入射中子 n 的穿透系数 $T_{\mathrm{n}lS}^{J\Pi}$ 原则上也应该取 L-S 角动量耦合的，但是，对于 n + A 轻粒子反应一般都采用 j-j 角动量耦合的常规光学模型。对于 A 核自旋为 0 的情况，L-S 角动量耦合与 j-j 角动量耦合实质上没有区别，这时入射粒子的自旋 i 就是 L-S 耦合中的 S，常规光学模型中的 j 就是 L-S 耦合中的 J，常规光学模型中的 l 也是 L-S 耦合中的 l。因而，在式 (5.72) 中描述入射中子 n 的穿透系数 $T_{\mathrm{n}lS}^{J\Pi}$ 可以用常规光学模型的 $T_{\mathrm{n}\{i\}\ l}^{J\Pi}$ 代替，其中 i 代表入射中子自旋，J 就是常规光学模型中的 j。

一般的坐标系变换包括粒子运动方向和能量的变换。根据式 (2.37) 可以把由式 (5.71)~ 式 (5.73) 给出的在第一质心系中轻碎片 L 相对于重碎片 H 的单一能点 ϵ 的角分布公式变换成以下的在第二质心系中单一能点 ϵ_L 的轻碎片 L 的角分布公式

$$\frac{\mathrm{d}\sigma_{\mathrm{n,\ L}}}{\mathrm{d}\Omega}=\frac{1}{4\pi}\sum_{L=0}^{\infty}\left(2L+1\right)B_L\left(\epsilon_\mathrm{L}\right)\mathrm{P}_L\left(\cos\theta\right)\tag{5.74}$$

$$B_L\left(\epsilon_\mathrm{L}\right)=\frac{\pi}{k^2}\frac{1}{\hat{i}^2\hat{I}^2}\sum_{J\Pi}\frac{\hat{J}^4}{T^{J\Pi}}\sum_{lS}\hat{l}(-1)^{l+S}C_{l0\ L0}^{l0}W\left(lJlJ;SL\right)T_{\mathrm{n}lS}^{J\Pi}$$

$$\times\sum_{l'S'}\hat{l}'(-1)^{l'-S'}C_{l'0\ L0}^{l'0}W\left(l'Jl'J;S'L\right)\bar{T}_{l'S'}^{J\Pi}\left(\epsilon_\mathrm{L}\right)\tag{5.75}$$

$$\bar{T}_{l'S'}^{J\Pi}(\epsilon_\mathrm{L})=\frac{1}{C_{\mathrm{f}}^{J\Pi}}P\left(\Pi\right)T_{(iI)l'S'J}(\epsilon_\mathrm{L})\tag{5.76}$$

事实上，轻碎片 L 的第二质心系动能 ϵ_L 是连续分布的。于是根据式 (5.74)~ 式 (5.76) 可以写出在第二质心系中轻碎片 L 的双微分截面为

$$\frac{\mathrm{d}^2\sigma_{\mathrm{n,\ L}}}{\mathrm{d}\Omega\mathrm{d}\epsilon_\mathrm{L}}=\frac{1}{4\pi}\sum_{L=0}^{\infty}\left(2L+1\right)B_L^{\mathrm{L}\rho}\left(\epsilon_\mathrm{L}\right)\mathrm{P}_L\left(\cos\theta\right)\tag{5.77}$$

$$B_L^{\mathrm{L}\rho}(\epsilon_\mathrm{L}) = \frac{\pi}{k^2} \frac{1}{\hat{i}^2 \hat{I}^2} \sum_{J\Pi} \frac{\hat{J}^4}{T^{J\Pi}} \sum_{lS} \hat{l}(-1)^{l+S} C_{l0\ L0}^{l0} W(lJlJ; SL) T_{\mathrm{n}lS}^{J\Pi}$$

$$\times \sum_{l'S'} \hat{l}'(-1)^{l'-S'} C_{l'0\ L0}^{l'0} W(l'Jl'J; S'L) \bar{T}_{\rho l'S'}^{J\Pi}(\epsilon_\mathrm{L}) \tag{5.78}$$

$$\bar{T}_{\rho l'S'}^{J\Pi}(\epsilon_\mathrm{L}) = \frac{1}{C_\mathrm{f}^{J\Pi}} P(\Pi) T_{(iI)l'S'J}(\epsilon_\mathrm{L}) \rho_\mathrm{L}(\epsilon_\mathrm{L}) \tag{5.79}$$

其中 $\rho_\mathrm{L}(\epsilon_\mathrm{L})$ 已由式 (5.67) 给出。为了消除理论偏差，我们用由式 (5.36) 给出的单个裂变道的裂变截面 $\sigma_{\mathrm{n,f}}^{\mathrm{LH}}$ 对由式 (5.77)~ 式 (5.79) 给出的轻碎片 L 的双微分截面进行以下归一化处理

$$\frac{\mathrm{d}^2 \bar{\sigma}_{\mathrm{n,L}}}{\mathrm{d}\Omega \mathrm{d}\epsilon_\mathrm{L}} = \frac{1}{C_{\mathrm{n,L}}} \frac{\mathrm{d}^2 \sigma_{\mathrm{n,L}}}{\mathrm{d}\Omega \mathrm{d}\epsilon_\mathrm{L}} \tag{5.80}$$

$$C_{\mathrm{n,L}} = \frac{2\pi}{\sigma_{\mathrm{n,f}}^{\mathrm{LH}}} \int_0^{B_{\mathrm{LM}}} \mathrm{d}\epsilon_\mathrm{L} \int_{-1}^1 \mathrm{d}\cos\theta \frac{\mathrm{d}^2 \sigma_{\mathrm{n,L}}}{\mathrm{d}\Omega \mathrm{d}\epsilon_\mathrm{L}} \tag{5.81}$$

在第二质心系中轻碎片 L 的双微分截面 $\dfrac{\mathrm{d}^2 \bar{\sigma}_{\mathrm{n,L}}}{\mathrm{d}\Omega \mathrm{d}\epsilon_\mathrm{L}}$ 的具体表达式为

$$\frac{\mathrm{d}^2 \bar{\sigma}_{\mathrm{n,L}}}{\mathrm{d}\Omega \mathrm{d}\epsilon_\mathrm{L}} = \frac{1}{4\pi} \sum_{L=0}^{\infty} (2L+1) \bar{B}_L^{\mathrm{L}\rho}(\epsilon_\mathrm{L}) \mathrm{P}_L(\cos\theta) \tag{5.82}$$

$$\bar{B}_L^{\mathrm{L}\rho}(\epsilon_\mathrm{L}) = \frac{\pi}{k^2} \frac{1}{\hat{i}^2 \hat{I}^2} \sum_{J\Pi} \frac{\hat{J}^4}{T^{J\Pi}} \sum_{lS} \hat{l}(-1)^{l+S} C_{l0\ L0}^{l0} W(lJlJ; SL) T_{\mathrm{n}lS}^{J\Pi}$$

$$\times \sum_{l'S'} \hat{l}'(-1)^{l'-S'} C_{l'0\ L0}^{l'0} W(l'Jl'J; S'L) \tilde{T}_{\rho l'S'}^{J\Pi}(\epsilon_\mathrm{L}) \tag{5.83}$$

$$\tilde{T}_{\rho l'S'}^{J\Pi}(\epsilon_\mathrm{L}) = \frac{1}{C_\mathrm{f}^{J\Pi} C_{\mathrm{n,L}}} P(\Pi) T_{(iI)l'S'J}(\epsilon_\mathrm{L}) \rho_\mathrm{L}(\epsilon_\mathrm{L}) \tag{5.84}$$

设 $\dfrac{\mathrm{d}^2 \sigma_{\mathrm{n,L}}}{\mathrm{d}\Omega_\mathrm{L} \mathrm{d}e_\mathrm{L}}$ 为实验室系轻碎片 L 的双微分截面，它与由式 (5.82) 给出的第二质心系轻碎片的双微分截面 $\dfrac{\mathrm{d}^2 \bar{\sigma}_{\mathrm{n,L}}}{\mathrm{d}\Omega \mathrm{d}e_\mathrm{L}}$ 有以下关系式

$$\frac{\mathrm{d}^2 \sigma_{\mathrm{n,L}}}{\mathrm{d}\Omega_\mathrm{L} \mathrm{d}e_\mathrm{L}} \mathrm{d}\cos\theta_\mathrm{L} \mathrm{d}e_\mathrm{L} = \frac{\mathrm{d}^2 \bar{\sigma}_{\mathrm{n,L}}}{\mathrm{d}\Omega \mathrm{d}\epsilon_\mathrm{L}} \mathrm{d}\cos\theta \mathrm{d}\epsilon_\mathrm{L} \tag{5.85}$$

令

$$dcos\theta_L de_L = |J| \, dcos\theta d\epsilon_L \tag{5.86}$$

坐标变换的 Jacobian 行列式为

$$|J| = \begin{vmatrix} \dfrac{\partial cos\theta_L}{\partial cos\theta} & \dfrac{\partial e_L}{\partial cos\theta} \\[2mm] \dfrac{\partial cos\theta_L}{\partial \epsilon_L} & \dfrac{\partial e_L}{\partial \epsilon_L} \end{vmatrix} \tag{5.87}$$

式 (2.78) 和 (2.79) 已经给出

$$|J| = \frac{1}{|1 + \gamma^2 + 2\gamma \, cos\theta|^{1/2}} \tag{5.88}$$

$$\frac{d^2\sigma_{n,L}}{d\Omega_L de_L} = |1 + \gamma^2 + 2\gamma cos\theta|^{1/2} \frac{d^2\bar{\sigma}_{n,L}}{d\Omega d\epsilon_L} = \left(\frac{e_L}{\epsilon_L}\right)^{1/2} \frac{d^2\bar{\sigma}_{n,L}}{d\Omega d\epsilon_L} \tag{5.89}$$

利用此式便可以求得实验室系轻碎片 L 的双微分截面。进而可以求得实验室系轻碎片 L 的角分布为

$$\frac{d\sigma_{n,L}}{d\Omega_L} = \int_0^{A_{LM}} \frac{d^2\sigma_{n,L}}{d\Omega_L de_L} de_L \tag{5.90}$$

其中动能上限 A_{LM} 已由式 (5.56) 给出。由上式求得的角分布满足以下归一化关系式

$$2\pi \int_{-1}^1 \frac{d\sigma_{n,L}}{d\Omega_L} d\cos\theta_L = \sigma_{n,f}^{LH} \tag{5.91}$$

其中，$\sigma_{n,f}^{LH}$ 是由式 (5.36) 给出的单个裂变碎片对的裂变截面。还可以求得实验室系轻碎片 L 的动能分布为

$$\frac{d\sigma_{n,L}}{de_L} = 2\pi \int_{-1}^1 \frac{d^2\sigma_{n,L}}{d\Omega_L de_L} d\cos\theta_L \tag{5.92}$$

其中 $\dfrac{d\sigma_{n,L}}{de_L}$ 也称为实验室系轻碎片 L 的能谱，它不是归一化能谱，但是满足

$$\int_0^{A_{LM}} \frac{d\sigma_{n,L}}{de_L} de_L = \sigma_{n,f}^{LH} \tag{5.93}$$

注意，根据式 (5.35) 可知，把 $\sigma_{n,f}^{LH}$ 对所有裂变碎片对求和便能得到由裂变前理论式 (5.2) 求得的裂变截面 $\sigma_{n,f}$。还可以求得

$$\bar{e}_L = \frac{1}{\sigma_{n,f}^{LH}} \int_0^{A_{LM}} e_L \frac{d\sigma_{n,L}}{de_L} de_L \tag{5.94}$$

这里的 $\bar{e}_L$ 就是实验室系某个具体轻碎片 L 的平均动能。

根据式 (2.38) 可以把由式 (5.71)~式 (5.73) 给出的在第一质心系中轻碎片 L 相对于重碎片 H 的单一能点 ϵ 的角分布公式变换成以下的在第二质心系中单一能点 ϵ_H 的重碎片 H 的角分布公式

$$\frac{\mathrm{d}\sigma_{\mathrm{n,\,H}}}{\mathrm{d}\Omega} = \frac{1}{4\pi}\sum_{L=0}^{\infty}(2L+1)B_L\left(\epsilon_H\right)\mathrm{P}_L\left(\cos\left(\pi-\theta\right)\right)$$

$$= \frac{1}{4\pi}\sum_{L=0}^{\infty}(2L+1)B_L\left(\epsilon_H\right)(-1)^L\,\mathrm{P}_L\left(\cos\theta\right) \tag{5.95}$$

$$B_L\left(\epsilon_H\right) = \frac{\pi}{k^2}\frac{1}{\hat{\imath}^2\hat{I}^2}\sum_{J\Pi}\frac{\hat{J}^4}{T^{J\Pi}}\sum_{lS}\hat{l}(-1)^{l+S}C_{l0\ L0}^{l0}W\left(lJlJ;SL\right)T_{nlS}^{J\Pi}$$

$$\times \sum_{l'S'}\hat{l}'(-1)^{l'-S'}C_{l'0\ L0}^{l'0}W\left(l'Jl'J;S'L\right)\bar{T}_{l'S'}^{J\Pi}\left(\epsilon_H\right) \tag{5.96}$$

$$\bar{T}_{l'S'}^{J\Pi}\left(\epsilon_H\right) = \frac{1}{C_f^{J\Pi}}P\left(\Pi\right)T_{(iI)l'S'J}(\epsilon_H) \tag{5.97}$$

在第二质心系中重碎片 H 的双微分截面为

$$\frac{\mathrm{d}^2\sigma_{\mathrm{n,\,H}}}{\mathrm{d}\Omega\mathrm{d}\epsilon_H} = \frac{1}{4\pi}\sum_{L=0}^{\infty}(2L+1)B_L^{\mathrm{H}\rho}\left(\epsilon_H\right)(-1)^L\mathrm{P}_L\left(\cos\theta\right) \tag{5.98}$$

$$B_L^{\mathrm{H}\rho}\left(\epsilon_H\right) = \frac{\pi}{k^2}\frac{1}{\hat{\imath}^2\hat{I}^2}\sum_{J\Pi}\frac{\hat{J}^4}{T^{J\Pi}}\sum_{lS}\hat{l}(-1)^{l+S}C_{l0\ L0}^{l0}W\left(lJlJ;SL\right)T_{nlS}^{J\Pi}$$

$$\times \sum_{l'S'}\hat{l}'(-1)^{l'-S'}C_{l'0\ L0}^{l'0}W\left(l'Jl'J;S'L\right)\bar{T}_{\rho l'S'}^{J\Pi}\left(\epsilon_H\right) \tag{5.99}$$

$$\bar{T}_{\rho l'S'}^{J\Pi}\left(\epsilon_H\right) = \frac{1}{C_f^{J\Pi}}P\left(\Pi\right)T_{(iI)l'S'J}(\epsilon_H)\rho_H(\epsilon_H) \tag{5.100}$$

其中 $\rho_H(\epsilon_H)$ 已由式 (5.69) 给出。为了消除理论偏差，我们对重碎片 H 的双微分截面进行以下归一化处理

$$\frac{\mathrm{d}^2\bar{\sigma}_{\mathrm{n,\,H}}}{\mathrm{d}\Omega\mathrm{d}\epsilon_H} = \frac{1}{C_{\mathrm{n,H}}}\frac{\mathrm{d}^2\sigma_{\mathrm{n,\,H}}}{\mathrm{d}\Omega\mathrm{d}\epsilon_H} \tag{5.101}$$

$$C_{\mathrm{n,H}} = \frac{2\pi}{\sigma_{\mathrm{n,\,f}}^{\mathrm{LH}}}\int_0^{B_{\mathrm{HM}}}\mathrm{d}\epsilon_H\int_{-1}^1\mathrm{d}\cos\theta\frac{\mathrm{d}^2\sigma_{\mathrm{n,\,H}}}{\mathrm{d}\Omega\mathrm{d}\epsilon_H} \tag{5.102}$$

其中 $\dfrac{\mathrm{d}^2\bar{\sigma}_{\mathrm{n,\,H}}}{\mathrm{d}\Omega\mathrm{d}\epsilon_{\mathrm{H}}}$ 的具体表达式为

$$\frac{\mathrm{d}^2\bar{\sigma}_{\mathrm{n,\,H}}}{\mathrm{d}\Omega\mathrm{d}\epsilon_{\mathrm{H}}} = \frac{1}{4\pi}\sum_{L=0}^{\infty}(2L+1)\bar{B}_L^{\mathrm{H}\rho}(\epsilon_{\mathrm{H}})(-1)^L\mathrm{P}_L(\cos\theta) \tag{5.103}$$

$$\bar{B}_L^{\mathrm{H}\rho}(\epsilon_{\mathrm{H}}) = \frac{\pi}{k^2}\frac{1}{\hat{i}^2\hat{I}^2}\sum_{J\Pi}\frac{\hat{J}^4}{T^{J\Pi}}\sum_{lS}\hat{l}(-1)^{l+S}C_{l0\ L0}^{l0}W(lJlJ;SL)\,T_{\mathrm{n}lS}^{J\Pi}$$
$$\times \sum_{l'S'}\hat{l'}(-1)^{l'-S'}C_{l'0\ L0}^{l'0}W(l'Jl'J;S'L)\,\tilde{T}_{\rho l'S'}^{J\Pi}(\epsilon_{\mathrm{H}}) \tag{5.104}$$

$$\tilde{T}_{\rho l'S'}^{J\Pi}(\epsilon_{\mathrm{H}}) = \frac{1}{C_{\mathrm{f}}^{J\Pi}C_{\mathrm{n,\,H}}}P(\Pi)\,T_{(iI)l'S'J}(\epsilon_{\mathrm{H}})\rho_{\mathrm{H}}(\epsilon_{\mathrm{H}}) \tag{5.105}$$

设 $\dfrac{\mathrm{d}^2\sigma_{\mathrm{n,\,H}}}{\mathrm{d}\Omega_{\mathrm{H}}\mathrm{d}e_{\mathrm{H}}}$ 为实验室系重碎片的双微分截面，它与第二质心系重碎片的双微分截面 $\dfrac{\mathrm{d}^2\bar{\sigma}_{\mathrm{n,\,H}}}{\mathrm{d}\Omega\mathrm{d}\epsilon_{\mathrm{H}}}$ 有以下关系式

$$\frac{\mathrm{d}^2\sigma_{\mathrm{n,\,H}}}{\mathrm{d}\Omega_{\mathrm{H}}\mathrm{d}e_{\mathrm{H}}}\mathrm{d}\cos\theta_{\mathrm{H}}\mathrm{d}e_{\mathrm{H}} = \frac{\mathrm{d}^2\bar{\sigma}_{\mathrm{n,\,H}}}{\mathrm{d}\Omega\mathrm{d}\epsilon_{\mathrm{H}}}\mathrm{d}\cos\theta\mathrm{d}\epsilon_{\mathrm{H}} \tag{5.106}$$

令

$$\mathrm{d}\cos\theta_{\mathrm{H}}\mathrm{d}e_{\mathrm{H}} = |J'|\,\mathrm{d}\cos\theta\mathrm{d}\epsilon_{\mathrm{H}} \tag{5.107}$$

式 (2.88) 和 (2.89) 已经给出

$$|J'| = \frac{1}{|1+\beta^2-2\beta\cos\theta|^{1/2}} \tag{5.108}$$

$$\frac{\mathrm{d}^2\sigma_{\mathrm{n,\,H}}}{\mathrm{d}\Omega_{\mathrm{H}}\mathrm{d}e_{\mathrm{H}}} = |1+\beta^2-2\beta\cos\theta|^{1/2}\frac{\mathrm{d}^2\bar{\sigma}_{\mathrm{n,\,H}}}{\mathrm{d}\Omega\mathrm{d}\epsilon_{\mathrm{H}}} = \left(\frac{e_{\mathrm{H}}}{\epsilon_{\mathrm{H}}}\right)^{1/2}\frac{\mathrm{d}^2\bar{\sigma}_{\mathrm{n,\,H}}}{\mathrm{d}\Omega\mathrm{d}\epsilon_{\mathrm{H}}} \tag{5.109}$$

利用此式便可以求得实验室系重碎片 H 的双微分截面。进而可以求得实验室系重碎片 H 的角分布为

$$\frac{\mathrm{d}\sigma_{\mathrm{n,\,H}}}{\mathrm{d}\Omega_{\mathrm{H}}} = \int_0^{A_{\mathrm{HM}}}\frac{\mathrm{d}^2\sigma_{\mathrm{n,\,H}}}{\mathrm{d}\Omega_{\mathrm{H}}\mathrm{d}e_{\mathrm{H}}}\mathrm{d}e_{\mathrm{H}} \tag{5.110}$$

其中动能上限 A_{HM} 已由式 (5.57) 给出。由上式求得的角分布满足以下归一化关系式

$$2\pi\int_{-1}^{1}\frac{\mathrm{d}\sigma_{\mathrm{n,\,H}}}{\mathrm{d}\Omega_{\mathrm{H}}}\mathrm{d}\cos\theta_{\mathrm{H}} = \sigma_{\mathrm{n,\,f}}^{\mathrm{LH}} \tag{5.111}$$

这里的 $\sigma_{\mathrm{n,f}}^{\mathrm{LH}}$ 是由式 (5.36) 给出的单个裂变碎片对的裂变截面。还可以求得实验室系重碎片 H 的动能分布为

$$\frac{\mathrm{d}\sigma_{\mathrm{n,H}}}{\mathrm{d}e_{\mathrm{H}}} = 2\pi \int_{-1}^{1} \frac{\mathrm{d}^2\sigma_{\mathrm{n,H}}}{\mathrm{d}\Omega_{\mathrm{H}}\mathrm{d}e_{\mathrm{H}}} \mathrm{d}\cos\theta_{\mathrm{H}} \tag{5.112}$$

其中，$\dfrac{\mathrm{d}\sigma_{\mathrm{n,H}}}{\mathrm{d}e_{\mathrm{H}}}$ 也称为实验室系重碎片 H 的能谱，它不是归一化能谱，但是满足

$$\int_{0}^{A_{\mathrm{HM}}} \frac{\mathrm{d}\sigma_{\mathrm{n,H}}}{\mathrm{d}e_{\mathrm{H}}} \mathrm{d}e_{\mathrm{H}} = \sigma_{\mathrm{n,f}}^{\mathrm{LH}} \tag{5.113}$$

还可以求得

$$\bar{e}_{\mathrm{H}} = \frac{1}{\sigma_{\mathrm{n,f}}^{\mathrm{LH}}} \int_{0}^{A_{\mathrm{HM}}} e_{\mathrm{H}} \frac{\mathrm{d}\sigma_{\mathrm{n,H}}}{\mathrm{d}e_{\mathrm{H}}} \mathrm{d}e_{\mathrm{H}} \tag{5.114}$$

这里的 $\bar{e}_{\mathrm{H}}$ 就是实验室系某个具体重碎片 H 的平均动能。

根据 Clebsch-Gordan 系数 $C_{l0\ L0}^{l0}$ 或 $C_{l'0\ L0}^{l'0}$ 的性质，在第二质心系角分布公式中的量子数 L 只能取偶数，因而所计算的裂变碎片第二质心系角分布一定是 90° 对称的。对于如此重的裂变核，在低能核反应情况下，第二质心系和实验室系差别很小，因而所计算的裂变碎片实验室系角分布也一定接近 90° 对称，而且目前我们所看到的裂变碎片角分布的实验数据确实有 90° 对称的趋势 [9]。

第 6 章 复合核 γ 退激理论

在裂变后核数据中，需要求整个裂变反应的平均瞬发光子能谱、平均瞬发光子能量和平均瞬发光子数，还需要求每个裂变碎片的瞬发光子能谱、瞬发光子能量和瞬发光子数。本章将给出复合核 γ 退激的一般性理论。

设复合核最高激发能为 E'，E' 可以处在连续能级区也可以处在分立能级区。在 (n,γ) 反应的 γ 退激过程中 E' 处在最高激发态；对于伴随粒子发射的 γ 退激问题，假设 E' 是复合核发射中子之前的最高激发能，$E'_{kn\gamma}$ 是通过 $(n,kn\gamma)$ 反应后剩余核的最高激发能，这时的 γ 退激过程在 $E = 0 \sim E'_{kn\gamma}$ 的任意能点都可能发生。在 γ 退激理论中将连续能级区域分成等间隔小区 (bin)，用这个能段的中点代表该能段能量，计算结果表明这个间隔一般取为 $\Delta\varepsilon_\gamma = 0.1$ MeV 才能得到稳定的 γ 退激谱，所谓稳定是指 γ 谱形状处于稳定状态，不再因能段间隔减小而发生明显变化。设能段的编号为 $i = 1, 2, \cdots, N$，这里的 i 是自低激发态向高激发态排序，N 为连续能区分段个数，E' 是第 N 个能段的上沿，最高一条分立能级是第一个能段下沿。下面我们对总角动量 J 和总宇称 Π 的分波进行讨论。

设 $\sigma_{c_0}(E_i, I_i, \pi_i)$ 为连续区 i 能段用截面表示的初始退激占有概率。对于不发射中子的 (n,γ) 反应来说，复合核处于编号为 N 的具有唯一的最高激发能 E' 的能段，这时 $\sigma_{c_0}(E_i, I_i, \pi_i)$ 应该对应于光核反应的吸收截面 $\sigma_{\gamma a}(\varepsilon_g)$(当 $\varepsilon_g \leqslant E_{g1}$ 时) 或辐射俘获截面 $\sigma_{n\gamma}(\varepsilon_g)$(当 $\varepsilon_g > E_{g1}$ 时)，其中 E_{g1} 是激发能为 ε_g 的复合核发射第一个中子的分离能，对于其他的低能段，$\sigma_{c_0}(E_i, I_i, \pi_i)$ 应该取为 0。当变成与角动量和宇称有关系以后，可把以上结果用公式表示为

$$\sigma_{c_0}(E_i, I_i, \pi_i) = \begin{cases} P(\pi_i)R(I_i, E_i)\sigma_{\gamma a}(E'), & E' \leqslant E_{g1}, i = N \\ P(\pi_i)R(I_i, E_i)\sigma_{n\gamma}(E'), & E' > E_{g1}, i = N \\ 0, & i < N \end{cases} \tag{6.1}$$

其中 $P(\pi_i)R(I_i, E_i)$ 是由式 (1.3)∼ 式 (1.5) 给出的自旋和宇称的归一化分布函数。对于发射 $k > 0$ 个中子的 $(n,kn\gamma)$ 反应道的伴随 γ 退激来说，$\sigma_{c_0}(E_i, I_i, \pi_i)$ 应该正比于发射第 $k > 0$ 个中子之后剩余核激发能处在 E_i 处的归一化的份额函数 $f_{kn\gamma}(E_i)$，这时 $\sigma_{c_0}(E_i, I_i, \pi_i)$ 的具体表达式为

$$\sigma_{c_0}(E_i, I_i, \pi_i) = P(\pi_i)R(I_i, E_i)\sigma_{n,kn\gamma}(E')f_{kn\gamma}(E_i)\Delta E_i \tag{6.2}$$

其中 $\sigma_{\mathrm{n},kn\gamma}(E')$ 是 $(\mathrm{n},kn\gamma)$ 反应道的产生截面，ΔE_i 是第 i 个能段的宽度。

　　分立能级序号用 $k = 1,\ 2,\ \cdots,\ K$ 表示，k 从低激发能向高激发能排序，假设总共有 K 条分立能级。设 E_k, I_k, π_k 分别为 k 能级的能量、自旋和宇称。再令

$$\Delta E_k = (E_{k+1} - E_k)/2 \tag{6.3}$$

设 σ_{k_0} 为 k_0 能级初始退激占有概率。对于不发射中子的 (n,γ) 反应来说，我们有

$$\sigma_{k_0} = \begin{cases} 0, & E' > E_K \\ \sigma_{\gamma\mathrm{a}}(E'), & E' \leqslant E_{g1},\ E_{k_0} - \Delta E_{k_0-1} \leqslant E' \leqslant E_{k_0} + \Delta E_{k_0} \\ \sigma_{\mathrm{n}\gamma}(E'), & E' > E_{g1},\ E_{k_0} - \Delta E_{k_0-1} \leqslant E' \leqslant E_{k_0} + \Delta E_{k_0} \\ 0, & E' < E_{k_0} - \Delta E_{k_0-1} \text{ 或 } E' > E_{k_0} + \Delta E_{k_0} \end{cases} \tag{6.4}$$

对于发射 $k > 0$ 个中子的 $(\mathrm{n},kn\gamma)$ 反应来说，在求解中子发射过程时可以用经典理论 (蒸发模型和激子模型)，不考虑角动量和宇称，于是可以求得发射第 $k > 0$ 个中子之后剩余核激发能处在 E 处的归一化的份额函数 $f_{kn\gamma}(E)$，其中 E 可以取 0 到 $E'_{kn\gamma}$ 的任意值。在分立能级区域，利用相邻两个能级之间距离的中点划分出每条分立能级所占据的能量区间，于是根据式 (6.3) 可以得到

$$\sigma_{k_0} = \sigma_{\mathrm{n},kn\gamma}(E') f_{kn\gamma}(E_{k_0})(\Delta E_{k_0} + \Delta E_{k_0-1}) \tag{6.5}$$

在这里我们规定 $\Delta E_0 = 0$。

　　γ 退激过程全部为由高能区向低能区的 γ 跃迁，可以包括 E_1, E_2, $\cdots$, M_1, M_2, $\cdots$ 等各种跃迁模式，在文献中可以查到各种跃迁模式下的跃迁强度函数。通常人们只考虑贡献最大的 E_1 跃迁。参考文献 [6, 60] 已给出如下的电偶极共振形式的 γ 射线 E_1 跃迁的强度函数

$$f_{E_1}(\varepsilon_\gamma) = K_{E_1} \sum_i \frac{\sigma_i \varepsilon_\gamma \Gamma_i^2}{\left(\varepsilon_\gamma^2 - E_i^2\right)^2 + \varepsilon_\gamma^2 \Gamma_i^2} \tag{6.6}$$

上式对 i 求和可以是一项或两项，即可为单峰或双峰。σ_i, Γ_i, E_i 分别为电偶极共振的光子吸收截面、共振宽度及共振位置。我们用 $G^{J\Pi}(E', I', \pi';\ E, I, \pi)$ 表示由 (E', I', π') 能态向 (E, I, π) 能态跃迁的 γ 跃迁概率，对于 E_1 跃迁便有 [6]

$$G^{J\Pi}(E', I', \pi';\ E, I, \pi) = \varepsilon_\gamma^3 f_{E_1}(\varepsilon_\gamma) \theta\left(I', \pi';\ I, \pi; J\Pi\right) \tag{6.7}$$

光子能量为 $\varepsilon_\gamma = E' - E$。设 L 是电磁跃迁角动量，E_1 跃迁的 $L = 1$。角动量守恒要求

$$\boldsymbol{I'} + \boldsymbol{L} = \boldsymbol{J}, \quad \boldsymbol{I} + \boldsymbol{L} = \boldsymbol{J} \tag{6.8}$$

宇称守恒要求

$$\pi'\pi_x = \Pi, \quad \pi\pi_x = \Pi \tag{6.9}$$

其中光子宇称为

$$\pi_x = \begin{cases} (-1)^L, & x = E \\ (-1)^{L+1}, & x = M \end{cases} \tag{6.10}$$

对于 E_1 跃迁 $\pi_x = -1$。当满足以上三式要求时 $\theta(I', \pi'; I, \pi; J\Pi) = 1$，否则 $\theta(I', \pi'; I, \pi; J\Pi) = 0$。如果末态是分立能级，便有 $E = E_k$，$I = I_k, \pi = \pi_k$。

处于连续谱区 i 能量的剩余核激发态向下总 γ 退激概率为

$$S_{\mathrm{T}}^{J\Pi}(E_i, I_i, \pi_i) = \sum_{j=1}^{i-1} \sum_{I_j \pi_j} G^{J\Pi}(E_i, I_i, \pi_i; E_j, I_j, \pi_j) + \sum_k G^{J\Pi}(E_i, I_i, \pi_i; E_k, I_k, \pi_k) \tag{6.11}$$

因而退激到连续区 j 能段的分支比为

$$\Gamma_{i \to j}^{J\Pi}(E_i, I_i, \pi_i; E_j, I_j, \pi_j) = \frac{G^{J\Pi}(E_i, I_i, \pi_i; E_j, I_j, \pi_j)}{S_{\mathrm{T}}^{J\Pi}(E_i, I_i, \pi_i)} \tag{6.12}$$

还可以求得

$$\Gamma_{i \to j}^{J\Pi}(E_i, I_i, \pi_i; E_j) = \sum_{I_j \pi_j} \Gamma_{i \to j}^{J\Pi}(E_i, I_i, \pi_i; E_j, I_j, \pi_j) \tag{6.13}$$

而退激到分立能级区的 k 能级的分支比为

$$\Gamma_{i \to k}^{J\Pi}(E_i, I_i, \pi_i) = \frac{G^{J\Pi}(E_i, I_i, \pi_i; E_k, I_k, \pi_k)}{S_{\mathrm{T}}^{J\Pi}(E_i, I_i, \pi_i)} \tag{6.14}$$

由此可以得到连续区 j 能段的 γ 退激积累为

$$\sum_{I_j \pi_j} \sigma_{\mathrm{c}}(E_j, I_j, \pi_j) = \sum_{I_j \pi_j} \sigma_{\mathrm{c}_0}(E_j, I_j, \pi_j)$$

$$+ \sum_{J\Pi} \sum_{i=j+1}^{N} \sum_{I_i \pi_i} \sigma_{\mathrm{c}}(E_i, I_i, \pi_i) \Gamma_{i \to j}^{J\Pi}(E_i, I_i, \pi_i; E_j) \tag{6.15}$$

对于分立能级，由能级纲图可以得到分立能级之间 γ 退激的分支比，记为 $S_{k_1 \to k_2}$，此退激分支比靠实验测量获得。因而退激到分立能级的第 k 个能级的 γ 退激积累为

$$\sigma_k = \sigma_{k_0} + \sum_{k'=k+1} \sigma_{k'} S_{k' \to k} + \sum_{J\Pi} \sum_{i=1}^{N} \sum_{I_i \pi_i} \sigma_{\mathrm{c}}(E_i, I_i, \pi_i) \Gamma_{i \to k}^{J\Pi}(E_i, I_i, \pi_i) \tag{6.16}$$

这里要注意的是 k' 能级中可能存在同质异能态，这时 $S_{k' \to k} = 0$。式 (6.15) 和式 (6.16) 给出了由 σ_{c_0} 和 σ_{k_0} 求解 σ_c 和 σ_k 的联立方程。由于 γ 退激必须由高能量态向低能量态跃迁，因而，自上而下解 σ_c 和 σ_k 时，只需由已知高能量 σ_c 求出下一个低能量的 σ_c，直至分立能级即可。在解出每个能量段的退激积累 σ_c 及分立能级的退激积累 σ_k 以后，便可用以下表示式得到 γ 退激能谱

$$
\begin{aligned}
\frac{\mathrm{d}\sigma_\gamma}{\mathrm{d}\varepsilon_\gamma} = \sum_{J\Pi} & \left[\sum_{i=1}^{N} \sum_{I_i \pi_i} \sum_{I_j \pi_j} \sigma_c(E_i, I_i, \pi_i) \Gamma_{i \to j}^{J\Pi}(E_i, I_i, \pi_i; E_i - \varepsilon_\gamma, I_j, \pi_j) \right. \\
& \left. + \sum_{k} \sum_{I_i \pi_i} \sigma_c(E_k + \varepsilon_\gamma, I_i, \pi_i) \Gamma_{i \to k}^{J\Pi}(E_k + \varepsilon_\gamma, I_i, \pi_i) \right] \\
& + \sum_{k} \sum_{k'=k+1} \sigma_{k'} S_{k' \to k} \delta(E_{k'} - E_k - \varepsilon_\gamma)
\end{aligned}
\tag{6.17}
$$

其中第一项为连续区内的能量为 ε_γ 的 γ 退激，第二项为从连续区到分立能级出现能量为 ε_γ 的 γ 退激，第三项为分立能级间 γ 退激产生的 γ 能量为 ε_γ 的概率值。

由上述对 γ 退激过程的描述可以看出，无论是分立能级还是连续能级都有多种途径进行 γ 退激。对 γ 发射谱积分可以得到 γ 产生截面

$$
\sigma_\gamma(E) = \int \frac{\mathrm{d}\sigma_\gamma}{\mathrm{d}\varepsilon_\gamma} \mathrm{d}\varepsilon_\gamma
\tag{6.18}
$$

其中 E 是入射粒子能量。归一化的 γ 能谱为

$$
f_0(\varepsilon_\gamma) = \frac{1}{\sigma_\gamma(E)} \frac{\mathrm{d}\sigma_\gamma}{\mathrm{d}\varepsilon_\gamma}
\tag{6.19}
$$

当属于发射粒子过程的伴随 γ 退激时，γ 产生截面与相应的反应截面 $\sigma_R(E)$ 之比称为 γ 多重数 $N_\gamma(E)$

$$
N_\gamma(E) = \frac{\sigma_\gamma(E)}{\sigma_R(E)}
\tag{6.20}
$$

由上式可以理解 γ 多重数的物理含义，它代表一个确定的粒子发射道 (可以为一次粒子发射也可以为多次粒子发射) 伴随有多少个 γ 退激光子。γ 多重数大表明 γ 退激经过的中间 γ 退激途径多，成为多个小能量 γ 射线，因而 γ 谱软化程度大。这里要对非弹性散射道进行一下讨论。由于粒子发射后 γ 退激到基态属于复合核弹性散射反应，但是它被排除于非弹性散射截面之外，因而非弹性散射道的反应截面会偏小，但是 γ 射线却属于非弹的激发态向下跃迁，因而非弹性散射道 γ 多重数相对来说会大一些。

如果在剩余核能级中存在同质异能态,一般它带有较高的角动量,该能级具有比较长的寿命,因而它的 γ 退激不能包括在瞬发 γ 退激过程中。当剩余核从高激发态退激到同质异能态之后,可以认为瞬发 γ 退激终止。这样由 γ 退激到同质异能态的 γ 退激积累概率可以得到该同质异能态的 γ 产生截面。在实验上可以测得某个反应道的同质异能态反应截面 $\sigma_{\mathrm{R}(k)}^{\mathrm{ISOM}}(E)$。同质异能态所占比例的定义为

$$R_k^{\mathrm{ISOM}}(E) = \frac{\sigma_{\mathrm{R}(k)}^{\mathrm{ISOM}}(E)}{\sigma_{\mathrm{R}}^{\mathrm{T}}(E)} \tag{6.21}$$

其中 $\sigma_{\mathrm{R}(k)}^{\mathrm{ISOM}}(E)$ 为 k 能级为同质异能态时的反应截面,$\sigma_{\mathrm{R}}^{\mathrm{T}}(E)$ 为该反应道总反应截面。当剩余核有多个同质异能态时可以有多个同质异能态所占比例值。

第 7 章　裂变瞬发中子、瞬发 γ 射线、裂变碎片独立产额

有如下时间单位关系式

$$1s = 10^3 \text{ ms} = 10^6 \text{ μs} = 10^9 \text{ ns} = 10^{12} \text{ ps} = 10^{15} \text{ fs}$$

其中 ms, μs, ns, ps, fs 分别称为毫秒，微秒，纳秒，皮秒，飞秒。裂变过程不同阶段的时间范围为 [48]：原子核裂变前的集体形变运动及裂变后的初始态形成：$10^{-21} \sim 10^{-19}$ s；瞬发中子发射：10^{-18} s；瞬发光子发射：$10^{-14} \sim 10^{-7}$ s；β 衰变：> 1 μs。在原子核的能级纲图上，有很多半寿命为 fs, ps, ns 量级的能级，可见瞬发光子发射时间要跨越多个数量级。由式 (5.37) 可知初始裂变碎片产额 $Y^{\text{ini}}(A, Z)$ 是用不同裂变碎片对的裂变截面定义的。在求截面时已经根据第一质心系中两个碎片之间相对运动动能 ϵ 的分布函数对碎片动能 ϵ 进行了积分，也就是说在初始裂变碎片产额 $Y^{\text{ini}}(A, Z)$ 中所对应的每个产物核 (A, Z) 都包含了各种碎片动能 ϵ 的贡献。式 (5.16) 已经给出 $\varepsilon = B_{\text{LH}} - \epsilon$，对于确定的入射中子能量和确定的碎片对来说 B_{LH} 是确定的，因而每个裂变碎片对的激发能 ε 也会有对应的分布。下面我们将研究初始裂变碎片激发能的分布函数。只要把归一化的初始裂变碎片激发能的分布函数与第 5 章给出的初始裂变碎片积分产额相乘，便能得到与激发能有关的初始裂变碎片的微分产额。然后从与激发能有关的裂变碎片初始微分产额出发，通过对瞬发中子和瞬发 γ 光子发射的计算，进而求得由基态核和同质异能态核所构成的裂变碎片的独立产额。

根据式 (5.16) 可知当质心系中二碎片相对运动的动能为 ϵ 时，二碎片总激发能为

$$\varepsilon = \varepsilon_{\text{L}} + \varepsilon_{\text{H}} = B_{\text{LH}} - \epsilon \tag{7.1}$$

假设轻碎片激发能 ε_{L} 和重碎片激发能 ε_{H} 之间的比值为

$$\alpha = \varepsilon_{\text{L}}/\varepsilon_{\text{H}} \tag{7.2}$$

我们对 α 选用以下取值方法

$$\alpha = (A_{\text{L}}/A_{\text{H}}) \xi \theta (\xi - 0.7) \theta (1.3 - \xi) \tag{7.3}$$

并用以下方法唯象地引入比值系数 ξ

$$\xi = d_0 + d_1 E_C + d_2 Q + d_3 Z_L Z_H + d_4 A_L + d_5 A_H$$

$$+ d_6 \left(A_L - 2Z_L\right)/A_L + d_7 \left(A_H - 2Z_H\right)/A_H \tag{7.4}$$

其中 d_i, $i = 0 \sim 7$ 为可调参数。即我们认为轻碎片激发能 ε_L 和重碎片激发能 ε_H 之间的比值正比于相应质量数的比值。由于重碎片激发能会多些，但是激发能过多地分配给某一个碎片是不合理的，因此在式 (7.3) 中乘上了一个处在 0.7~1.3 之间的系数 ξ。

由式 (7.1) 和式 (7.2) 可以求得

$$\varepsilon_L = \frac{\alpha}{1 + \alpha} \varepsilon, \quad \varepsilon_H = \frac{1}{1 + \alpha} \varepsilon \tag{7.5}$$

再利用式 (7.1) 可得

$$\varepsilon_L = \frac{\alpha}{1 + \alpha} \left(B_{LH} - \epsilon\right), \quad \varepsilon_H = \frac{1}{1 + \alpha} \left(B_{LH} - \epsilon\right) \tag{7.6}$$

$$\epsilon = B_{LH} - \frac{1 + \alpha}{\alpha} \varepsilon_L, \quad \epsilon = B_{LH} - (1 + \alpha) \varepsilon_H \tag{7.7}$$

由式 (7.6) 可知，当 $\epsilon = B_{LH}$ 时，碎片最小激发能是 $\varepsilon_L = \varepsilon_H = 0$，由式 (7.6) 又可以求得碎片 L 和 H 的最大激发能分别为

$$B_{LF} = \frac{\alpha}{1 + \alpha} B_{LH}, \quad B_{HF} = \frac{1}{1 + \alpha} B_{LH} \tag{7.8}$$

显然有 $B_{LF} + B_{HF} = B_{LH}$。动能 ϵ 的归一化分布函数 $\rho_{LH}(\epsilon)$ 已由式 (5.17) 给出。根据式 (7.7) 和式 (5.17) 可以写出轻碎片 L 和重碎片 H 的激发能的分布函数分别为

$$\rho_{LF}(\varepsilon_L) =$$

$$\frac{1}{C_{LF}} \left\{ \exp \left[-\frac{\left(B_{LH} - \frac{1 + \alpha}{\alpha} \varepsilon_L - q_1\right)^2}{2q_2^2} \right] + q_3 \exp \left[-\frac{\left(B_{LH} - \frac{1 + \alpha}{\alpha} \varepsilon_L - q_4\right)^2}{2q_5^2} \right] \right\}$$

$$\times \theta \left(B_{LF} - \varepsilon_L\right) \tag{7.9}$$

$$C_{LF} = \int_0^{B_{LF}} \left\{ \exp \left[-\frac{\left(B_{LH} - \frac{1 + \alpha}{\alpha} \varepsilon_L - q_1\right)^2}{2q_2^2} \right] \right.$$

$$+q_3 \exp\left[-\frac{\left(B_{LH} - \frac{1+\alpha}{\alpha}\varepsilon_L - q_4\right)^2}{2q_5^2}\right]\Bigg\}\, d\varepsilon_L \qquad (7.10)$$

$$\rho_{HF}(\varepsilon_H)$$

$$= \frac{1}{C_{HF}}\left\{\exp\left[-\frac{[B_{LH} - (1+\alpha)\varepsilon_H - q_1]^2}{2q_2^2}\right] + q_3 \exp\left[-\frac{[B_{LH} - (1+\alpha)\varepsilon_H - q_4]^2}{2q_5^2}\right]\right\}$$

$$\times \theta\left(B_{HF} - \varepsilon_H\right) \qquad (7.11)$$

$$C_{HF} = \int_0^{B_{HF}}\left\{\exp\left[-\frac{[B_{LH} - (1+\alpha)\varepsilon_H - q_1]^2}{2q_2^2}\right]\right.$$

$$\left. +q_3 \exp\left[-\frac{[B_{LH} - (1+\alpha)\varepsilon_H - q_4]^2}{2q_5^2}\right]\right\} d\varepsilon_H \qquad (7.12)$$

下面我们用 g = L,H 代表轻碎片或重碎片。实验数据显示裂变碎片总动能分布接近一种中等宽度的高斯分布。在式 (5.17)、式 (7.9) 和式 (7.11) 中高斯分布的半宽度是一样的。因而可以推断单个裂变碎片激发能分布也应该接近一种中等宽度的高斯分布，所以当碎片 g 的激发能很低或接近最大值时，其分布概率是很小的。又由于裂变碎片总动能一般都超过 160 MeV，因而对于低能裂变来说碎片总激发能一般不会超过几十兆电子伏。

我们对激发能为 ε_g 的初始裂变碎片 $A_g Z_g$ 进行讨论。由于绝大多数初始裂变碎片为丰中子核，对它们只需考虑瞬发中子和瞬发 γ 射线发射，不必考虑带电粒子发射。$A_g Z_g$ 核发射一个中子的分离能为

$$E_{g1} = (M_{(A_g-1)Z_g} + m_n - M_{A_g Z_g})c^2, \quad g = L,H \qquad (7.13)$$

如果初始态裂变碎片激发能 $\varepsilon_g < E_{g1}$，该初始裂变碎片只能发射瞬发 γ 射线；如果初始裂变碎片激发能 $\varepsilon_g > E_{g1}$，该初始裂变碎片可以发射瞬发中子和瞬发 γ 射线。在碎片激发能 $\varepsilon_g < E_{g1}$ 的情况下，我们认为具有激发能 ε_g 的碎片核是由于能量为 ε_g 的光子轰击基态核 $A_g Z_g$ 而变成的激发态核，该激发态核也只能通过发射 γ 射线而退激。应用光核反应理论，可以计算出能量为 ε_g 的光子轰击基态核 $A_g Z_g$ 的光子吸收截面 $\sigma_{\gamma a}(\varepsilon_g)$。我们假设，该产物核有 N 条分立能级，第 k 条能级的高度为 E_k。应用第 6 章介绍的 γ 退激理论，可以计算出激发能为 ε_g 的

$A_g Z_g$ 核 γ 退激到分立能级的生成截面 $\sigma_{0k}(\varepsilon_g)(k = 1 \sim N_0)$ 和连续能级各能点的 γ 生成截面，以及总的非归一化 γ 产生能谱 $p_g(\varepsilon_g, E_\gamma)$(就是在 ε_g 能点在无粒子发射情况下用式 (6.17) 计算的 γ 退激能谱)。参考式 (6.17) 可知，分立能级在 $p_g(\varepsilon_g, E_\gamma)$ 中将贡献 δ 型的 γ 能谱。我们定义光子产生截面为

$$\sigma_{\gamma g}(\varepsilon_g) = \int_0^{\varepsilon_g} p_g(\varepsilon_g, E_\gamma) \, dE_\gamma \tag{7.14}$$

光子产生数被定义为

$$\nu_{\gamma g}(\varepsilon_g) = \frac{\sigma_{\gamma g}(\varepsilon_g)}{\sigma_{\gamma a}(\varepsilon_g)} \tag{7.15}$$

平均光子能量为

$$\bar{E}_{\gamma g}(\varepsilon_g) = \frac{\int_0^{\varepsilon_g} E_\gamma p_g(\varepsilon_g, E_\gamma) \, dE_\gamma}{\sigma_{\gamma g}(\varepsilon_g)} \tag{7.16}$$

在现有被推荐使用的光核反应程序中均有进行上述计算的功能。对于这种只能发射光子的低能光核反应，尚需要进行大量数值计算。希望通过反复与实验数据进行比较，从而得到一套比较普适的用于计算光子吸收截面 $\sigma_{\gamma a}(\varepsilon_g)$ 以及在 γ 退激理论中所需要的理论参数。如果在这方面事先做了充分研究，这些参数在计算裂变后核数据程序中可以不作为可调参数。

前边只是对单个能点 ε_g 进行了讨论。在 $\varepsilon_g = 0 \sim E_{g1}$ 能区，有时只有分立能级，没进入连续能级区；有时分立能级和连续能级都有。在计算时需要把 $\varepsilon_g = 0 \sim E_{g1}$ 能区分成 N_1 等分，间距为 $\Delta\varepsilon_g$，分界点为 ε_{gi}。需要对上述物理量对每一个 $\varepsilon_g = \varepsilon_{gi} - \frac{1}{2}\Delta\varepsilon_g$ 能点进行计算，提供对 ε_g 积分时使用。先求不能发射瞬发中子的 $\varepsilon_g = 0 \sim E_{g1}$ 能区在激发能分布函数 $\rho_{gF}(\varepsilon_g)$ 中所占的份额

$$\delta_g = \int_0^{E_{g1}} \rho_{gF}(\varepsilon_g) d\varepsilon_g, \quad g = L, H \tag{7.17}$$

再求在该能区平均光子能谱

$$\bar{p}_{\gamma gA}(E_\gamma) = \frac{1}{\delta_g} \int_0^{E_{g1}} p_g(\varepsilon_g, E_\gamma) \rho_{gF}(\varepsilon_g) d\varepsilon_g, \quad g = L, H \tag{7.18}$$

注意，其中含有分立能级贡献。该能区平均光子数为

$$\bar{\nu}_{\gamma gA} = \frac{1}{\delta_g} \int_0^{E_{g1}} \nu_{\gamma g}(\varepsilon_g) \rho_{gF}(\varepsilon_g) d\varepsilon_g, \quad g = L, H \tag{7.19}$$

该能区平均光子能量为

$$\bar{E}_{\gamma g A} = \frac{1}{C_{\gamma g A}} \int_0^{E_{g1}} E_\gamma \bar{p}_{\gamma g A}(E_\gamma) \, \mathrm{d}E_\gamma, \quad g = \mathrm{L}, \mathrm{H} \tag{7.20}$$

$$C_{\gamma g A} = \int_0^{E_{g1}} \bar{p}_{\gamma g A}(E_\gamma) \mathrm{d}E_\gamma, \quad g = \mathrm{L}, \mathrm{H} \tag{7.21}$$

在该能区平均光子能量是比较低的。

$A_g Z_g$ 核连续发射两个中子的分离能为

$$E_{g2} = (M_{(A_g-1)Z_g} + m_{\mathrm{n}} - M_{A_g Z_g} + M_{(A_g-2)Z_g} + m_{\mathrm{n}} - M_{(A_g-1)Z_g})c^2$$

$$= \left(M_{(A_g-2)Z_g} + 2m_{\mathrm{n}} - M_{A_g Z_g} \right) c^2 \tag{7.22}$$

$A_g Z_g$ 核连续发射 k 个中子的分离能为

$$E_{gk} = \left(M_{(A_g-k)Z_g} + k m_{\mathrm{n}} - M_{A_g Z_g} \right) c^2 \tag{7.23}$$

显然有

$$E_{g0} = 0 \tag{7.24}$$

如果初始裂变碎片激发能 ε_g 满足以下关系式

$$E_{gk} < \varepsilon_g < E_{g\,k+1} \tag{7.25}$$

我们便令

$$N_g(\varepsilon_g) = k \tag{7.26}$$

这就表明激发能为 ε_g 的初始裂变碎片最多只能发射 $N_g(\varepsilon_g)$ 个中子。我们再令

$$N_{gM} = N_g(B_{gF}) \tag{7.27}$$

这里的 N_{gM} 代表当碎片激发能 ε_g 达到最大值 B_{gF} 时可发射的中子数。为了方便起见，我们定义

$$\bar{E}_{gk} = \begin{cases} E_{gk}, & k = 1, 2, \cdots, N_{gM} \\ E_{g1}, & k = 0 \end{cases} \tag{7.28}$$

在 $\varepsilon_g > E_{g1}$ 的情况下，我们可以把激发能为 ε_g 的初始态裂变碎片看成是在第一质心系中由入射能量为 $E_C(\varepsilon_g) = \varepsilon_g - E_{g1}$ 的中子与 $(A_g - 1)Z_g$ 靶核发生反应所形成的复合核。这样的复合核已经具有达到或超过发射第一个中子的激发能，但是仍然会有 (n, γ) 辐射俘获道存在。前面已提到，对于 20 MeV 以下能区的裂

变反应, ε_g 不会超过几十兆电子伏, 发射的中子数一般不会超过 10 个, 可以考虑用计算入射中子能量小于 100 MeV 只包含发射中子和 γ 射线的中重核全套核数据程序处理。在该程序中, 首先用球形光学模型计算去弹截面, 然后当计算中子发射数据时, 不考虑分立能级, 只用蒸发模型和激子模型进行计算; 当剩余核不能再发射中子而需要进行 γ 退激计算时, 引入剩余核的分立能级, 其中包括同质异能态, 并且根据式 (1.2) 把在经典理论中使用的只与能量有关的能级密度推广为与角动量和宇称也有关系的推广能级密度, 然后根据第 6 章给出的理论进行 γ 退激计算。为了普适性, 在后边给出的计算中子发射的公式中保留了分立能级, 在具体计算时很容易将其退化为只有连续能级的情况。可以计算分立能级的核反应理论有 H-F 理论和与角动量及宇称有关的激子模型 [58,6], 对于 100 MeV 以下能区多次中子发射都考虑分立能级在目前的计算条件下是无法实现的。在程序中, 对于能级密度公式可以保留一些可调参数。由于目前人们并不关心瞬发中子和瞬发 γ 射线的角分布问题, 该程序是在第一质心系中建立的, 不考虑碎片可能还在飞行, 也不考虑向实验室系的变换。但是在计算过程中, 通过对能级密度参数以及描述激子模型所占份额参数的调节, 可在一定程度上考虑瞬发中子在碎片飞行过程中发射所造成的影响。

在程序中由 Koning-Delaroche(KD) 给出的中子普适唯象光学势 [61] 以及其他 100 MeV 以下能区的 Woods-Saxon 形式的中子普适唯象光学势都可以使用。

在以第一质心系中入射能量为 $E_C = \varepsilon_g - E_{g1}$ 的中子与 $(A_g - 1)Z_g$ 靶核发生反应的计算中, 先用球形光学模型计算出中子吸收截面 σ_a, 可以不计算弹性散射数据, 只计算去弹截面 σ_{ne}, 在中子入射球形光学模型计算中 $\sigma_a = \sigma_{ne}$。在上述中重核程序中, 用统计理论把 σ_{ne} 分解为多个反应道之和, 其截面关系式为

$$\sigma_{ne} = \sigma_{n,\gamma} + \sigma_{n,n'\gamma} + \sigma_{n,2n\gamma} + \cdots + \sigma_{n,N_g n\gamma} \tag{7.29}$$

式中 $\sigma_{n,kn\gamma}$ 可分解为

$$\sigma_{n,kn\gamma} = \sum_j \sigma_{n,kn\gamma}^j + \sigma_{n,kn\gamma}^c \tag{7.30}$$

其中 $\sigma_{n,kn\gamma}^j$ 为剩余核 $(A_g - k)Z_g$ 的分立能级 j 的截面, $\sigma_{n,kn\gamma}^c$ 为相应的连续能级截面, 与 $\sigma_{n,kn\gamma}^c$ 对应的归一化出射中子能谱为 $f_{kn}^c(\varepsilon_g, E_n)$。(n, knγ) 反应道总的归一化平均出射中子能谱为

$$f_{kn}(\varepsilon_g, E_n) = \frac{1}{\sigma_{n,kn\gamma}} \left(\sum_j \sigma_{n,kn\gamma}^j \delta(E_n - E_{kn}^j) + \sigma_{n,kn\gamma}^c f_{kn}^c(\varepsilon_g, E_n) \right) \tag{7.31}$$

其中 E_{kn}^j 是剩余核 $(A_g - k)Z_g$ 分立能级 j 的高度。要求对于 (n,knγ) 反应道给出的归一化平均中子能谱 $f_{kn}(\varepsilon_g, E_n)$ 只是由这 k 个中子所贡献的: 如果被发射

的第一个中子能量比较高，剩余核已经不能再发射第二个中子了，$f_{1n}(\varepsilon_g, E_n)$ 就是描述这个中子的归一化中子能谱；如果被发射的第一个中子能量不是太高，剩余核还能再发射第二个中子，但是发射两个中子后的剩余核不能再发射第三个中子了，$f_{2n}(\varepsilon_g, E_n)$ 就是描述这两个中子的归一化平均中子能谱；如果被发射的前两个中子能量之和不是太高，剩余核还能再发射第三个中子，但是发射三个中子后的剩余核不能再发射第四个中子了，$f_{3n}(\varepsilon_g, E_n)$ 就是描述这三个中子的归一化平均中子能谱；以此类推。可见对于具有确定激发能的复合核来说，被发射的中子数越少，其能谱越硬，被发射的中子数越多，其能谱越软。这种物理要求，需要在积分上下限中合理应用中子分离能，事实上在现有的中重核中子核数据程序中均能实现上述物理要求。同时还要求参考第 6 章的理论给出对应于 (n,knγ) 反应道的总的光子能谱 $p_{kn}(\varepsilon_g, E_\gamma)$, $k = 0 \sim N_g(\varepsilon_g)$, 其中包含分立能级贡献。对于光子能谱不要求进行归一化处理，$p_{0n}(\varepsilon_g, E_\gamma)$ 对应于 (n,γ) 辐射俘获反应道，而 $p_{kn}(\varepsilon_g, E_\gamma)$, $k = 1 \sim N_g(\varepsilon_g)$, 属于伴随 γ 发射。在上述光子能谱中可以包括分立能级所贡献的 δ 型能谱。

注意，上述所有 $\sigma_{n,kn\gamma}(\varepsilon_g)$, $f_{kn}(\varepsilon_g, E_n)$, $p_{kn}(\varepsilon_g, E_\gamma)$, $k = 0 \sim N_g(\varepsilon_g)$ 均是 ε_g 的函数，其分布函数已由式 (7.9) 和式 (7.11) 给出。需要把 $\varepsilon_g = E_{g1} \sim B_{gF}$ 能区等分成 N_2 份，间距为 $\Delta\varepsilon_g$, 分界点为 ε_{gi}, B_{gF} 已由式 (7.8) 给出。上述物理量需要对每一个 $\varepsilon_g = \varepsilon_{gi} - \dfrac{1}{2}\Delta\varepsilon_g$ 能点进行计算，提供对 ε_g 积分时使用。下面再求

$$\lambda_{gk} = \frac{1 - \delta_g}{C_g} \int_{\bar{E}_{gk}}^{B_{gF}} \rho_{gF}(\varepsilon_g) \frac{\sigma_{n,kn\gamma}(\varepsilon_g)}{\sigma_{ne}(\varepsilon_g)} \, \mathrm{d}\varepsilon_g, \quad k = 0 \sim N_{gM}, \quad g = L, H \tag{7.32}$$

注意式 (7.28) 已定义 $\bar{E}_{g0} = E_{g1}$。其中归一化系数为

$$C_g = \sum_{k=0}^{N_{gM}} \int_{\bar{E}_{gk}}^{B_{gF}} \rho_{gF}(\varepsilon_g) \frac{\sigma_{n,kn\gamma}(\varepsilon_g)}{\sigma_{ne}(\varepsilon_g)} \, \mathrm{d}\varepsilon_g, \quad g = L, H \tag{7.33}$$

由以上二式和式 (7.17)、式 (7.29) 可以看出

$$\sum_{k=0}^{N_{gM}} \lambda_{gk} + \delta_g = 1, \quad g = L, H \tag{7.34}$$

由此式可以得到碎片 g 发射的平均瞬发中子数为

$$\bar{\nu}_g(A, Z) = \sum_{k=1}^{N_{gM}} k\lambda_{gk}, \quad g = L, H \tag{7.35}$$

其实碎片符号 g 的意义与 (A, Z) 是一致的。包含所有裂变碎片贡献的整个裂变反应发射的平均瞬发中子数为

$$\bar{\nu} = \sum_{AZ} Y^{\text{ini}}(A, Z) \bar{\nu}_{\text{g}}(A, Z) \tag{7.36}$$

其中 $Y^{\text{ini}}(A, Z)$ 是第 5 章给出的初始裂变碎片产额。注意，$\bar{\nu}$ 应该是 $\bar{\nu}_{\text{g}}(A, Z)$ 平均值的 2 倍。现在设立一个临时产额 $Y^{\text{tem}}(A, Z)$，并取

$$Y^{\text{tem}}(A, Z) = (\lambda_{\text{g0}} + \delta_{\text{g}}) Y^{\text{ini}}(A, Z), \quad \text{g} = \text{L,H} \tag{7.37}$$

$$Y^{\text{tem}}(A - k, Z) = \lambda_{\text{g}k} Y^{\text{ini}}(A, Z), \quad k = 1 \sim N_{\text{gM}}, \quad \text{g} = \text{L,H} \tag{7.38}$$

假设 (A, Z) 核有初始产额，而 $(A - k, Z)$ 核没有初始产额，由式 (7.38) 可以看出，在 $Y^{\text{tem}}(A - k, Z)$ 中质量数比较小的 $(A - k, Z)$ 核也可能有了产额，因而 $Y^{\text{tem}}(A, Z)$ 和 $Y^{\text{ini}}(A, Z)$ 相比其分布的核区应该向质量数减小的方向扩展一些。再建立一个与 $Y^{\text{tem}}(A, Z)$ 所包含的裂变碎片完全对应的裂变独立产额 $Y^{\text{Ind}}(A, Z)$，首先令 $Y^{\text{Ind}}(A, Z)$ 的所有产额数值均为 0。然后，把由式 (7.37) 和式 (7.38) 计算的 $Y^{\text{tem}}(A, Z)$ 根据其 (A, Z) 值加到在独立产额 $Y^{\text{Ind}}(A, Z)$ 中具有同样 (A, Z) 核的产额上。当对所有轻重碎片都做完上述计算后，并把所得到的 $Y^{\text{tem}}(A, Z)$ 都加进了 $Y^{\text{Ind}}(A, Z)$，最后所得到的 $Y^{\text{Ind}}(A, Z)$ 便是 β⁻ 衰变前裂变碎片的独立产额了，而且 $Y^{\text{Ind}}(A, Z)$ 应该满足归一化条件

$$\sum_{AZ} Y^{\text{Ind}}(A, Z) = 2 \tag{7.39}$$

对于归一化中子能谱 $f_{k\text{n}}(\varepsilon_{\text{g}}, E_{\text{n}})$ 我们可以求得

$$\bar{f}_{k\text{ng}}(E_{\text{n}}) = \frac{1}{D_{k\text{ng}}} \int_{E_{\text{g}k}}^{B_{\text{gF}}} \rho_{\text{gF}}(\varepsilon_{\text{g}}) f_{k\text{n}}(\varepsilon_{\text{g}}, E_{\text{n}}) \, \mathrm{d}\varepsilon_{\text{g}}, \quad k = 1 \sim N_{\text{gM}}, \quad \text{g} = \text{L,H} \tag{7.40}$$

其中

$$D_{k\text{ng}} = \int_0^{B_{\text{gF}} - E_{\text{g}k}} \mathrm{d}E_{\text{n}} \int_{E_{\text{g}k}}^{B_{\text{gF}}} \rho_{\text{gF}}(\varepsilon_{\text{g}}) f_{k\text{n}}(\varepsilon_{\text{g}}, E_{\text{n}}) \, \mathrm{d}\varepsilon_{\text{g}}, \quad k = 1 \sim N_{\text{gM}}, \quad \text{g} = \text{L,H} \tag{7.41}$$

这样，$\bar{f}_{k\text{ng}}(E_{\text{n}})$ 仍是归一化能谱。裂变碎片 g 的总的归一化平均中子能谱为

$$\bar{f}_{\text{ng}}(A, Z, E_{\text{n}}) = \left(\sum_{k=1}^{N_{\text{gM}}} k \, \bar{f}_{k\text{ng}}(E_{\text{n}}) \right) \bigg/ \sum_{k=1}^{N_{\text{gM}}} k, \quad \text{g} = \text{L,H} \tag{7.42}$$

裂变碎片 g 的总的平均瞬发中子能量为

$$\bar{E}_{ng}(A, Z) = \int_0^{B_{gF}-E_{g1}} E_n \bar{f}_{ng}(A, Z, E_n)\, dE_n, \quad g = L, H \tag{7.43}$$

包含所有裂变碎片贡献的整个裂变反应发射的瞬发中子归一化平均能谱为

$$\bar{F}_n(E_n) = \frac{1}{2} \sum_{AZ} Y^{\mathrm{ini}}(A, Z) \bar{f}_{ng}(A, Z, E_n) \tag{7.44}$$

整个裂变反应发射的瞬发中子的平均能量为

$$\bar{E}_n = \int_0^{E_{\max}} E_n \bar{F}_n(E_n)\, dE_n \tag{7.45}$$

其中

$$E_{\max} = \max\left\{ (B_{gF} - E_{g1}), \quad \text{对于所有裂变碎片} g \right\} \tag{7.46}$$

对于 (n,$kn\gamma$) 反应道我们定义伴随 γ 产生截面为

$$\sigma_{\gamma gk}(\varepsilon_g) = \int_0^{\varepsilon_g - E_{gk}} p_{kn}(\varepsilon_g, E_\gamma)\, dE_\gamma, \quad k = 0 \sim N_g(\varepsilon_g), \quad g = L, H \tag{7.47}$$

其中 $p_{kn}(\varepsilon_g, E_\gamma)$ 是对应于 (n,$kn\gamma$) 反应道的总的光子能谱。注意式 (7.24) 已给出 $E_{g0} = 0$。相应的光子产生数被定义为

$$\nu_{\gamma gk}(\varepsilon_g) = \frac{\sigma_{\gamma gk}(\varepsilon_g)}{\sigma_{n, kn\gamma}(\varepsilon_g)}, \quad k = 0 \sim N_g(\varepsilon_g), \quad g = L, H \tag{7.48}$$

平均光子能量为

$$\bar{E}_{\gamma gk}(\varepsilon_g) = \frac{1}{\sigma_{\gamma gk}(\varepsilon_g)} \int_0^{\varepsilon_g - E_{gk}} E_\gamma p_{kn}(\varepsilon_g, E_\gamma)\, dE_\gamma, \quad k = 0 \sim N_g(\varepsilon_g), \quad g = L, H \tag{7.49}$$

根据式 (7.17)，再考虑到 $\rho_{gF}(\varepsilon_g)$ 是归一化的，可以发射瞬发中子的 $\varepsilon_g = E_{g1} \sim B_{gF}$ 能区在激发能分布函数 $\rho_{gF}(\varepsilon_g)$ 中所占份额为

$$1 - \delta_g = \int_{E_{g1}}^{B_{gF}} \rho_{gF}(\varepsilon_g) d\varepsilon_g, \quad g = L, H \tag{7.50}$$

该能区总的平均光子能谱为

$$\bar{p}_{\gamma gB}(E_\gamma) = \frac{1}{1 - \delta_g} \sum_{k=0}^{N_{gM}} \int_{\bar{E}_{gk}}^{B_{gF}} p_{kn}(\varepsilon_g, E_\gamma) \rho_{gF}(\varepsilon_g) d\varepsilon_g, \quad g = L, H \tag{7.51}$$

注意式 (7.28) 已给出 $\bar{E}_{g0} = E_{g1}$。该能区总的平均光子数为

$$\bar{\nu}_{\gamma gB} = \frac{1}{1 - \delta_g} \sum_{k=0}^{N_{gM}} \int_{\bar{E}_{gk}}^{B_{gF}} \nu_{\gamma gk}\left(\varepsilon_g\right) \rho_{gF}(\varepsilon_g) \mathrm{d}\varepsilon_g, \quad g = \mathrm{L,H} \tag{7.52}$$

该能区总的平均光子能量为

$$\bar{E}_{\gamma gB} = \frac{1}{C_{\gamma gB}} \int_0^{B_{gF}} E_\gamma \bar{p}_{\gamma gB}\left(E_\gamma\right) \mathrm{d}E_\gamma, \quad g = \mathrm{L,H} \tag{7.53}$$

$$C_{\gamma gB} = \int_0^{B_{gF}} \bar{p}_{\gamma gB}\left(E_\gamma\right)\mathrm{d}E_\gamma, \quad g = \mathrm{L,H} \tag{7.54}$$

再根据式 (7.18) 和式 (7.51) 可以求得全能区总的平均光子能谱为

$$\begin{aligned}
\bar{p}_{\gamma g}\left(A, Z, E_\gamma\right) &= \delta_g \bar{p}_{\gamma gA}\left(E_\gamma\right) + \left(1 - \delta_g\right) \bar{p}_{\gamma gB}\left(E_\gamma\right) \\
&= \int_0^{E_{g1}} p_g\left(\varepsilon_g, E_\gamma\right) \rho_{gF}(\varepsilon_g) \mathrm{d}\varepsilon_g \\
&\quad + \sum_{k=0}^{N_{gM}} \int_{\bar{E}_{gk}}^{B_{gF}} p_{kn}\left(\varepsilon_g, E_\gamma\right) \rho_{gF}(\varepsilon_g) \mathrm{d}\varepsilon_g, \quad g = \mathrm{L,H}
\end{aligned} \tag{7.55}$$

全能区总的平均光子数为

$$\begin{aligned}
\bar{\nu}_{\gamma g}\left(A, Z\right) &= \delta_g \bar{\nu}_{\gamma gA} + \left(1 - \delta_g\right) \bar{\nu}_{\gamma gB} \\
&= \int_0^{E_{g1}} \nu_{\gamma g}\left(\varepsilon_g\right) \rho_{gF}(\varepsilon_g) \mathrm{d}\varepsilon_g \\
&\quad + \sum_{k=0}^{N_{gM}} \int_{\bar{E}_{gk}}^{B_{gF}} \nu_{\gamma gk}\left(\varepsilon_g\right) \rho_{gF}(\varepsilon_g) \mathrm{d}\varepsilon_g, \quad g = \mathrm{L,H}
\end{aligned} \tag{7.56}$$

全能区总的平均光子能量为

$$\bar{E}_{\gamma g}\left(A, Z\right) = \frac{1}{C_{\gamma g}} \int_0^{B_{gF}} E_\gamma \bar{p}_{\gamma g}\left(A, Z, E_\gamma\right) \mathrm{d}E_\gamma, \quad g = \mathrm{L,H} \tag{7.57}$$

$$C_{\gamma g} = \int_0^{B_{gF}} \bar{p}_{\gamma g}\left(A, Z, E_\gamma\right)\mathrm{d}E_\gamma, \quad g = \mathrm{L,H} \tag{7.58}$$

包含所有裂变碎片贡献的整个裂变反应的平均瞬发光子能谱为

$$\bar{p}_\gamma\left(E_\gamma\right) = \frac{1}{2} \sum_{AZ} Y^{\mathrm{ini}}(A, Z) \bar{p}_{\gamma g}\left(A, Z, E_\gamma\right) \tag{7.59}$$

包含所有裂变碎片贡献的整个裂变反应的平均瞬发光子数为

$$\bar{\nu}_{\gamma} = \frac{1}{2} \sum_{AZ} Y^{\mathrm{ini}}(A, Z)\, \bar{\nu}_{\gamma \mathrm{g}}\,(A, Z) \tag{7.60}$$

包含所有裂变碎片贡献的整个裂变反应的平均瞬发光子能量为

$$\bar{E}_{\gamma} = \frac{1}{C_{\gamma}} \int_{0}^{E_{\gamma\,\mathrm{max}}} E_{\gamma} \bar{p}_{\gamma}\,(E_{\gamma})\, \mathrm{d}E_{\gamma} \tag{7.61}$$

$$C_{\gamma} = \int_{0}^{E_{\gamma\,\mathrm{max}}} \bar{p}_{\gamma}\,(E_{\gamma}) \mathrm{d}E_{\gamma} \tag{7.62}$$

其中

$$E_{\gamma\,\mathrm{max}} = \max \left\{ B_{\mathrm{gF}}\,,\ \text{对于所有裂变碎片 g} \right\} \tag{7.63}$$

其实，所计算的光子数多少和光子能谱软硬是与在连续能级离散化时所分能段 (bin) 的大小有一定关系的，只有在离散化时取了足够密的光子能谱才会使计算结果比较稳定。

注意，在本章公式中分立能级所对应的能谱是 δ 型能谱，为了与实验数据进行比较可以进行技术性地展宽处理。

前面是在不考虑同质异能态的情况下进行的讨论。假如某个产物核有同质异能态，在计算中子发射时，同质异能态没有特别作用，不影响计算结果，只有当剩余核的激发能不可能再发射中子时研究 γ 退激过程中它才有影响。如果没有同质异能态，只能通过 γ 退激最终到达基态；如果有了同质异能态，它的半衰期比较长，在研究瞬发 γ 射线发射过程中不考虑同质异能态的衰变，认为 γ 退激到同质异能态就停止衰变了。所以同质异能态的影响相当于本来都应该退激到基态的成分被同质异能态分走了一部分。这就是第 6 章所说的同质异能态所占比例。另外，由于有了同质异能态，伴随中子发射的 γ 能谱也会发生变化。原则上应该把半衰期大于 1 μs，而且 β⁻ 衰变分支比不等于 0 的所有同质异能态都保留下来，把它们变成裂变独立产物核的成员，在研究裂变产物的 β⁻ 衰变时再考虑它们。但是，这样做在独立产物核中要包含较多的同质异能态，处理起来很麻烦。现在，一般认为实验上能明确确认衰变模式，其半衰期大于 1 ms 的激发态为同质异能态。即只保留半衰期比较长的那些同质异能态，这样一来，除去个别核素外一个核素最多只有两个同质异能态。这样做就忽略了某些短寿命同质异能态对 β⁻ 衰变的贡献，其好处是独立产物核的成员会明显减少。在考虑同质异能态的情况下，在产额 $Y^{\mathrm{tem}}(A, Z)$ 和 $Y^{\mathrm{Ind}}(A, Z)$ 中要为所有被保留的同质异能态核安排位置。因此，我们将其改成 $Y^{\mathrm{tem}}(A, Z, \ell)$ 和 $Y^{\mathrm{Ind}}(A, Z, \ell)$，其中 $\ell = 0$ 代表基态，$\ell = 1$ 代表

第一个同质异能态 (可用符号 m 表示)，$\ell = 2$ 代表第二个同质异能态 (可用符号 n 表示)。裂变碎片独立产额应满足以下归一化条件

$$\sum_{AZ\ell} Y^{\text{Ind}}(A, Z, \ell) = 2 \tag{7.64}$$

对于裂变核刚越过断点时碎片从大变形核向接近球形核演化过程中所发射的能量比较高的非统计中子和光子的贡献，可以用经验公式形式给予弥补。

第 8 章 裂变碎片累计产额，衰变热和最终质量分布

第 7 章介绍了从裂变碎片初始产额 $Y^{\text{ini}}(A, Z)$ 求独立产额 $Y^{\text{Ind}}(A, Z, \ell)$ 的理论方法，本章将研究裂变产物核的 β 衰变及裂变碎片的累计产额。附录 A 的表 A.1 是由黄小龙等 [54] 研制的 "裂变产物核衰变链" 表，在表中给出了比较齐全的最新的产物核衰变数据。他们的论文说："根据核科学参考文献库，对半衰期、缓发中子发射概率等进行了更新评价，采用系统学研究和理论研究相结合的评价方法对裂变产物中不确定的基态进行了自旋指定，对部分存在问题的数据进行了必要修正；对衰变子核存在同质异能态的放射性核素，根据衰变纲图和内转换系数重新计算得到退激至子核同质异能态和基态的分支比数据。在此基础上，结合现有核结构和衰变数据库，研制了裂变产物衰变链设计专用衰变数据库，按照衰变规律，建立了裂变产物衰变路径和衰变信息的完整衰变链，本工作为裂变产物分析和裂变产额研究提供了一个便利参考。" 该表由链质量数 $A = 66 \sim 172$ 的 107 个分图表构成，均在附录 A 的表 A.1 中给出。链上所有原子核都是在实验上已经观测到的，实验测量截止时间是 2021 年 12 月。其中共包含基态产物核 1197 个。在 $A = 66 \sim 172$ 核区，除去 $^{129}_{49}\text{In}$ 以外，每个核素最多只有 2 个半衰期大于 1 ms 的同质异能态，这些同质异能态在表 A.1 中都被列出来了。而 $^{129}_{49}\text{In}$ 有 3 个半衰期大于 1 ms 的同质异能态，其中半衰期是 110 ms 能级高度是 1.94 MeV 的同质异能态在三个同质异能态中它的半衰期最短，能级高度最高，而且它只有通过 γ 射线退激发到低激发态的 IT (isomeric transition) 衰变模式，Z 和 N 都不改变。为了使产物核的衰变链图不过于繁杂，在表 A.1 中忽略掉了这个同质异能态，即对于 $^{129}_{49}\text{In}$ 也只选用了激发能低的 2 个同质异能态。因而在本表中对于每个核素最多只保留了 2 个同质异能态，第一个同质异能态用符号 m 表示，第二个同质异能态用符号 n 表示，在本表中共包含 354 个属于同质异能态的产物核。

多数裂变产物核属于丰中子核，它们会发生 β⁻ 衰变，在裂变产物核衰变链中从左向右衰变。但是在钚元素的裂变产物中发现了少量 ε+β⁺ 衰变模式的缺中子产物核，在衰变链中它们会从右向左衰变。目前在每个衰变链中一般只考虑 2 个或 3 个 ε+β⁺ 衰变的产物核，符号 ε 代表原子核俘获了自己的轨道电子。用能量表示的电子静止质量是 $E_{e0} = m_e c^2 = 0.511$ MeV，c 为光速。质量偏大的

$(A, Z+1)$ 核与质量偏小的 (A, Z) 核用能量表示的质量差为

$$Q = [M(A, Z + 1) - M(A, Z)] c^2 \tag{8.1}$$

如果该 Q 值大于 2 个电子的静止质量 $2E_{e0} = 1.022$ MeV，该 1.022 MeV 能量有可能演化成正负电子对，然后 β^- 电子被 $(A, Z+1)$ 核俘获转化成 (A, Z) 核，而 β^+ 电子被释放出来，即发生了 β^+ 衰变。我们知道中微子是一种不带电荷的静止质量非常微小的轻基本粒子，β^- 衰变和 β^+ 衰变分别会有不同种类的中微子伴随发射。因而 β^+ 电子动能、伴随中微子能量和 (A, Z) 核激发能之和为 $Q - 2E_{e0}$。在表 A.1 中也给出了两个稳定核之间的 $2\beta^-$ 衰变或 $2\beta^+$ 衰变，它们对裂变产物核衰变的影响可以忽略不计。稳定核和具有特长寿命的原子核 α 衰变的影响也非常小，但是对于半衰期不是很长而且 α 衰变的分支比不是很小的缺中子产物核来说，应该考虑 α 衰变的影响。当能量条件满足时，裂变产物核也可通过 β^-n 衰变模式伴随发射一个缓发中子。能够发射缓发中子的先驱核是丰中子核，它们可以处在基态，也可以处在同质异能态。发射缓发中子后的子核就进入了其质量数减1 的衰变链，这种子核可以处在基态，也可以处在同质异能态。有的产物核还可以通过 β^-2n 衰变模式发射两个缓发中子，这时其子核进入了质量数减 2 的衰变链。在表 A.1 中给出的衰变链上的缓发中子数据都是实验测量值，在这里认为理论预言存在但实验尚未观测到的缓发中子不存在。

在衰变链图表中对每个产物核均给出了半衰期、衰变途径及相应的用百分数表示的分支比。在一个质量链中至少包含一个稳定核，有的质量链会有两个稳定核，而 A=96，124，130，136 的衰变链各有 3 个稳定核，在表中稳定核的化学元素名称均用黑体标出。在表中所用的时间单位是：毫秒 (ms)，秒 (s)，分 (m)，小时 (h)，天 (d)，年 (y)，在衰变链表中没有用 "月" 这个时间单位。

表 A.1 汇集了实验上能观测到的所有裂变产物核，有的产物核是在裂变反应的产物中发现的，也有些放射性核是通过重离子核反应观测到的。可见随着实验技术的发展一些半衰期非常短的远离 β 稳定线的产物核也被测量到了，当然还会有一些产额极低的产物核未被测量到，但是它们的影响已经不大了。对于某个具体裂变核，可能只产生表中的一部分产物核，而表中的另一部分产物核不会产生。我们知道，裂变初始产物核的激发能有一个分布区间，初始产物核会通过发射瞬发中子和瞬发 γ 射线而转化成 β 衰变前的独立产物核，独立产物核可以处在基态也可以处在同质异能态。如果初始产物核只通过发射瞬发 γ 射线而转化成独立产物核，这时初始产物核和独立产物核属于同一原子核。有些产物核在初始产物核中并不存在，但是通过发射瞬发中子后在独立产物中却产生了，因而可以说独立产物核应该基本上包含所有初始产物核，而且还可能包含一些在初始产物核中没有的新产物核。

　　在进行预言缓发中子发射和裂变碎片衰变热的计算时需要用到同质异能态的能级高度。在附录 A 的表 A.2 中给出了在表 A.1 中出现的所有同质异能态的能级高度。其中，Nis 代表质量链 A 中共有几个同质异能态，紧接着给出 Nis 个数组，每个数组包含三个数字：第一个是整数，代表该同质异能态的电荷数；第二个也是整数，代表是第一个还是第二个同质异能态；第三个是实数，代表该同质异能态的能级高度，单位是 MeV。

　　在表 A.1 中已经给出基态和同质异能态的半衰期，因图上半衰期的字体较小，为了便于读者查阅半衰期的数值，我们将再以表格形式给出基态和同质异能态的半衰期。在附录 A 的表 A.3 中给出了在表 A.1 中出现的基态核的半衰期，其中 $Z1$ 和 $Z2$ 分别代表质量链 A 中第一核和最后一个核的电荷数，然后从 $Z1$ 到 $Z2$ 相继给出 $Z2 - Z1 + 1$ 个基态核的半衰期。

　　在附录 A 的表 A.4 中再次给出了在表 A.1 中出现的同质异能态核的半衰期。其中，Nis 代表质量链 A 中共有几个同质异能态，紧接着给出 Nis 个三维数组：在数组中，第一个是整数，代表该同质异能态核的电荷数；第二个也是整数，代表是第一个还是第二个同质异能态；第三个给出的是该同质异能态核的半衰期。关于产物核的衰变途径及其分支比在表 A.1 的插图中字体比较大，可供直接读取。

　　裂变碎片初始产额 $Y^{\text{ini}}(A, Z)$ 所对应的原子核就是进行计算时将要选择的初始裂变碎片。在确定初始裂变碎片的范围时可参考表 A.1 和待计算的裂变核的相关实验数据。

　　如果裂变前复合核的质量数 A 是奇数，在裂变产物核表中，上半部的轻碎片和下半部的重碎片可以截然分开。如果裂变前复合核质量数 A 是偶数，电荷数 Z 是奇数，在 $A/2$ 产物链中，按电荷数从小到大排列，左边是轻碎片，右边是重碎片，没有重叠。如果裂变前复合核质量数 A 是偶数，电荷数 Z 也是偶数，在 $A/2$ 产物链中，轻碎片 $A/2, Z/2$ 和重碎片 $A/2, Z/2$ 相重叠，在初始产额中二者相等，可以把它们相加后放在同一个位置 $A/2, Z/2$。但是在计算从初始产额向独立产额演化时，我们必须要把其中一半看作轻碎片，另一半看作重碎片，因为轻碎片和重碎片的演化结果是有差别的。当已经演化成独立产物核以后，对于 $A/2, Z/2$ 碎片就不用再区分轻碎片和重碎片了。

　　本书把独立产物核素和累计产物核素都限制在表 A.1 的范围之内。独立产额的总电荷分布和相应的每个质量链的电荷分布都有明确意义，而开始进行 β^- 衰变后裂变产物的电荷分布就会发生剧烈变化。

　　我们把独立产额 $Y^{\text{Ind}}(A, Z, \ell)$ 定义为裂变后时间 $t = 0$ 的累计产额 $Y_{AZ\ell}^{\text{cum}}(0)$，其中 $AZ\ell$ 可以对应于表 A.1 中的所有产物核，包括基态和同质异能态核。下边先研究 $\ell = 0$ 的基态核之间的 β^- 衰变。每个丰中子产物核都有 β^- 衰变半衰期 (稳定核的半衰期近似认为是 ∞)，$AZ0$ 核发生 β^- 衰变后，其剩余核 $A(Z+1)0$

的激发能为

$$E^* = \left(M_{AZ0} - M_{A(Z+1)0} - m_{\mathrm{e}}\right) c^2 - \varepsilon_{\mathrm{e}} \tag{8.2}$$

其中 m_{e} 代表电子质量。我们知道 β^- 衰变一定会有中微子伴随发射，中微子会带走一定能量。在这里我们用 ε_{e} 代表 β^- 电子动能与中微子能量之和，因而 ε_{e} 不能严格为 0，以后把 ε_{e} 简称为电子动能。$A(Z+1)0$ 核发射中子的分离能为

$$B_{\mathrm{n}} = \left(M_{(A-1)(Z+1)0} + m_{\mathrm{n}} - M_{A(Z+1)0}\right) c^2 \tag{8.3}$$

根据式 (8.2) 和 (8.3)，如果 $E^* < B_{\mathrm{n}}$，$A(Z+1)0$ 核便不能发射中子，其激发态只能通过发射 γ 射线使 $A(Z+1)0$ 核退激到基态。如果 $E^* > B_{\mathrm{n}}$，β^- 衰变后形成的 $A(Z+1)0$ 核便瞬时发射一个中子，这类中子称为缓发中子，而裂变碎片 $AZ0$ 便是该缓发中子的先驱核，先驱核的半衰期就是缓发中子的半衰期。$A(Z+1)0$ 核发射一个缓发中子后变成了 $(A-1)(Z+1)0$ 核，也就是衰变到了质量数减少了 1 的质量链。$A(Z+1)0$ 核发射一个中子后留在 $(A-1)(Z+1)0$ 核中的剩余激发能可以通过发射 γ 射线退激到基态。实验数据表明，在裂变中子当中缓发中子只占大约 1%，也就是说大约发生 40~50 次裂变才会发射一个缓发中子，当然不同裂变核发射的缓发中子数会有所不同，但是都远小于瞬发中子数，因而可以说缓发中子对裂变产物核累计产额的影响很小，但是缓发中子对于反应堆控制却非常重要。在忽略缓发中子影响的情况下，丰中子产物核在同一质量链内向右侧原子核衰变。现在我们研究在上述近似情况下如何从 $Y_{AZ0}^{\mathrm{cum}}(0)$ 出发计算出裂变后任何时间 t 的 $Y_{AZ0}^{\mathrm{cum}}(t)$。我们知道，在独立产物核中包含很多丰中子核，它们是短寿命核，在质量链中它们一般都处在具有低电荷数的右端，因而随着裂变后时间 t 的增长，它们的产额数值会变得非常微小，这时就认为这些丰中子短寿命核已经消失了。我们把裂变后时间 t 分成很多时间点

$$t : t_0 = 0,\ t_1,\ t_2,\ \cdots,\ t_k,\cdots,\quad \Delta t_k = t_{k+1} - t_k \tag{8.4}$$

其中 Δt_k 不是等长的，我们规定 Δt_k 小于或等于在时间 t 时尚存在的其半衰期 $T_{AZ\ell}$ 最短的产物核的半衰期的十分之一。从关系式

$$\mathrm{e}^{-\lambda_{AZ\ell} T_{AZ\ell}} = \frac{1}{2} \tag{8.5}$$

可以求得

$$\lambda_{AZ\ell} = \frac{\ln 2}{T_{AZ\ell}} \tag{8.6}$$

如果 t_{k-1} 时刻的 $Y_{AZ0}^{\mathrm{cum}}(t_{k-1})$ 是已知的，可用以下公式求 t_k 时刻的 $Y_{AZ0}^{\mathrm{cum}}(t_k)$

$$Y_{AZ0}^{\mathrm{cum}}(t_k) = Y_{AZ0}^{\mathrm{cum}}(t_{k-1})\, \mathrm{e}^{-\lambda_{AZ0}\Delta t_{k-1}} + Y_{A(Z-1)0}^{\mathrm{cum}}(t_{k-1}) \left(1 - \mathrm{e}^{-\lambda_{A(Z-1)0}\Delta t_{k-1}}\right) \tag{8.7}$$

其中第一项代表 $AZ0$ 核在时间间隔 Δt_{k-1} 内由于衰变还剩余多少，第二项代表从本质量链中电荷数比它小 1 的 $A(Z-1)0$ 核在时间间隔 Δt_{k-1} 内衰变到本原子核有多少。该计算公式只有把 Δt_k 取得远小于原子核的半衰期时才成立。为了提高计算精度，可以把式 (8.7) 改写成

$$
\begin{aligned}
Y_{AZ0}^{\mathrm{cum}}(t_k) = {}& Y_{AZ0}^{\mathrm{cum}}(t_{k-1})\,\mathrm{e}^{-\lambda_{AZ0}\Delta t_{k-1}} + Y_{A(Z-1)0}^{\mathrm{cum}}(t_{k-1})\left(1-\mathrm{e}^{-\lambda_{A(Z-1)0}\Delta t_{k-1}}\right) \\
& + Y_{A(Z-2)0}^{\mathrm{cum}}(t_{k-1})\left(1-\mathrm{e}^{-\lambda_{A(Z-2)0}\frac{\Delta t_{k-1}}{2}}\right)\left(1-\mathrm{e}^{-\lambda_{A(Z-1)0}\frac{\Delta t_{k-1}}{2}}\right)
\end{aligned}\tag{8.8}
$$

上式第三项代表从 $A(Z-2)0$ 核通过 $A(Z-1)0$ 核向 $AZ0$ 核 β^- 衰变的贡献，当 Δt_{k-1} 取得足够小时，这项可以忽略，式 (8.8) 自动退化成式 (8.7)。

在 t_k 时刻和 Δt_k 时间段内，$AZ0$ 核向 $A(Z+1)0$ 核发生 β^- 衰变所释放的衰变热为

$$
E_{AZ0}^{\mathrm{dec}}(t_k) = Y_{AZ0}^{\mathrm{cum}}(t_k)\left(1-\mathrm{e}^{-\lambda_{AZ0}\Delta t_k}\right)\left(M_{AZ0}-M_{A(Z+1)0}-m_{\mathrm{e}}\right)c^2\Delta t_k \tag{8.9}
$$

$E_{AZ0}^{\mathrm{dec}}(t_k)$ 的量纲是 $\mathrm{MeV}\cdot\mathrm{s}$。

假设在表 A.1 中 AZ 核素有基态核 $AZ0$ 和一个同质异能态核 $AZ1$，而左边的 $A(Z-1)$ 核素和右边的 $A(Z+1)$ 核素都没有同质异能态核。从 $A(Z-1)0$ 核进行 β^- 衰变，到 $AZ0$ 核和 $AZ1$ 核的分支比分别为 $b_{AZ0\beta}$ 和 $b_{AZ1\beta}$，满足 $b_{AZ0\beta}+b_{AZ1\beta}=1$；$AZ1$ 核发生 IT 退激和 β^- 衰变的分支比分别为 $b_{AZ0\mathrm{IT}}$ 和 $b_{A(Z+1)0\beta}$，满足 $b_{AZ0\mathrm{IT}}+b_{A(Z+1)0\beta}=1$，$AZ1$ 核所处的能级高度为 E_{AZ1}。参考式 (8.7) 可以写出计算 $AZ1$ 核累计产额的方程为

$$
Y_{AZ1}^{\mathrm{cum}}(t_k) = Y_{AZ1}^{\mathrm{cum}}(t_{k-1})\,\mathrm{e}^{-\lambda_{AZ1}\Delta t_{k-1}} + Y_{A(Z-1)0}^{\mathrm{cum}}(t_{k-1})\,b_{AZ1\beta}\left(1-\mathrm{e}^{-\lambda_{A(Z-1)0}\Delta t_{k-1}}\right) \tag{8.10}
$$

计算 $AZ0$ 核累计产额的方程为

$$
\begin{aligned}
Y_{AZ0}^{\mathrm{cum}}(t_k) = {}& Y_{AZ0}^{\mathrm{cum}}(t_{k-1})\,\mathrm{e}^{-\lambda_{AZ0}\Delta t_{k-1}} + Y_{A(Z-1)0}^{\mathrm{cum}}(t_{k-1})\,b_{AZ0\beta}\left(1-\mathrm{e}^{-\lambda_{A(Z-1)0}\Delta t_{k-1}}\right) \\
& + Y_{AZ1}^{\mathrm{cum}}(t_{k-1})\,b_{AZ0\mathrm{IT}}\left(1-\mathrm{e}^{-\lambda_{AZ1}\Delta t_{k-1}}\right)
\end{aligned}\tag{8.11}
$$

计算 $A(Z+1)0$ 核累计产额的方程为

$$
\begin{aligned}
Y_{A(Z+1)0}^{\mathrm{cum}}(t_k) = {}& Y_{A(Z+1)0}^{\mathrm{cum}}(t_{k-1})\,\mathrm{e}^{-\lambda_{A(Z+1)0}\Delta t_{k-1}} + Y_{AZ0}^{\mathrm{cum}}(t_{k-1})\left(1-\mathrm{e}^{-\lambda_{AZ0}\Delta t_{k-1}}\right) \\
& + Y_{AZ1}^{\mathrm{cum}}(t_{k-1})\,b_{A(Z+1)0\beta}\left(1-\mathrm{e}^{-\lambda_{AZ1}\Delta t_{k-1}}\right)
\end{aligned}\tag{8.12}
$$

参考式 (8.9) 可以写出计算 $A(Z-1)0$ 核衰变热的方程为

$$
E_{A(Z-1)0}^{\mathrm{dec}}(t_k) = Y_{A(Z-1)0}^{\mathrm{cum}}(t_k)\left(1-\mathrm{e}^{-\lambda_{A(Z-1)0}\Delta t_k}\right)\left\{b_{AZ0\beta}\left(M_{A(Z-1)0}-M_{AZ0}-m_{\mathrm{e}}\right)c^2\right.
$$

$$+ b_{AZ1\beta} \left[\left(M_{A(Z-1)0} - M_{AZ0} - m_{\mathrm{e}} \right) c^2 - E_{AZ1} \right] \right\} \Delta t_k \tag{8.13}$$

参考式 (8.13) 可以写出计算 $AZ1$ 核衰变热的方程为

$$E_{AZ1}^{\mathrm{dec}}(t_k) = Y_{AZ1}^{\mathrm{cum}}(t_k) \left(1 - \mathrm{e}^{-\lambda_{AZ1}\Delta t_k} \right) \left\{ b_{AZ0\mathrm{IT}} \, E_{AZ1} \right.$$
$$\left. + b_{A(Z+1)0\beta} \left[\left(M_{AZ0} - M_{A(Z+1)0} - m_{\mathrm{e}} \right) c^2 + E_{AZ1} \right] \right\} \Delta t_k \tag{8.14}$$

仍然可以用式 (8.9) 计算 $AZ0$ 核衰变热。

假设经过 $\beta^{-}\mathrm{n}$ 衰变过程发射缓发中子的先驱核 $A(Z-1)0$ 在 t_{k-1} 时刻的累积产额 $Y_{A(Z-1)0}^{\mathrm{cum}}(t_{k-1})$ 是已知的，并用 $b_{A(Z-1)0}$ 代表 $A(Z-1)0$ 核的 $\beta^{-}\mathrm{n}$ 衰变的分支比，在不考虑同质异能态的情况下，计算 $AZ0$ 核和 $(A-1)Z0$ 核累计产额的方程分别为

$$Y_{AZ0}^{\mathrm{cum}}(t_k) = Y_{AZ0}^{\mathrm{cum}}(t_{k-1}) \, \mathrm{e}^{-\lambda_{AZ0}\Delta t_{k-1}}$$
$$+ Y_{A(Z-1)0}^{\mathrm{cum}}(t_{k-1}) \left(1 - \mathrm{e}^{-\lambda_{A(Z-1)0}\Delta t_{k-1}} \right) \left(1 - b_{A(Z-1)0} \right) \tag{8.15}$$

$$Y_{(A-1)Z0}^{\mathrm{cum}}(t_k) = Y_{(A-1)Z0}^{\mathrm{cum}}(t_{k-1}) \, \mathrm{e}^{-\lambda_{(A-1)Z0}\Delta t_{k-1}}$$
$$+ Y_{(A-1)(Z-1)0}^{\mathrm{cum}}(t_{k-1}) \left(1 - \mathrm{e}^{-\lambda_{(A-1)(Z-1)0}\Delta t_{k-1}} \right)$$
$$+ Y_{A(Z-1)0}^{\mathrm{cum}}(t_{k-1}) \left(1 - \mathrm{e}^{-\lambda_{A(Z-1)0}\Delta t_{k-1}} \right) b_{A(Z-1)0} \tag{8.16}$$

$(A-1)Z0$ 核的衰变热为

$$E_{A(Z-1)0}^{\mathrm{dec}}(t_k) = Y_{A(Z-1)0}^{\mathrm{cum}}(t_k) \left(1 - \mathrm{e}^{-\lambda_{A(Z-1)0}\Delta t_k} \right)$$
$$\left[\left(1 - b_{A(Z-1)0} \right) \left(M_{A(Z-1)0} - M_{AZ0} - m_{\mathrm{e}} \right) \right. \tag{8.17}$$
$$\left. + b_{A(Z-1)0} \left(M_{A(Z-1)0} - M_{(A-1)Z0} - m_{\mathrm{n}} - m_{\mathrm{e}} \right) \right] c^2 \Delta t_k$$

其中 m_{n} 是中子质量。如果 $A(Z-1)0$ 核是 $\beta^{-}2\mathrm{n}$ 衰变过程的缓发中子先驱核，用 $\bar{b}_{A(Z-1)0}$ 代表 $A(Z-1)0$ 核 $\beta^{-}2\mathrm{n}$ 衰变的分支比，在不考虑同质异能态的情况下，计算 $AZ0$ 核和 $(A-2)Z0$ 核累计产额的方程分别为

$$Y_{AZ0}^{\mathrm{cum}}(t_k) = Y_{AZ0}^{\mathrm{cum}}(t_{k-1}) \, \mathrm{e}^{-\lambda_{AZ0}\Delta t_{k-1}}$$
$$+ Y_{A(Z-1)0}^{\mathrm{cum}}(t_{k-1}) \left(1 - \mathrm{e}^{-\lambda_{A(Z-1)0}\Delta t_{k-1}} \right) \left(1 - \bar{b}_{A(Z-1)0} \right) \tag{8.18}$$

$$Y_{(A-2)Z0}^{\mathrm{cum}}(t_k) = Y_{(A-2)Z0}^{\mathrm{cum}}(t_{k-1}) \, \mathrm{e}^{-\lambda_{(A-2)Z0}\Delta t_{k-1}}$$

$$+ Y_{(A-2)(Z-1)0}^{\mathrm{cum}}(t_{k-1}) \left(1 - \mathrm{e}^{-\lambda_{(A-2)(Z-1)0}\Delta t_{k-1}}\right)$$

$$+ Y_{A(Z-1)0}^{\mathrm{cum}}(t_{k-1}) \left(1 - \mathrm{e}^{-\lambda_{A(Z-1)0}\Delta t_{k-1}}\right) \bar{b}_{A(Z-1)0} \qquad (8.19)$$

$(A-1)\,Z0$ 核的衰变热为

$$\begin{aligned}
E_{A(Z-1)0}^{\mathrm{dec}}(t_k) = & Y_{A(Z-1)0}^{\mathrm{cum}}(t_k) \left(1 - \mathrm{e}^{-\lambda_{A(Z-1)0}\Delta t_k}\right) \\
& \times \left[\left(1 - \bar{b}_{A(Z-1)0}\right) \left(M_{A(Z-1)0} - M_{AZ0} - m_{\mathrm{e}}\right)\right. \\
& \left. + \bar{b}_{A(Z-1)0} \left(M_{A(Z-1)0} - M_{(A-2)Z0} - 2m_{\mathrm{n}} - m_{\mathrm{e}}\right)\right] c^2 \Delta t_k \quad (8.20)
\end{aligned}$$

前面在一些简化情况下给出了计算累计产额和衰变热的方程。在表 A.1 中对于每个产物核都给出了半衰期、衰变途径及其分支比，表 A.2 给出了每个同质异能态的能级高度。此二表为研究产物核的衰变过程提供了基本信息和基础数据。在表 A.1 中出现了多种形式的产物核的衰变过程，下边我们研究衰变过程比较复杂的丰中子核 $_{48}^{127}\mathrm{Cd}$ 的累计产额和衰变热的方程。计算 $_{48}^{127}\mathrm{Cd}$ 累计产额的方程为

$$\begin{aligned}
Y_{\mathrm{Cd}127}^{\mathrm{cum}}(t_k) = & Y_{\mathrm{Cd}127}^{\mathrm{cum}}(t_{k-1}) \mathrm{e}^{-\lambda_{\mathrm{Cd}127}\Delta t_{k-1}} + Y_{\mathrm{Ag}127}^{\mathrm{cum}}(t_{k-1}) b_{\mathrm{Ag}127\beta} \left(1 - \mathrm{e}^{-\lambda_{\mathrm{Ag}127}\Delta t_{k-1}}\right) \\
& + Y_{\mathrm{Ag}127\mathrm{m}}^{\mathrm{cum}}(t_{k-1}) b_{\mathrm{Ag}127\mathrm{m}\beta} \left(1 - \mathrm{e}^{-\lambda_{\mathrm{Ag}127\mathrm{m}}\Delta t_{k-1}}\right) \\
& + Y_{\mathrm{Ag}127\mathrm{n}}^{\mathrm{cum}}(t_{k-1}) b_{\mathrm{Ag}127\mathrm{n}\beta} \left(1 - \mathrm{e}^{-\lambda_{\mathrm{Ag}127\mathrm{n}}\Delta t_{k-1}}\right) \\
& + Y_{\mathrm{Ag}128}^{\mathrm{cum}}(t_{k-1}) b_{\mathrm{Ag}128\beta\mathrm{N}} \left(1 - \mathrm{e}^{-\lambda_{\mathrm{Ag}128}\Delta t_{k-1}}\right)
\end{aligned}$$

$$(8.21)$$

其中 $b_{\mathrm{Ag}127\beta}, b_{\mathrm{Ag}127\mathrm{m}\beta}, b_{\mathrm{Ag}127\mathrm{n}\beta}$ 分别代表 $_{47}^{127}\mathrm{Ag}$ 的基态、第一同质异能态和第二同质异能态通过 β^- 衰变到 $_{48}^{127}\mathrm{Cd}$ 的分支比；$b_{\mathrm{Ag}128\beta\mathrm{N}}$ 是 $_{47}^{128}\mathrm{Ag}$ 通过 $\beta^-\mathrm{n}$ 衰变到 $_{48}^{127}\mathrm{Cd}$ 的分支比，这一项是由于缓发中子发射从 $A=128$ 链转移过来的。计算 $_{48}^{127}\mathrm{Cd}$ 衰变热的方程为

$$\begin{aligned}
E_{\mathrm{Cd}127}^{\mathrm{dec}}(t_k) = & Y_{\mathrm{Cd}127}^{\mathrm{cum}}(t_k) \left(1 - \mathrm{e}^{-\lambda_{\mathrm{Cd}127}\Delta t_k}\right) \left\{b_{\mathrm{Cd}127\beta} \left(M_{\mathrm{Cd}127} - M_{\mathrm{In}127} - m_{\mathrm{e}}\right) c^2\right. \\
& + b_{\mathrm{Cd}127\beta\mathrm{m}} \left[\left(M_{\mathrm{Cd}127} - M_{\mathrm{In}127} - m_{\mathrm{e}}\right) c^2 - E_{\mathrm{In}127\mathrm{m}}\right] \\
& \left. + b_{\mathrm{Cd}127\beta\mathrm{N}} \left(M_{\mathrm{Cd}127} - M_{\mathrm{In}126} - m_{\mathrm{n}} - m_{\mathrm{e}}\right) c^2\right\} \Delta t_k \qquad (8.22)
\end{aligned}$$

其中 $b_{\mathrm{Cd}127\beta}, b_{\mathrm{Cd}127\beta\mathrm{m}}$ 分别代表从 $_{48}^{127}\mathrm{Cd}$ 通过 β^- 衰变到 $_{49}^{127}\mathrm{In}$ 的基态和第一同质异能态的分支比，$b_{\mathrm{Cd}127\beta\mathrm{N}}$ 是 $_{48}^{127}\mathrm{Cd}$ 通过 $\beta^-\mathrm{n}$ 衰变到 $_{49}^{126}\mathrm{In}$ 的分支比，这一项是由缓发中子发射贡献的。

下边我们研究计算属于轨道电子俘获 ε 或正电子 β^+ 衰变的缺中子核 $_{42}^{91}\mathrm{Mo}$ 的累计产额和衰变热的方程。计算 $_{42}^{91}\mathrm{Mo}$ 的累计产额的方程为

$$Y_{\text{Mo91}}^{\text{cum}}(t_k) = Y_{\text{Mo91}}^{\text{cum}}(t_{k-1})\, e^{-\lambda_{\text{Mo91}}\Delta t_{k-1}} + Y_{\text{Mo91m}}^{\text{cum}}(t_{k-1})\, b_{\text{Mo91mIT}}\left(1 - e^{-\lambda_{\text{ Mo91m}}\Delta t_{k-1}}\right)$$

$$+ Y_{\text{Tc91}}^{\text{cum}}(t_{k-1})\, b_{\text{Tc91}\beta}\left(1 - e^{-\lambda_{\text{Tc91}}\Delta t_{k-1}}\right)$$

$$+ Y_{\text{Tc91m}}^{\text{cum}}(t_{k-1})\, b_{\text{Tc91m}\beta}\left(1 - e^{-\lambda_{\text{Tc91m}}\Delta t_{k-1}}\right) \tag{8.23}$$

计算 $_{42}^{91}\text{Mo}$ 衰变热的方程为

$$E_{\text{Mo91}}^{\text{dec}}(t_k) = Y_{\text{Mo91}}^{\text{cum}}(t_k)\left(1 - e^{-\lambda_{\text{ Mo91}}\Delta t_k}\right)\left\{ b_{\text{Mo91}\beta}\left(M_{\text{Mo91}} - M_{\text{Nb91}} - m_e\right)c^2 \right.$$

$$\left. + b_{\text{Mo91}\beta\text{m}}\left[\left(M_{\text{Mo91}} - M_{\text{Nb91}} - m_e\right)c^2 - E_{\text{Mo91m}}\right]\right\}\Delta t_k \tag{8.24}$$

在以上二式中所出现的衰变分支比均可在表 A.1 中查到。在表 A.1 中给出了一些核的 α 衰变道，其结果显示要么母核是稳定核或半衰期很长的核，要么是 α 衰变道的分支比非常小，只有 $_{65}^{149}\text{Tb}$ 的半衰期是 4.118 h, 分支比是 16.7 %, 但是它是稳定核右边第三个属于 $\varepsilon + \beta^+$ 衰变的缺中子核。在以丰中子核为主的产物核中产生该缺中子核的概率是非常小的。原则上在研究产物核衰变时，可以不考虑 α 衰变道。但是，为了完善起见在这里我们还是给出计算 $_{65}^{149}\text{Tb}$ 核的累计产额和衰变热的方程。计算 $_{65}^{149}\text{Tb}$ 的累计产额的方程为

$$Y_{\text{Tb149}}^{\text{cum}}(t_k) = Y_{\text{Tb149}}^{\text{cum}}(t_{k-1})\, e^{-\lambda_{\text{Tb149}}\Delta t_{k-1}} \tag{8.25}$$

计算 $_{65}^{149}\text{Tb}$ 衰变热的方程为

$$E_{\text{Tb149}}^{\text{dec}}(t_k) = Y_{\text{Tb149}}^{\text{cum}}(t_k)\left(1 - e^{-\lambda_{\text{Tb149}}\Delta t_k}\right)\left[b_{\text{Tb149}\beta}\left(M_{\text{Tb149}} - M_{\text{Gd149}} - m_e\right)\right.$$

$$\left. + b_{\text{Tb149}\alpha}\left(M_{\text{Tb149}} - M_{\text{Eu145}} - m_\alpha\right)\right]c^2\Delta t_k \tag{8.26}$$

其中 m_α 是 α 粒子质量。

利用上述方法可以写出计算表 A.1 中的所有产物核的累计产额和衰变热的方程，它们是联立方程。根据每个产物核的衰变途径及所对应的方程所包含的项目，可以把所得到的方程分成若干类，在计算时只需把待计算产物核的衰变参数代入所对应的方程即可。还可以求得总衰变热为

$$E_{\text{tot}}^{\text{dec}}(t_k) = \sum_{AZ\ell} E_{AZ\ell}^{\text{dec}}(t_k) \tag{8.27}$$

对于在表 A.1 中产额不为 0 的所有基态和同质异能态核，利用前边介绍的理论方法，从 t_0 到 t_1，从 t_1 到 t_2，$\cdots$，从 t_{k-1} 到 t_k，$\cdots$ 可以一直计算下去，于是可以得到裂变后任意时刻 t 的裂变累计产额 $Y_{AZ\ell}^{\text{cum}}(t)$、衰变热 $E_{AZ\ell}^{\text{dec}}(t)$ 和总衰

变热 $E_{\text{tot}}^{\text{dec}}(t)$。为了消除计算误差，对每个时间点 t_k 计算完累计产额 $Y_{AZ\ell}^{\text{cum}}(t_k)$ 后都要按下式进行归一化处理

$$\sum_{AZ\ell} Y_{AZ\ell}^{\text{cum}}(t_k) = 2 \tag{8.28}$$

如果发现所得到的归一化系数偏离 1 过大，那就表明在对累计产额 $Y_{AZ\ell}^{\text{cum}}(t)$ 进行逐步计算时存在某些问题。

　　一般来说独立产物核只包括表 A.1 中的一部分原子核，随着裂变后时间 t 的增大会扩展到一些原来未包括的原子核，同时短寿命核也逐渐消失。如果计算的裂变后时间 t 足够大，最后可以只剩下稳定核。已经知道半衰期最长的缓发中子先驱核是 $^{87}_{35}\text{Br}$，它的半衰期是 55.64 s，因而在裂变后 3 分钟或更长时间所得到的裂变累计产额所对应的裂变碎片不可能再发射缓发中子，于是可以把不稳定核的累计产额份额根据衰变方向合并给同链的稳定核，这样便可以得到只有稳定核的裂变产物分布。如果再把一个质量链上的两个或三个稳定核的产额相加，所得到的裂变碎片分布称为链产额，裂变碎片的链产额也就是裂变碎片的质量分布。可以看出，从裂变发生后 3 分钟或更长时间的裂变累计产额所推算出来的裂变碎片质量分布应该都是一样的，该裂变碎片质量分布称为最终质量分布，它与独立产额所对应的裂变碎片质量分布相比较，由于缓发中子的影响会有点小的差别。

第 9 章　裂变缓发中子简化模型

在式 (8.2) 中，令

$$E_e = \left(M_{AZ} - M_{A(Z+1)} - m_e \right) c^2 \tag{9.1}$$

我们称 E_e 为丰中子核电子俘获能，即当 $A(Z+1)$ 核具有超过 E_e 的动能时才能俘获静止电子，并使该电子与核中一个质子结合成一个中子，形成 AZ 核。对于丰中子核来说，这种 AZ 核是很不稳定的，极易发生 β^- 衰变。这样，式 (8.2) 可以改写成

$$E^* = E_e - \varepsilon_e \tag{9.2}$$

其中 E_e 是 β^- 电子可以带走的最大动能。我们令电子动能 ε_e 与电子俘获能 E_e 的比值为

$$\eta = \frac{\varepsilon_e}{E_e} \tag{9.3}$$

于是可把式 (9.2) 改写成

$$E^* = E_e \left(1 - \eta \right) \tag{9.4}$$

电子动能占有率 η 值的范围是 $0^+ \sim 1$，由于有伴随中微子发射，其中 0^+ 取很小的正数。式 (8.3) 已给出 $A(Z+1)$ 核发射中子的分离能 B_n 的表达式。只有 $E^* > B_n$ 时，$A(Z+1)$ 核才能发射缓发中子。$A(Z+1)$ 核发射的缓发中子最大能量为

$$E_{n,max} \cong E_e - B_n \tag{9.5}$$

此式对应于电子动能 $\varepsilon_e = 0^+$。而对应于不同 η 值缓发中子的最大能量为

$$E_{n,max}(\eta) = E^* - B_n \tag{9.6}$$

从以上结果可以看出，对于确定的缓发中子先驱核当 ε_e 或 η 比较大时，缓发中子不容易发射；当 ε_e 或 η 比较小时，缓发中子容易发射。每个产物核的电子动能占有率 η 值都有自己的统计分布规律，而且互不相干。为了在理论上容易观察缓发中子的发射情况，我们提出一个研究裂变缓发中子的简化模型。我们研究当所有产物核的 η 值都取相同数值时，在各种不同 η 值情况下，哪些产物核能发射缓发中子。该模型只是选择了一种观察方法，并不影响产物核衰变的客观事

实。数值计算结果表明，当 $\eta \geqslant 0.88$ 时，表 A.1 中的所有产物核都不能发射缓发中子。

表 9.1 给出了裂变产物核的数目和缓发中子先驱核数。可以看出在本书理论预言的缓发中子先驱核中大约有一半已经被实验观察到了。

表 9.1　裂变产物核的数目和缓发中子先驱核数

	基态	第一同质异能态	第二同质异能态	二同质异态之和	基态加同质异能态
表 A.1 中产物核数目	1197	325	30	355	1552
理论预言先驱核数	405	45	9	54	459
实验测量先驱核数	206	30	4	34	240

理论预言的结果显示一共有 5 个半衰期大于 10 s 的缓发中子先驱核，它们是：$^{87}_{35}$Br，$T_{1/2} = 55.64$ s；$^{141}_{55}$Cs，$T_{1/2} = 24.91$ s；$^{137}_{53}$I，$T_{1/2} = 24.59$ s；$^{136}_{52}$Te，$T_{1/2} = 17.67$ s；$^{88}_{35}$Br，$T_{1/2} = 16.29$ s，这 5 个先驱核在实验上都被观察到了。理论预言半衰期在 5~10 s 之间的缓发中子先驱核也是总共有 5 个，它们是：$^{134m}_{51}$Sb，$T_{1/2} = 9.97$ s；$^{96m}_{39}$Y，$T_{1/2} = 9.6$ s；$^{138}_{53}$I，$T_{1/2} = 6.251$ s；$^{93}_{37}$Rb，$T_{1/2} = 5.85$ s；$^{87}_{34}$Se，$T_{1/2} = 5.65$ s，其中只有 $^{96m}_{39}$Y 在实验上尚未被观察到。我们的计算结果显示只在在电子所带走的能量非常少的 $\eta < 0.04$ 情况下 $^{96m}_{39}$Y 才能成为缓发中子先驱核，因而该核发射缓发中子的概率比较低，不易被测量到。理论上所预言的在 $\eta < 0.02$ 情况下可以发生的 4 个 β^-n 衰变道和 5 个 β^-2n 衰变道在实验上都未被观察到的事实是很容易被理解的。

注意，瞬发中子和瞬发 γ 射线相对于 β^- 衰变来说都是瞬时发射的，所以 β^- 衰变前的独立产物核都处在基态或同质异能态。对于确定的 η 值，如果产物核 AZ 是缓发中子先驱核，就把它统计在进行 β^-n 缓发中子发射的先驱核数 N_{dn} 中；如果由 AZ 核发射缓发中子后所衍生的 $(A-1)(Z+1)$ 核也是缓发中子先驱核，就把它统计在 β^-nβ^-n 缓发中子发射的先驱核数 N_{dn2} 中；如果由 $(A-1)(Z+1)$ 核再衍生的 $(A-2)(Z+2)$ 核也是缓发中子先驱核，就把它统计在 β^-nβ^-nβ^-n 缓发中子发射的缓发中子先驱核数 N_{dn3} 中；如果由 $(A-2)(Z+2)$ 核再衍生的 $(A-3)(Z+3)$ 核还是缓发中子先驱核，就把它统计在 β^-nβ^-nβ^-nβ^-n 缓发中子发射的缓发中子先驱核数 N_{dn4} 中；计算结果显示，在上述原子核范围内，不可能有 $N_{dn5} > 0$ 的情况。在表 9.2 中给出了对于表 A.1 中的 1197 个基态产物核所计算的在不同的 η 值情况下缓发中子先驱核数 N_{dn}，N_{dn2}，N_{dn3}，N_{dn4}。

由表 9.2 可以看出，在 $\eta=0.0001$ 的极端情况下，在 1197 个基态独立产物核中有 405 个原子核能发射缓发中子，所占比例为 33.8%。在上述的 N_{dn2}，N_{dn3}，N_{dn4} 中所涉及的所有缓发中子先驱核都已经包含在 N_{dn} 了，因而在实际计算时只需考虑在 N_{dn} 中所记录的缓发中子先驱核即可。事实上真正要研究的发射缓

中子的衰变过程可以表示成

$$(A, Z, i) \quad (i=0, 1, 2) \rightarrow (A, Z+1, j) \quad (j=0, 1, 2) \rightarrow (A-l, Z+1, k) \quad (k=0, 1, 2) \tag{9.7}$$

表 9.2　随着 η 值下降每个 η 值所对应的基态核缓发中子先驱核数

η	N_{dn}	N_{dn2}	N_{dn3}	N_{dn4}	η	N_{dn}	N_{dn2}	N_{dn3}	N_{dn4}
0.88	0	0	0	0	0.42	245	112	15	0
0.86	4	0	0	0	0.40	261	126	19	0
0.84	8	0	0	0	0.38	269	132	22	0
0.82	11	0	0	0	0.36	282	144	27	0
0.80	16	2	0	0	0.34	292	151	32	0
0.78	26	3	0	0	0.32	298	157	35	0
0.76	35	4	0	0	0.30	302	161	38	0
0.74	42	5	0	0	0.28	309	166	42	0
0.72	57	9	0	0	0.26	323	179	53	2
0.70	67	9	0	0	0.24	333	188	61	2
0.68	81	10	0	0	0.22	341	195	66	2
0.66	95	17	0	0	0.20	346	200	70	2
0.64	105	20	0	0	0.18	350	203	72	2
0.62	119	26	0	0	0.16	357	209	77	2
0.60	137	30	0	0	0.14	361	214	81	5
0.58	151	37	1	0	0.12	371	224	90	9
0.56	171	52	2	0	0.10	379	232	97	12
0.54	181	59	3	0	0.08	387	240	105	16
0.52	187	64	3	0	0.06	394	247	111	18
0.50	201	77	4	0	0.04	400	253	114	19
0.48	218	91	7	0	0.02	403	256	117	20
0.46	229	97	9	0	0.0001	405	258	118	21
0.44	239	107	12	0					

其中 $(A, Z, i), (A, Z+1, j), (A-l, Z+1, k)$ 分别代表母核, 子核, 孙核, 它们既可以是基态, 也可以是第一或第二同质异能态。有的核素只有基态; 有的核素只有基态和第一同质异能态; 有的核素有基态, 第一同质异能态和第二同质异能态。任何一种 ijk 组合都代表一种衰变途径。$l=1, 2, 3, 4$ 分别代表 β^-n, β^-2n, β^-3n, β^-4n 缓发中子衰变道。计算结果显示, 在上述原子核范围内, 不可能有 β^-5n 缓发中子衰变道。表 9.3 给出随着 η 值下降每个 η 值所对应的基态核与同质异能态核能够发射缓发中子的衰变道数, 其中第一排表头的 BN, B2N, B3N, B4N 分别代表 β^-n, β^-2n, β^-3n, β^-4n 缓发中子衰变道, 第二排表头的 "0" 代表母核, 子核, 孙核都处于基态; "x" 代表母核, 子核, 孙核至少有一个处于同质异能态; "t" 代表总的缓发中子的衰变道数。可以看出只有基态核参与 β^-3n, β^-4n 衰变道, 而且至今在实验上尚未观察到。

表 9.3　随着 η 值下降每个 η 值所对应的基态核与同质异能态核能够发射缓发中子的衰变道数

η	BN			B2N			B3N	B4N	η	BN			B2N			B3N	B4N
	(0	x	t)	(0	x	t)	0	0		(0	x	t)	(0	x	t)	0	0
0.88	0	0	0	0	0	0	0	0	0.42	245	119	364	48	0	48	6	0
0.86	4	0	4	0	0	0	0	0	0.40	261	139	400	55	4	59	6	0
0.84	8	0	8	0	0	0	0	0	0.38	269	142	411	61	7	68	6	0
0.82	11	0	11	0	0	0	0	0	0.36	282	154	436	70	7	77	8	0
0.80	16	7	23	0	0	0	0	0	0.34	292	172	464	76	14	90	10	0
0.78	26	7	33	0	0	0	0	0	0.32	298	179	477	79	14	93	14	0
0.76	35	7	42	0	0	0	0	0	0.30	302	203	505	88	14	102	14	0
0.74	42	7	49	0	0	0	0	0	0.28	309	234	543	100	14	114	16	1
0.72	57	7	64	0	0	0	0	0	0.26	323	275	598	113	14	127	16	1
0.70	67	7	74	0	0	0	0	0	0.24	333	297	630	122	18	140	19	1
0.68	81	7	88	0	0	0	0	0	0.22	341	312	653	127	21	148	20	1
0.66	95	7	102	1	0	1	0	0	0.20	346	338	684	129	21	150	25	1
0.64	105	9	114	5	0	5	0	0	0.18	350	344	694	133	25	158	30	2
0.62	119	17	136	7	0	7	0	0	0.16	357	363	720	138	35	173	33	5
0.60	137	33	170	7	0	7	0	0	0.14	361	391	752	147	42	189	37	5
0.58	151	39	190	13	0	13	0	0	0.12	371	406	777	154	42	196	41	5
0.56	171	39	210	15	0	15	0	0	0.10	379	437	816	159	42	201	42	5
0.54	181	45	226	19	0	19	0	0	0.08	387	452	839	163	42	205	51	9
0.52	187	58	245	24	0	24	0	0	0.06	394	466	860	179	42	221	57	9
0.50	201	63	264	29	0	29	1	0	0.04	400	469	869	185	46	231	63	10
0.48	218	83	301	30	0	30	2	0	0.02	403	478	881	195	59	254	65	12
0.46	229	85	314	33	0	33	2	0	0.0001	405	480	885	200	59	259	69	16
0.44	239	94	333	39	0	39	3	0									

　　表 9.4 给出了随着 η 值下降刚开始出现的缓发中子先驱核的半衰期, 母核, 子核, 孙核, 以及相应的 β 衰变电子动能 $E_{\beta e}$ 和缓发中子最大能量 E_{nm} 及是否已经被测量到了。其中 $E_{\beta e}$ 和 E_{nm} 的单位是 MeV。如果该缓发中子衰变道在实验上已经被测量到了, 后边便标上 "EX", 否则是空白。如果对于具体母核和孙核实验上已经测量到了可以发射缓发中子, 就认为它是子核处在所有可能的能级状态之和。在表中每一行放两个衰变道。在表 9.4 中对应某个 η 值所列出的母核, 表明在 η 值下降过程中在 (η+0.02～η) 区间这些原子核才开始能够发射缓发中子, 在小于该 η 值的区域这些原子核当然还能发射缓发中子。对于 η 值比较大时就开始出现的先驱核, 说明它们的衰变 Q 值比较大, 即使电子带走较多能量它还能发射缓发中子, 说明这些原子核比较容易发射缓发中子; 对于在 η 值比较小时才开始出现的先驱核, 表明只有在电子带走很少能量的情况下它才有足够能量提供缓发中子发射, 也就是说在这种情况下发射缓发中子的概率比较低, 因而它不容易发射缓发中子。计算结果表明, 在本表中 η 的最小值 0.0001 到 0 之间不会再出现新的缓发中子先驱核。

表 9.4　随着 η 值下降开始出现的缓发中子先驱核的半衰期, 母核, 子核, 孙核, 以及相应的 β 衰变电子动能 $E_{\beta e}$ 和缓发中子最大能量 E_{nm} 及该衰变道是否已被测量到

$\eta \geqslant 0.88$ 无缓发中子

$\eta = 0.86$ 上边结果再加上

				$E_{\beta e}$	E_{nm}						$E_{\beta e}$	E_{nm}	
BN 8ms	V67	Cr67	Cr66	14.637	0.1799		16 ms	Ni 82	Cu 82	Cu 81	12.466	0.1432	
BN 21ms	Cu 83	Zn 83	Zn 82	13.235	0.1063		24 ms	Ag133	Cd133	Cd132	12.514	0.2907	

$\eta = 0.84$ 上边结果再加上

				$E_{\beta e}$	E_{nm}						$E_{\beta e}$	E_{nm}	
BN 16.1 ms	Zn 86	Ga 86	Ga 85	11.073	0.0273		29 ms	Ga 87	Ge 87	Ge 86	11.941	0.0065	EX
BN 35 ms	Ag131	Cd131	Cd130	11.716	0.0660		65 ms	In137	Sn137	Sn136	11.605	0.1566	

$\eta = 0.82$ 上边结果再加上

				$E_{\beta e}$	E_{nm}						$E_{\beta e}$	E_{nm}	
BN 12 ms	Mn 73	Fe 73	Fe 72	13.758	0.2116		25.2 ms	Pd130	Ag130	Ag129	10.374	0.1768	
BN 101 ms	In135	Sn135	Sn134	10.672	0.0737								

$\eta = 0.80$ 上边结果再加上

				$E_{\beta e}$	E_{nm}						$E_{\beta e}$	E_{nm}	
BN 24 ms	Ni 80	Cu 80	Cu 79	10.344	0.2435		73.2 ms	Cu 81	Zn 81	Zn 80	11.020	0.1331	EX
BN 40 ms	Br 97	Kr 97	Kr 96	10.329	0.1708		162 ms	In133	Sn133	Sn132	10.140	0.1365	EX
BN 162 ms	In133	Sn133	Sn132m	10.140	0.1365		162 ms	In133	Sn133m	Sn132	10.140	0.1365	EX
BN 162 ms	In133	Sn133m	Sn132m	10.140	0.1365		167 ms	In133m	Sn133	Sn132	10.404	0.2025	EX
BN 167 ms	In133m	Sn133	Sn132m	10.404	0.2025		167 ms	In133m	Sn133m	Sn132	10.404	0.2025	EX
BN 167 ms	In133m	Sn133m	Sn132m	10.404	0.2025		65 ms	Cd134	In134	In133	9.599	0.0479	

$\eta = 0.78$ 上边结果再加上

				$E_{\beta e}$	E_{nm}						$E_{\beta e}$	E_{nm}	
BN 16 ms	Mn 71	Fe 71	Fe 70	11.546	0.1409		3 ms	Fe 76	Co 76	Co 75	11.357	0.0317	
BN 13 ms	Co 77	Ni 77	Ni 76	11.648	0.0484		30 ms	Ni 81	Cu 81	Cu 80	11.946	0.0673	
BN 7.1 ms	Cu 84	Zn 84	Zn 83	13.726	0.2619		30 ms	Ge 90	As 90	As 89	9.366	0.1129	
BN 100 ms	As 91	Se 91	Se 90	10.587	0.1312		20.1 ms	Pd131	Ag131	Ag130	11.314	0.2616	
BN 28 ms	Ag132	Cd132	Cd131	12.135	0.0945		84 ms	Cd132	In132	In131	8.916	0.0578	

$\eta = 0.76$ 上边结果再加上

				$E_{\beta e}$	E_{nm}						$E_{\beta e}$	E_{nm}	
BN 6 ms	Cr 70	Mn 70	Mn 69	10.868	0.2696		91.9 ms	Ga 85	Ge 85	Ge 84	9.778	0.0418	EX
BN 23 ms	Rb103	Sr103	Sr102	10.344	0.0762		25 ms	Y109	Zr109	Zr108	9.678	0.2107	
BN 23 ms	Nb115	Mo115	Mo114	10.004	0.2111		22 ms	Tc121	Ru121	Ru120	9.551	0.0494	
BN 27 ms	Cd135	In135	In134	10.471	0.0978		103 ms	Sb141	Te141	Te140	8.071	0.1718	
BN 60 ms	I147	Xe147	Xe146	8.128	0.0490								

$\eta = 0.74$ 上边结果再加上

				$E_{\beta e}$	E_{nm}						$E_{\beta e}$	E_{nm}	
BN 16 ms	Mn 69	Fe 69	Fe 68	9.865	0.0895	EX	53.6 ms	Zn 84	Ga 84	Ga 83	8.700	0.1457	EX
BN 8 ms	Ga 88	Ge 88	Ge 87	12.298	0.3203		68 ms	Br 95	Kr 95	Kr 94	8.734	0.1867	
BN 64 ms	Cd133	In133	In132	9.644	0.0399		85 ms	In136	Sn136	Sn135	10.871	0.2111	
BN 68 ms	Sn140	Sb140	Sb139	6.942	0.0314								

$\eta = 0.72$ 上边结果再加上

				$E_{\beta e}$	E_{nm}						$E_{\beta e}$	E_{nm}	
BN 10 ms	V 66	Cr 66	Cr 65	13.200	0.2291		10 ms	Cr 68	Mn 68	Mn 67	9.162	0.1493	
BN 26.5 ms	Co 75	Ni 75	Ni 74	9.478	0.0763	EX	32.3 ms	Cu 82	Zn 82	Zn 81	11.574	0.3150	
BN 40 ms	Zn 85	Ga 85	Ga 84	10.175	0.2358		60.8 ms	Ge 88	As 88	As 87	7.499	0.0129	
BN 220 ms	As 89	Se 89	Se 88	8.606	0.1678		13.3 ms	As 92	Se 92	Se 91	11.402	0.2194	
BN 45.8 ms	Se 94	Br 94	Br 93	7.439	0.0659		32 ms	Nb113	Mo113	Mo112	8.586	0.1020	
BN 22 ms	Tc119	Ru119	Ru118	8.210	0.0398		20 ms	Rh127	Pd127	Pd126	9.343	0.1359	
BN 136 ms	In134	Sn134	Sn133	10.048	0.2758	EX	182 ms	Sb139	Te139	Te138	6.944	0.1205	EX
BN 89.7 ms	I145	Xe145	Xe144	7.097	0.0679								

$\eta = 0.70$ 上边结果再加上

				$E_{\beta e}$	E_{nm}						$E_{\beta e}$	E_{nm}	
BN 6 ms	Cr 69	Mn 69	Mn 68	10.649	0.0601		5 ms	Fe 74	Co 74	Co 73	8.660	0.0648	
BN 11 ms	Co 78	Ni 78	Ni 77	13.329	0.1188		49.2 ms	Ga 86	Ge 86	Ge 85	10.590	0.1933	EX

续表

BN 7 ms	Kr100	Rb100	Rb 99	7.902	0.1713	31.0 ms	Rb101	Sr101	Sr100	8.573	0.0953 EX
BN 12.1 ms	Rb104	Sr104	Sr103	11.060	0.1896	20 ms	Sr106	Y106	Y105	7.689	0.0024
BN 33.5 ms	Y107	Zr107	Zr106	8.073	0.1207	30 ms	Zr112	Nb112	Nb111	7.799	0.1616

$\eta = 0.68$ 上边结果再加上

BN 47 ms	Mn 67	Fe 67	Fe 66	7.900	0.0055 EX	12 ms	Mn 72	Fe 72	Fe 71	11.947	0.2336
BN 60 ms	Ge 89	As 89	As 88	8.824	0.0029	15 ms	Br 98	Kr 98	Kr 97	10.579	0.2138
BN 20.4 ms	Zr113	Nb113	Nb112	9.084	0.0599	12 ms	Nb116	Mo116	Mo115	10.516	0.2213
BN 19 ms	Mo118	Tc118	Tc117	7.076	0.1117	26.5 ms	Rh125	Pd125	Pd124	7.900	0.0801
BN 8.4 ms	Rh128	Pd128	Pd127	11.244	0.0517	154 ms	Sn138	Sb138	Sb137	5.866	0.1013 EX
BN 53 ms	Sb142	Te142	Te141	8.451	0.0320	93 ms	Te144	I144	I143	5.847	0.1389
BN 59 ms	Cs151	Ba151	Ba150	6.899	0.1298	44 ms	La157	Ce157	Ce156	7.038	0.1311

$\eta = 0.66$ 上边结果再加上

BN 40.5 ms	Co 73	Ni 73	Ni 72	7.675	0.0007 EX	9 ms	Fe 75	Co 75	Co 74	10.133	0.1293
BN 177.9 ms	Zn 82	Ga 82	Ga 81	6.670	0.0617 EX	310 ms	Ga 83	Ge 83	Ge 82	7.397	0.1782 EX
BN 152 ms	Br 93	Kr 93	Kr 92	7.085	0.2119 EX	23.8 ms	Se 95	Br 95	Br 94	8.497	0.1065
BN 17 ms	Kr101	Rb101	Rb100	8.896	0.2093	17.8 ms	Sr107	Y107	Y106	8.719	0.2392
BN 54 ms	Nb111	Mo111	Mo110	6.910	0.0843	44.5 ms	Tc117	Ru117	Ru116	7.151	0.1963
BN 15 ms	Ru124	Rh124	Rh123	7.003	0.0169	506 ms	Sb137	Te137	Te136	5.762	0.0184 EX
BN 120 ms	Sn139	Sb139	Sb138	6.751	0.0082	53.5 ms	Xe150	Cs150	Cs149	5.725	0.0009
B2N 7.1 ms	Cu 84	Zn 84	Zn 82	11.614	0.3254						

$\eta = 0.64$ 上边结果再加上

BN 23 ms	Cr 66	Mn 66	Mn 65	7.103	0.1409	11 ms	Cr 67	Mn 67	Mn 66	8.830	0.0654
BN 99.7 ms	Zn 83	Ga 83	Ga 82	7.971	0.0862 EX	70 ms	As 90	Se 90	Se 89	9.152	0.2726
BN 52.7 ms	Se 92	Br 92	Br 91	5.759	0.0424	34.3 ms	Br 96	Kr 96	Kr 95	9.191	0.1755
BN 37 ms	Rb102	Sr102	Sr101	9.217	0.2750 EX	17 ms	Nb114	Mo114	Mo113	9.092	0.0145
BN 13 ms	Tc122	Ru122	Ru121	9.575	0.1558	53.9 ms	Ag129	Cd129m	Cd128	6.657	0.1328 EX
BN 158 ms	Ag129m	Cd129m	Cd128	6.670	0.1400 EX	182 ms	I143	Xe143	Xe142	5.700	0.1622
B2N 16 ms	Ni 82	Cu 82	Cu 80	9.277	0.0301	20.1 ms	Pd131	Ag131	Ag129	9.283	0.1918
B2N 28 ms	Ag132	Cd132	Cd130	9.957	0.1069	24 ms	Ag133	Cd133	Cd131	9.313	0.1639

$\eta = 0.62$ 上边结果再加上

BN 19.9 ms	Mn 70	Fe 70	Fe 69	9.877	0.2922	19 ms	Fe 72	Co 72	Co 71	6.533	0.0032
BN 21.7 ms	Co 76	Ni 76	Ni 75	9.929	0.0632	21.7 ms	Co 76	Ni 76	Ni 75m	9.929	0.0632
BN 21.7 ms	Co 76	Ni 76m	Ni 75	9.929	0.0632	21.7 ms	Co 76	Ni 76m	Ni 75m	9.929	0.0632
BN 16 ms	Co 76m	Ni 76	Ni 75	9.991	0.1012	16 ms	Co 76m	Ni 76	Ni 75m	9.991	0.1012
BN 16 ms	Co 76m	Ni 76m	Ni 75	9.991	0.1012	16 ms	Co 76m	Ni 76m	Ni 75m	9.991	0.1012
BN 53 ms	Sr104	Y104	Y103	6.082	0.0308	107 ms	Y105	Zr105	Zr104	6.433	0.1314 EX
BN 30 ms	Y108	Zr108	Zr107	8.473	0.1865	32 ms	Mo116	Tc116	Tc115	5.886	0.1191
BN 12 ms	Mo119	Tc119	Tc118	8.109	0.0194	42.2 ms	Rh123	Pd123	Pd122	6.648	0.1932 EX
BN 53.9 ms	Ag129	Cd129	Cd128	6.662	0.1281 EX	158 ms	Ag129m	Cd129	Cd128	6.674	0.1357 EX
BN 361 ms	Sn136	Sb136	Sb135	4.853	0.0863 EX	170 ms	Sb140	Te140	Te139	7.112	0.1254 EX
BN 24.4 ms	Te145	I145	I144	6.573	0.1584	107 ms	Cs149	Ba149	Ba148	5.595	0.0720 EX
B2N 30 ms	Ni 81	Cu 81	Cu 79	9.495	0.1751	8 ms	Ga 88	Ge 88	Ge 86	10.304	0.0465

$\eta = 0.60$ 上边结果再加上

BN 241.3 ms	Cu 79	Zn 79	Zn 78	6.306	0.1838 EX	95.2 ms	Ga 84	Ge 84	Ge 83	8.124	0.1729 EX
BN 95.2 ms	Ga 84	Ge 84	Ge 83m	8.124	0.1729	95.2 ms	Ga 84	Ge 84m	Ge 83	8.124	0.1729 EX
BN 95.2 ms	Ga 84	Ge 84m	Ge 83m	8.124	0.1729	<85 ms	Ga 84m	Ge 84	Ge 83	8.184	0.2129 EX
BN <85 ms	Ga 84m	Ge 84	Ge 83m	8.184	0.2129	<85 ms	Ga 84m	Ge 84m	Ge 83	8.184	0.2129 EX

BN <85 ms	Ga 84m	Ge 84m	Ge 83m	8.184	0.2129	484 ms	As 87	Se 87	Se 86	6.179	0.1248 EX
BN 169.0 ms	Rb 97	Sr 97	Sr 96	5.730	0.0867 EX	37 ms	Kr 99	Rb 99	Rb 98	7.328	0.0625 EX
BN 57.8 ms	Rb 99	Sr 99	Sr 98	6.532	0.1869 EX	39 ms	Sr105	Y105	Y104	7.121	0.1879
BN 37.5 ms	Zr110	Nb110	Nb109	5.752	0.1413	24.0 ms	Zr111	Nb111	Nb110	7.183	0.0705
BN 25 ms	Ru122	Rh122	Rh121	5.752	0.1413	67.5 ms	Ag127n	Cd127	Cd126	6.913	0.0516
BN 67.5 ms	Ag127n	Cd127	Cd126n	6.913	0.0516	67.5 ms	Ag127n	Cd127	Cd126n	6.913	0.0516
BN 67.5 ms	Ag127n	Cd127m	Cd126	6.742	0.2226	67.5 ms	Ag127n	Cd127m	Cd126m	6.742	0.2226
BN 67.5 ms	Ag127n	Cd127m	Cd126n	6.742	0.2226	67.5 ms	Ag127n	Cd127n	Cd126	6.913	0.0516
BN 67.5 ms	Ag127n	Cd127n	Cd126	6.913	0.0516	67.5 ms	Ag127n	Cd127n	Cd126n	6.913	0.0516
BN 31 ms	Pd129	Ag129	Ag128	8.082	0.1580	236 ms	Sn137	Sb137	Sb136	5.640	0.1329 EX
BN 147 ms	Te142	I142	I141	4.647	0.1508	94 ms	I146	Xe146	Xe145	7.145	0.2296
BN 85 ms	Xe148	Cs148	Cs147	4.651	0.0383	36.7 ms	Cs152	Ba152	Ba151	7.183	0.0425
BN 101 ms	La155	Ce155	Ce154	5.601	0.1059	65.4 ms	Pr161	Nd161	Nd160	5.539	0.1115

$\eta = 0.58$ 上边结果再加上

BN 80 ms	Co 71	Ni 71	Ni 70	6.106	0.1582 EX	43 ms	Ni 79	Cu 79	Cu 78	7.970	0.0780
BN 103.2 ms	Ge 87	As 87	As 86	6.677	0.1081	130 ms	Se 93	Br 93	Br 92	6.684	0.1109
BN 70 ms	Br 94	Kr 94	Kr 93	7.651	0.2568 EX	43 ms	Kr 98	Rb 98	Rb 97	5.651	0.1704 EX
BN 51 ms	Rb100	Sr100	Sr 99	7.564	0.1064 EX	78 ms	Tc115	Ru115	Ru114	5.683	0.1601 EX
BN 22 ms	Mo117	Tc117	Tc116	6.927	0.0187	21 ms	Tc120	Ru120	Ru119	8.245	0.2561
BN 12 ms	Ru125	Rh125	Rh124	7.510	0.2456	19 ms	Rh126	Pd126	Pd125	8.164	0.0111
BN 41 ms	Ag130	Cd130	Cd129	8.533	0.1121	320 ms	In131n	Sn131	Sn130	7.238	0.0376 EX
BN 320 ms	In131n	Sn131	Sn130n	7.238	0.0376	320 ms	In131n	Sn131m	Sn130	7.200	0.0753 EX
BN 320 ms	In131n	Sn131m	Sn130n	7.200	0.0753	320 ms	In131n	Sn131n	Sn130	7.238	0.0376 EX
BN 320 ms	In131n	Sn131n	Sn130n	7.238	0.0376	120 ms	Te143	I143	I142	5.652	0.0390
B2N10 ms	V 66	Cr 66	Cr 64	10.633	0.0525	8 ms	V 67	Cr 67	Cr 65	9.871	0.0412
B2N21 ms	Cu 83	Zn 83	Zn 81	8.926	0.2293	27 ms	Cd135	In135	In133	7.991	0.2260
B2N85 ms	In136	Sn136	Sn134	8.521	0.2927	65 ms	In137	Sn137	Sn135	8.013	0.1401

$\eta = 0.56$ 上边结果再加上

BN 28 ms	Mn 68	Fe 68	Fe 67	8.097	0.1067 EX	12.9 ms	Fe 73	Co 73	Co 72	7.544	0.1846
BN 122.2 ms	Ni 78	Cu 78	Cu 77	5.266	0.1398	113.3 ms	Cu 80	Zn 80	Zn 79	8.095	0.0727 EX
BN 222 ms	Ge 86	As 86	As 85	5.070	0.1394 EX	200 ms	As 88	Se 88	Se 87	7.237	0.1567
BN 544 ms	Br 91	Kr 91	Kr 90	5.239	0.0307 EX	82 ms	Y106	Zr106	Zr105	6.970	0.1138
BN 113 ms	Nb109	Mo109	Mo108	5.296	0.1794 EX	38 ms	Nb112	Mo112	Mo111	7.225	0.0631
BN 30 ms	Tc118	Ru118	Ru117	7.392	0.2240	73.5 ms	Rh121	Pd121	Pd120	5.274	0.1699 EX
BN 36 ms	Pd128	Ag128	Ag127	5.494	0.1853 EX	516 ms	Sn135	Sb135	Sb134	4.787	0.0186 EX
BN 1.668 s	Sb135	Te135	Te134	4.215	0.0457 EX	333 ms	Sb138	Te138	Te137	5.899	0.1713 EX
BN 420 ms	I141	Xe141	Xe140	4.345	0.1320 EX	94 ms	I144	Xe144	Xe143	6.180	0.1141
BN 53 ms	Ba154	La154	La153	4.534	0.0273	107 ms	Pm165	Sm165	Sm164	4.664	0.0087
B2N32.3 ms	Cu 82	Zn 82	Zn 80	9.002	0.2651	136 ms	In134	Sn134	Sn132	7.815	0.1100 EX

$\eta = 0.54$ 上边结果再加上

BN 31.4 ms	Co 74	Ni 74	Ni 73	7.908	0.0748 EX	80 ms	Kr 96	Rb 96	Rb 95	4.191	0.0345 EX
BN 58 ms	Mo114	Tc114	Tc113	4.543	0.0098	19 ms	Ru123	Rh123	Rh122	6.550	0.1909
BN 31.5 ms	Rh124	Pd124	Pd123	7.113	0.0188 EX	89.1 ms	Ag127	Cd127m	Cd126	5.021	0.0053 EX
BN 89.1 ms	Ag127	Cd127m	Cd126n	5.021	0.0053	89.1 ms	Ag127	Cd127m	Cd126n	5.021	0.0053
BN 20 ms	Ag127m	Cd127m	Cd126	5.032	0.0145	20 ms	Ag127m	Cd127m	Cd126n	5.032	0.0145
BN 20 ms	Ag127m	Cd127m	Cd126n	5.032	0.0145	0.902 s	Sn134	Sb134	Sb133	3.820	0.0871 EX
BN 229.5 ms	Cs147	Ba147	Ba146	4.230	0.1344 EX	46.8 ms	Xe149	Cs149	Cs148	5.282	0.0436

续表

BN 81.0 ms	Cs150	Ba150	Ba149	6.051	0.0243	EX84 ms	La156	Ce156	Ce155	6.082	0.0626
B2N16.1 ms	Zn 86	Ga 86	Ga 84	7.118	0.2607	13.3 ms	As 92	Se 92	Se 90	8.552	0.2150
B2N64 ms	Cd133	In133	In131	7.038	0.1895	101 ms	In135	Sn135	Sn133	7.028	0.0864

$\eta = 0.52$ 上边结果再加上

BN 750 ms	Co 69m	Ni 69m	Ni 68	4.645	0.0220	750 ms	Co 69m	Ni 69m	Ni 68m	4.645	0.0220
BN 63 ms	Fe 70	Co 70	Co 69	4.746	0.1689	45 ms	Ru120	Rh120	Rh119	4.360	0.1572 EX
BN 89.1 ms	Ag127	Cd127	Cd126	4.983	0.0431	EX89.1 ms	Ag127	Cd127	Cd126m	4.983	0.0431
BN 89.1 ms	Ag127	Cd127	Cd126n	4.983	0.0431	89.1 ms	Ag127	Cd127n	Cd126	4.983	0.0431 EX
BN 89.1 ms	Ag127	Cd127n	Cd126m	4.983	0.0431	89.1 ms	Ag127	Cd127n	Cd126n	4.983	0.0431
BN 20 ms	Ag127m	Cd127	Cd126	4.994	0.0527	20 ms	Ag127m	Cd127	Cd126m	4.994	0.0527
BN 20 ms	Ag127m	Cd127	Cd126n	4.994	0.0527	20 ms	Ag127m	Cd127n	Cd126	4.994	0.0527
BN 20 ms	Ag127m	Cd127n	Cd126m	4.994	0.0527	20 ms	Ag127m	Cd127n	Cd126n	4.994	0.0527
BN 351 ms	Te140	I140	I139	3.498	0.0232	245 ms	La153	Ce153	Ce152	4.336	0.0017
BN 134 ms	Pr159	Nd159	Nd158	4.389	0.0922						
B2N11 ms	Co 78	Ni 78	Ni 76	9.901	0.3093	40 ms	Zn 85	Ga 85	Ga 83	7.349	0.1511
B2N29 ms	Ga 87	Ge 87	Ge 85	7.392	0.2102	EX15 ms	Br 98	Kr 98	Kr 96	8.090	0.2914
B2N65 ms	Cd134	In134	In132	6.239	0.0589						

$\eta = 0.50$ 上边结果再加上

BN 180 ms	Co 69	Ni 69m	Ni 68	4.381	0.1156	180 ms	Co 69	Ni 69m	Ni 68m	4.381	0.1156
BN 750 ms	Co 69m	Ni 69	Ni 68	4.627	0.0401	750 ms	Co 69m	Ni 69	Ni 68m	4.627	0.0401
BN 35 ms	Fe 71	Co 71	Co 70	5.962	0.0492	470 ms	Cu 77	Zn 77	Zn 76	4.708	0.1502 EX
BN 195 ms	Se 90	Br 90	Br 89	3.846	0.0487	334 ms	Br 92	Kr 92	Kr 91	6.013	0.1463 EX
BN 378 ms	Rb 95	Sr 95	Sr 94	4.358	0.0151	EX62.1 ms	Kr 97	Rb 97	Rb 96	5.293	0.0572 EX
BN 72 ms	Sr102	Y102	Y101	4.249	0.0594	EX236 ms	Y103	Zr103	Zr102	4.421	0.1218 EX
BN 78.5 ms	Zr108	Nb108	Nb107	4.041	0.1479	56 ms	Zr109	Nb109	Nb108	5.226	0.0091
BN 45.5 ms	Mo115	Tc115	Tc114	5.366	0.0986	57 ms	Tc116	Ru116	Ru115	6.172	0.1372 EX
BN 6.3 ms	Cd128m	In128m	In127	5.222	0.1250	146 ms	Xe146	Cs146	Cs145	3.422	0.0948 EX
BN 470 ms	Eu169	Gd169	Gd168	3.862	0.0473						
B2N12 ms	Mn 72	Fe 72	Fe 70	8.785	0.2803	12 ms	Mn 73	Fe 73	Fe 71	8.389	0.1918
B2N49.2 ms	Ga 86	Ge 86	Ge 84	7.564	0.1732	EX12.1 ms	Rb104	Sr104	Sr102	7.900	0.1592
B2N12 ms	Nb116	Mo116	Mo114	7.732	0.0567						
B3N24 ms	Ag133	Cd133	Cd130	7.276	0.0354						

$\eta = 0.48$ 上边结果再加上

BN 180 ms	Co 69	Ni 69	Ni 68	4.360	0.1368	180 ms	Co 69	Ni 69	Ni 68m	4.360	0.1368
BN 57.3 ms	Co 72	Ni 72	Ni 71	6.441	0.0865	EX57.3 ms	Co 72	Ni 72m	Ni 71	6.441	0.0865 EX
BN 47.8 ms	Co 72m	Ni 72	Ni 71	6.537	0.1905	47.8 ms	Co 72m	Ni 72m	Ni 71	6.537	0.1905
BN 270 ms	Se 91	Br 91	Br 90	4.808	0.0301	EX115 ms	Rb 98	Sr 98	Sr 97	5.540	0.0886 EX
BN 115 ms	Rb 98	Sr 98	Sr 97	5.540	0.0886	115 ms	Rb 98	Sr 98m	Sr 97	5.540	0.0886 EX
BN 115 ms	Rb 98	Sr 98m	Sr 97	5.540	0.0886	96 ms	Rb 98m	Sr 98	Sr 97	5.575	0.1266 EX
BN 96 ms	Rb 98m	Sr 98	Sr 97	5.575	0.1266	96 ms	Rb 98m	Sr 98m	Sr 97	5.575	0.1266 EX
BN 96 ms	Rb 98m	Sr 98m	Sr 97	5.575	0.1266	53 ms	Sr103	Y103	Y102	5.118	0.1898
BN 75 ms	Nb110	Mo110	Mo109	5.622	0.1428	EX75 ms	Nb110	Mo110	Mo109m	5.622	0.1428
BN 75 ms	Nb110	Mo110m	Mo109	5.622	0.1428	EX75 ms	Nb110	Mo110m	Mo109m	5.622	0.1428
BN 94 ms	Nb110m	Mo110	Mo109	5.670	0.1948	EX94 ms	Nb110m	Mo110	Mo109m	5.670	0.1948
BN 94 ms	Nb110m	Mo110m	Mo109	5.670	0.1948	EX94 ms	Nb110m	Mo110m	Mo109m	5.670	0.1948
BN 152 ms	Tc113	Ru113	Ru112	4.100	0.1367	EX189 ms	Rh119	Pd119	Pd118	3.875	0.1079 EX
BN 30 ms	Ru121	Rh121	Rh120	5.339	0.0788	EX48.6 ms	Pd126	Ag126	Ag125	4.043	0.0993 EX

续表

BN 6.3 ms	Cd128m	In128	In127	5.149	0.1971		3.6 ms	Cd129n	In129n	In128	4.721	0.0482
BN 83 ms	Cd131	In131	In130	5.905	0.2078 EX	924 ms	Sb136	Te136	Te135	4.516	0.1241 EX
BN 193 ms	Te141	I141	I140	4.196	0.1542	235 ms	I142	Xe142	Xe141	4.760	0.0529
BN 89 ms	Xe147	Cs147	Cs146	4.323	0.0030 EX	170 ms	Pr160	Nd160	Nd159	4.807	0.1358
BN 257 ms	Sm168	Eu168	Eu167	3.408	0.1381						
B2N 53 ms	Sb142	Te142	Te140	5.965	0.1404						
B3N 16 ms	Ni 82	Cu 82	Cu 79	6.958	0.0067						

$\eta = 0.46$ 上边结果再加上

BN 2.023 s	As 85	Se 85	Se 84	4.008	0.1682 EX	201.6 ms	Rb 96	Sr 96	Sr 95	5.084	0.0963 EX
BN 212 ms	Y104	Zr104	Zr103	5.117	0.0270 EX	52.3 ms	Rh122	Pd122	Pd121	5.626	0.0997 EX
BN 6.3 ms	Cd128m	In128	In127m	4.935	0.0177	6.3 ms	Cd128m	In128m	In127m	4.804	0.1488
BN 201.3 ms	In132	Sn132	Sn131	6.268	0.0045	151.1 ms	Cs148	Ba148	Ba147	4.657	0.1141 EX
BN 113 ms	Ba153	La153	La152	4.178	0.0567	161 ms	La154	Ce154	Ce153	4.684	0.1193
BN 99 ms	Ce158	Pr158	Pr157	3.266	0.0444	113 ms	Ce159	Pr159	Pr158	4.106	0.1295
BN 323 ms	Eu170	Gd170	Gd169	4.358	0.0910						
B2N 6 ms	Cr 69	Mn 69	Mn 67	6.998	0.2973	6 ms	Cr 70	Mn 70	Mn 68	6.578	0.0559
B2N 8.4 ms	Rh128	Pd128	Pd126	7.606	0.1919						

$\eta = 0.44$ 上边结果再加上

BN 64 ms	Mn 66	Fe 66	Fe 65	5.635	0.2508 EX	57.3 ms	Co 72	Ni 72	Ni 71m	5.904	0.1243 EX
BN 57.3 ms	Co 72	Ni 72m	Ni 71m	5.904	0.1243 EX	47.8 ms	Co 72m	Ni 72	Ni 71m	5.992	0.2363
BN 47.8 ms	Co 72m	Ni 72m	Ni 71m	5.992	0.2363	234.7 ms	Ni 76	Cu 76	Cu 75	3.645	0.0559 EX
BN 158.4 ms	Ni 77	Cu 77	Cu 76	4.840	0.2069 EX	331.7 ms	Cu 78	Zn 78	Zn 77	5.361	0.0573 EX
BN 944 ms	As 86	Se 86	Se 85	4.853	0.0162 EX	287 ms	Nb107	Mo107	Mo106	3.657	0.1659 EX
BN 99 ms	Ru118	Rh118	Rh117	3.246	0.0704 EX	176 ms	Ag125	Cd125m	Cd124	3.580	0.0222 EX
BN 176 ms	Ag125	Cd125m	Cd124m	3.580	0.0222	159 ms	Ag125m	Cd125m	Cd124	3.622	0.0766 EX
BN 159 ms	Ag125m	Cd125m	Cd124m	3.622	0.0766	38 ms	Pd127	Ag127	Ag126	4.804	0.1203 EX
BN 66.6 ms	Ag128	Cd128	Cd127	5.289	0.1635 EX	3.6 ms	Cd129n	In129n	In128m	4.327	0.1566
BN 582 ms	Cs145	Ba145	Ba144	3.059	0.0718 EX						
B2N 60 ms	Ge 89	As 89	As 87	5.710	0.2141	30 ms	Ge 90	As 90	As 88	5.284	0.0460
B2N 23.8 ms	Se 95	Br 95	Br 93	5.665	0.1120	34.3 ms	Br 96	Kr 96	Kr 94	6.319	0.1658
B2N 20.4 ms	Zr113	Nb113	Nb111	5.878	0.0851	13 ms	Tc122	Ru122	Ru120	6.583	0.1813
B3N 7.1 ms	Cu 84	Zn 84	Zn 81	7.743	0.0107						

$\eta = 0.42$ 上边结果再加上

BN 497 ms	Ge 85	As 85	As 84	4.013	0.1354 EX	138 ms	Y 97	Zr 97	Zr 96	4.130	0.1343
BN 138 ms	Y 97n	Zr 97	Zr 96m	4.130	0.1343	138 ms	Y 97n	Zr 97	Zr 96n	4.130	0.1343
BN 138 ms	Y 97n	Zr 97m	Zr 96	4.130	0.1343	138 ms	Y 97n	Zr 97m	Zr 96m	4.130	0.1343
BN 138 ms	Y 97n	Zr 97m	Zr 96n	4.130	0.1343	138 ms	Y 97n	Zr 97n	Zr 96	4.130	0.1343
BN 138 ms	Y 97n	Zr 97n	Zr 96m	4.130	0.1343	138 ms	Y 97n	Zr 97n	Zr 96n	4.130	0.1343
BN 100 ms	Tc114	Ru114	Ru113	4.666	0.0158 EX	100 ms	Tc114	Ru114m	Ru113	4.666	0.0158 EX
BN 90 ms	Tc114m	Ru114	Ru113	4.734	0.1086 EX	90 ms	Tc114m	Ru114m	Ru113	4.734	0.1086 EX
BN 176 ms	Ag125	Cd125	Cd124	3.495	0.1068 EX	176 ms	Ag125	Cd125	Cd124m	3.495	0.1068
BN 159 ms	Ag125m	Cd125	Cd124	3.536	0.1631 EX	159 ms	Ag125m	Cd125	Cd124m	3.536	0.1631
BN 3.6 ms	Cd129n	In129m	In128	4.634	0.1347	330 ms	In131m	Sn131	Sn130	3.824	0.0773 EX
BN 330 ms	In131m	Sn131	Sn130m	3.824	0.0773	330 ms	In131m	Sn131m	Sn130	3.797	0.1046 EX
BN 330 ms	In131m	Sn131m	Sn130n	3.797	0.1046	330 ms	In131m	Sn131n	Sn130	3.824	0.0773 EX
BN 330 ms	In131m	Sn131n	Sn130n	3.824	0.0773	320 ms	In131n	Sn131	Sn130m	5.241	0.0873 EX
BN 320 ms	In131n	Sn131m	Sn130n	5.214	0.1146 EX	320 ms	In131n	Sn131n	Sn130m	5.241	0.0873 EX

续表

BN 2.280 s	I139	Xe139	Xe138	2.798	0.1207	EX140 ms	Ba152	La152	La151	3.009	0.1082
BN 295 ms	Pr157	Nd157	Nd156	3.170	0.0146						
B2N 19.9 ms	Mn 70	Fe 70	Fe 68	6.691	0.1016	9 ms	Fe 75	Co 75	Co 73	6.448	0.1671
B2N 3 ms	Fe 76	Co 76	Co 74	6.115	0.1830	70 ms	As 90	Se 90	Se 88	6.006	0.2394
B2N 100 ms	As 91	Se 91	Se 89	5.701	0.1422	40 ms	Br 97	Kr 97	Kr 95	5.423	0.0827
B2N 17 ms	Kr101	Rb101	Rb 99	5.661	0.2286	17.8 ms	Sr107	Y107	Y105	5.548	0.1168
B2N 25.2 ms	Pd130	Ag130	Ag128	5.313	0.0069						
B3N 8 ms	V 67	Cr 67	Cr 64	7.148	0.0212	21 ms	Cu 83	Zn 83	Zn 80	6.464	0.0697
B3N 65 ms	In137	Sn137	Sn134	5.802	0.0815						

$\eta = 0.40$ 上边结果再加上

BN 500 ms	Co 70	Ni 70	Ni 69	4.871	0.0003	500 ms	Co 70	Ni 70m	Ni 69	4.871	0.0003
BN 114 ms	Co 70m	Ni 70	Ni 69	4.951	0.1203	114 ms	Co 70m	Ni 70m	Ni 69	4.951	0.1203
BN 299.6 ms	Zn 81	Ga 81	Ga 80	4.367	0.0748 EX	1.217 s	Ga 81	Ge 81	Ge 80	3.261	0.0640 EX
BN 952 ms	Ge 84	As 84	As 83	2.878	0.0607 EX	211 ms	Kr 94	Rb 94	Rb 93	2.681	0.0083 EX
BN 114 ms	Kr 95	Rb 95	Rb 94	3.688	0.1335 EX	192 ms	Nb108	Mo108	Mo107	4.277	0.1404 EX
BN 125 ms	Mo112	Tc112	Tc111	2.906	0.0538	80 ms	Mo113	Tc113	Tc112	3.861	0.1673
BN 100 ms	Tc114	Ru114	Ru113m	4.444	0.1070 EX	100 ms	Tc114	Ru114m	Ru113m	4.444	0.1070 EX
BN 90 ms	Tc114m	Ru114	Ru113m	4.508	0.2030	90 ms	Tc114m	Ru114m	Ru113m	4.508	0.2030
BN 69.2 ms	Ru119	Rh119	Rh118	4.093	0.1320 EX	3.6 s	Cd129n	In129	In128	4.594	0.1750
BN 3.6 ms	Cd129n	In129m	In128m	4.414	0.0704	0.67 s	In129n	Sn129	Sn128	3.558	0.0360
BN 0.67 s	In129n	Sn129	Sn128m	3.558	0.0360	0.67 s	In129n	Sn129m	Sn128	3.544	0.0500
BN 0.67 s	In129n	Sn129m	Sn128m	3.544	0.0500	0.67 s	In129n	Sn129n	Sn128	3.558	0.0360
BN 0.67 s	In129n	Sn129n	Sn128m	3.558	0.0360	266 ms	In131	Sn131	Sn130	3.492	0.0338 EX
BN 266 ms	In131	Sn131	Sn130m	3.492	0.0338	266 ms	In131	Sn131m	Sn130	3.466	0.0598 EX
BN 266 ms	In131	Sn131m	Sn130m	3.466	0.0598	266 ms	In131	Sn131n	Sn130	3.492	0.0338 EX
BN 266 ms	In131	Sn131n	Sn130m	3.492	0.0338	724 ms	Te139	I139	I138	3.102	0.0907
BN 321.7 ms	Cs146	Ba146	Ba145	3.618	0.0060 EX	181 ms	Pr158	Nd158	Nd157	3.669	0.0904
BN 151 ms	Nd163	Pm163	Pm162	3.346	0.0316	116 ms	Pm164	Sm164	Sm163	3.622	0.0363
B2N 16 ms	Mn 71	Fe 71	Fe 69	5.921	0.0047	16 ms	Co 76m	Ni 76	Ni 74	6.445	0.0368
B2N 16 ms	Co 76m	Ni 76	Ni 74m	6.445	0.0368	16 ms	Co 76m	Ni 76m	Ni 74	6.445	0.0368
B2N 16 ms	Co 76m	Ni 76m	Ni 74m	6.445	0.0368	37 ms	Rb102	Sr102	Sr100	5.761	0.1528
B2N 23 ms	Rb103	Sr103	Sr101	5.444	0.0662	17 ms	Nb114	Mo114	Mo112	5.683	0.1873
B2N 35 ms	Ag131	Cd131	Cd129	5.579	0.1362	120 ms	Sn139	Sb139	Sb137	4.092	0.0084
B2N 170 ms	Sb140	Te140	Te138	4.588	0.0688 EX						

$\eta = 0.38$ 上边结果再加上

BN 188 ms	Fe 68	Co 68	Co 67	2.751	0.0959	114 ms	Co 70m	Ni 70	Ni 69m	4.703	0.0468
BN 114 ms	Co 70m	Ni 70m	Ni 69m	4.703	0.0468	601 ms	Ga 82	Ge 82	Ge 81	4.550	0.2288 EX
BN 150 ms	Zr107	Nb107	Nb106	3.494	0.1089 EX	3.6 s	Cd129n	In129	In128m	4.364	0.1197
BN 590 ms	I140	Xe140	Xe139	3.370	0.0858	188 ms	Xe145	Cs145	Cs144	3.059	0.1373 EX
BN 457 ms	La151	Ce151	Ce150	2.814	0.1413	310 ms	Nd162	Pm162	Pm161	2.478	0.0149
BN 430 ms	Pm163	Sm163	Sm162	2.709	0.1272						
B2N 21.7 ms	Co 76	Ni 76	Ni 74	6.085	0.2970	21.7 ms	Co 76	Ni 76	Ni 74m	6.085	0.2970
B2N 21.7 ms	Co 76	Ni 76m	Ni 74	6.085	0.2970	21.7 ms	Co 76	Ni 76m	Ni 74m	6.085	0.2970
B2N 30 ms	Y108	Zr108	Zr106	5.193	0.1271	25 ms	Y109	Zr109	Zr107	4.839	0.0433
B2N 23 ms	Nb115	Mo115	Mo113	5.002	0.1133	24.4 ms	Te145	I145	I143	4.029	0.0901
B2N 94 ms	I146	Xe146	Xe144	4.525	0.1573						

$\eta = 0.36$ 上边结果再加上

续表

BN 162 ms	Fe 69	Co 69	Co 68	3.843	0.0199	500 ms	Co 70	Ni 70	Ni 69m	4.384	0.1664
BN 500 ms	Co 70	Ni 70m	Ni 69m	4.384	0.1664	4.338 s	Br 89	Kr 89	Kr 88	2.790	0.0448 EX
BN 1.911 s	Br 90	Kr 90	Kr 89	3.761	0.1920 EX	115.0 ms	Sr101	Y101	Y100	3.319	0.0948 EX
BN 432 ms	Y101	Zr101	Zr100	2.734	0.0018 EX	175 ms	Zr106	Nb106	Nb105	2.499	0.0843 EX
BN 133 ms	Rh120	Pd120	Pd119	4.014	0.1923 EX	64.1 ms	Pd125	Ag125	Ag124	3.615	0.0701 EX
BN 64.1 ms	Pd125	Ag125	Ag124m	3.615	0.0201	64.1 ms	Pd125	Ag125m	Ag124	3.580	0.1050 EX
BN 64.1 ms	Pd125	Ag125m	Ag124m	3.580	0.0550	50 ms	Pd125m	Ag125	Ag124	3.651	0.1341
BN 50 ms	Pd125m	Ag125	Ag124m	3.651	0.0841	50 ms	Pd125m	Ag125m	Ag124	3.616	0.1690
BN 50 ms	Pd125m	Ag125m	Ag124m	3.616	0.1190	52 ms	Ag126	Cd126	Cd125	3.967	0.0739 EX
BN 52 ms	Ag126	Cd126m	Cd125	3.967	0.0739 EX	103 ms	Ag126m	Cd126	Cd125	4.003	0.1379 EX
BN 103 ms	Ag126m	Cd126m	Cd125	4.003	0.1379 EX	129 ms	Cd130	In130	In129	2.980	0.1552 EX
BN 388 ms	Xe144	Cs144	Cs143	2.120	0.1014 EX	298 ms	La152	Ce152	Ce151	3.307	0.0507
BN 175 ms	Ce157	Pr157	Pr156	2.877	0.0572						
B2N 11 ms	Cr 67	Mn 67	Mn 65	4.967	0.0741	13 ms	Co 77	Ni 77	Ni 75	5.376	0.2984
B2N 24 ms	Ni 80	Cu 80	Cu 78	4.655	0.2397	99.7 ms	Zn 83	Ga 83	Ga 81	4.484	0.1994
B2N 53.6 ms	Zn 84	Ga 84	Ga 82	4.232	0.2156	12 ms	Mo119	Tc119	Tc117	4.709	0.2019
B2N 21 ms	Tc120	Ru120	Ru118	5.118	0.2306	68 ms	Sn140	Sb140	Sb138	3.377	0.1266
B2N 103 ms	Sb141	Te141	Te139	3.823	0.1864						
B3N 8 ms	Ga 88	Ge 88	Ge 85	5.983	0.0222	101 ms	In135	Sn135	Sn132	4.685	0.0305

$\eta = 0.34$ 上边结果再加上

BN 1.224 s	Cu 75	Zn 75	Zn 74	2.576	0.1277 EX	440 ms	Se 89	Br 89	Br 88	2.982	0.1595 EX
BN 300 ms	Y102	Zr102	Zr101	3.365	0.0409 EX	300 ms	Y102	Zr102	Zr101m	3.365	0.0409
BN 300 ms	Y102	Zr102m	Zr101	3.365	0.0409 EX	300 ms	Y102	Zr102m	Zr101m	3.365	0.0409
BN 396 ms	Y102m	Zr102	Zr101	3.399	0.1069 EX	396 ms	Y102m	Zr102	Zr101m	3.399	0.1069
BN 396 ms	Y102m	Zr102m	Zr101	3.399	0.1069 EX	396 ms	Y102m	Zr102m	Zr101m	3.399	0.1069
BN 294 ms	Tc111	Ru111	Ru110	2.465	0.0005 EX	299 ms	Ag123	Cd123m	Cd122	2.447	0.0194 EX
BN 299 ms	Ag123	Cd123m	Cd122m	2.447	0.0194	100 ms	Ag123m	Cd123	Cd122	2.516	0.0103
BN 100 ms	Ag123m	Cd123	Cd122m	2.516	0.0103	100 ms	Ag123m	Cd123m	Cd122	2.467	0.0590
BN 100 ms	Ag123m	Cd123m	Cd122m	2.467	0.0590	94 ms	Pd124	Ag124	Ag123	2.490	0.0965 EX
BN 52 ms	Ag126	Cd126	Cd125m	3.747	0.1083 EX	52 ms	Ag126	Cd126m	Cd125m	3.747	0.1083 EX
BN 103 ms	Ag126m	Cd126	Cd125m	3.781	0.1743 EX	103 ms	Ag126m	Cd126m	Cd125m	3.781	0.1743 EX
BN 152 ms	Cd129m	In129n	In128	2.684	0.1447 EX	1.46 s	Te138	I138	I137	1.963	0.1149 EX
BN 167 ms	Ba151	La151	La150	2.673	0.1201	119 ms	Sm167	Eu167	Eu166	2.696	0.1422
BN 200 ms	Eu168	Gd168	Gd167	2.851	0.0895	353 ms	Gd172	Tb172	Tb171	2.113	0.1101
B2N 10 ms	Cr 68	Mn 68	Mn 66	4.327	0.0836	73.2 ms	Cu 81	Zn 81	Zn 79	4.684	0.1821
B2N 95.2 ms	Ga 84	Ge 84	Ge 82	4.604	0.0608 EX	95.2 ms	Ga 84	Ge 84	Ge 82m	4.604	0.0608
B2N 95.2 ms	Ga 84	Ge 84m	Ge 82	4.604	0.0608 EX	95.2 ms	Ga 84	Ge 84m	Ge 82m	4.604	0.0608
B2N <85 ms	Ga 84m	Ge 84	Ge 82	4.638	0.1268	<85 ms	Ga 84m	Ge 84	Ge 82m	4.638	0.1268
B2N <85 ms	Ga 84m	Ge 84m	Ge 82	4.638	0.1268	<85 ms	Ga 84m	Ge 84m	Ge 82m	4.638	0.1268
B2N 91.9 ms	Ga 85	Ge 85	Ge 83	4.374	0.2018 EX	60 ms	I147	Xe147	Xe145	3.636	0.0074
B2N 36.7 ms	Cs152	Ba152	Ba150	4.070	0.0383						
B3N 27 ms	Cd135	In135	In132	4.685	0.1841	85 ms	In136	Sn136	Sn133	4.995	0.1869

$\eta = 0.32$ 上边结果再加上

BN 1.6 s	Co 68m	Ni 68	Ni 67	3.667	0.0007 EX	1.6 s	Co 68m	Ni 68	Ni 67m	3.667	0.0007
BN 1.6 s	Co 68m	Ni 68m	Ni 67	3.667	0.0007 EX	1.6 s	Co 68m	Ni 68m	Ni 67m	3.667	0.0007
BN 331.8 ms	Ni 75	Cu 75	Cu 74	3.111	0.0759 EX	561.9 ms	Zn 80	Ga 80	Ga 79	2.260	0.0570 EX
BN 200.7 ms	Sr100	Y100	Y 99	2.238	0.0060 EX	420 ms	Rh117	Pd117	Pd116	2.245	0.1066 EX

续表

BN 299 ms	Ag123	Cd123	Cd122	2.349	0.1175	EX299 ms	Ag123	Cd123	Cd122m	2.349	0.1175
BN 155.9 ms	Cd129	In129n	In128	2.417	0.0694	EX152 ms	Cd129m	In129n	In128m	2.526	0.0176
BN 233 ms	Ce156	Pr156	Pr155	1.957	0.0530						
B2N 70 ms	Br 94	Kr 94	Kr 92	4.221	0.2486	12 ms	Ru125	Rh125	Rh123	4.144	0.0216
B2N 19 ms	Rh126	Pd126	Pd124	4.504	0.0335						
B3N 12 ms	Mn 73	Fe 73	Fe 70	5.369	0.0960	16.1 ms	Zn 86	Ga 86	Ga 83	4.218	0.2496
B3N 29 ms	Ga 87	Ge 87	Ge 84	4.549	0.0075	65 ms	Cd134	In134	In131	3.840	0.0017

$\eta = 0.30$ 上边结果再加上

BN 496 ms	Co 67m	Ni 67	Ni 66	2.521	0.0738	496 ms	Co 67m	Ni 67	Ni 66m	2.521	0.0738
BN 496 ms	Co 67m	Ni 67m	Ni 66	2.521	0.0738	496 ms	Co 67m	Ni 67m	Ni 66m	2.521	0.0738
BN 199 ms	Co 68	Ni 68	Ni 67	3.393	0.1249	199 ms	Co 68	Ni 68	Ni 67m	3.393	0.1249
BN 199 ms	Co 68	Ni 68m	Ni 67	3.393	0.1249	199 ms	Co 68	Ni 68m	Ni 67m	3.393	0.1249
BN 2.704 s	Rb 94	Sr 94	Sr 93	2.932	0.0094	EX1.478 s	Y 99	Zr 99	Zr 98	1.939	0.1176 EX
BN ~200 ms	Mo111m	Tc111	Tc110	2.602	0.0106	EX~200 ms	Mo111m	Tc111	Tc110m	2.602	0.0106
BN ~200 ms	Mo111m	Tc111m	Tc110	2.602	0.0106	EX~200 ms	Mo111m	Tc111m	Tc110m	2.602	0.0106
BN 310 ms	Rh118m	Pd118	Pd117	3.057	0.0971	EX310 ms	Rh118m	Pd118m	Pd117	3.057	0.0971 EX
BN 152 ms	Cd129m	In129m	In128	2.728	0.1008	EX3.6 ms	Cd129n	In129n	In128m	2.951	0.0205
BN 1.19 s	In129m	Sn129	Sn128	2.309	0.0862	EX1.19 s	In129m	Sn129	Sn128n	2.309	0.0862
BN 1.19 s	In129m	Sn129m	Sn128	2.298	0.0967	EX1.19 s	In129m	Sn129m	Sn128n	2.298	0.0967
BN 1.19 s	In129m	Sn129n	Sn128	2.309	0.0862	EX1.19 s	In129m	Sn129n	Sn128n	2.309	0.0862
BN 540 ms	In130n	Sn130m	Sn129	2.446	0.0414	EX540 ms	In130n	Sn130m	Sn129m	2.446	0.0064 EX
BN 540 ms	In130n	Sn130m	Sn129n	2.446	0.0414	1.33 s	Eu167	Gd167	Gd166	1.948	0.0696
B2N 28 ms	Mn 68	Fe 68	Fe 66	4.337	0.1539	130 ms	Se 93	Br 93	Br 91	3.457	0.1408
B2N 68 ms	Br 95	Kr 95	Kr 93	3.541	0.0962	39 ms	Sr105	Y105	Y103	3.561	0.0514
B2N 30 ms	Tc118	Ru118	Ru116	3.960	0.1688	22 ms	Tc121	Ru121	Ru119	3.770	0.1157
B2N 31 ms	Pd129	Ag129	Ag127	4.041	0.0682	41 ms	Ag130	Cd130	Cd128	4.413	0.2763
B2N 236 ms	Sn137	Sb137	Sb135	2.820	0.0650						

$\eta = 0.28$ 上边结果再加上

BN 1.27 s	Cu 76m	Zn 76	Zn 75	3.069	0.0761	1.27 s	Cu 76m	Zn 76m	Zn 75	3.069	0.0761
BN >200 ms	Zn 79m	Ga 79	Ga 78	2.717	0.0721	>200 ms	Zn 79m	Ga 79	Ga 78m	2.717	0.0721
BN >200 ms	Zn 79m	Ga 79m	Ga 78	2.717	0.0721	>200 ms	Zn 79m	Ga 79m	Ga 78m	2.717	0.0721
BN 2.32 s	Y 98m	Zr 98	Zr 97	2.506	0.0262	EX2.32 s	Y 98m	Zr 98	Zr 97m	2.506	0.0262
BN 2.32 s	Y 98m	Zr 98m	Zr 97	2.506	0.0262	EX2.32 s	Y 98m	Zr 98m	Zr 97m	2.506	0.0262
BN 186 ms	Mo111	Tc111	Tc110	2.401	0.1120	EX186 ms	Mo111	Tc111	Tc110m	2.401	0.1120
BN 186 ms	Mo111	Tc111m	Tc110	2.401	0.1120	EX186 ms	Mo111	Tc111m	Tc110m	2.401	0.1120
BN 305 ms	Tc112	Ru112	Ru111	2.761	0.1829	EX152 ms	Ru117	Rh117	Rh116	2.492	0.1779 EX
BN 286 ms	Rh118	Pd118	Pd117	2.797	0.1569	EX286 ms	Rh118	Pd118m	Pd117	2.797	0.1569 EX
BN 310 ms	Rh118m	Pd118	Pd117m	2.853	0.0979	EX310 ms	Rh118m	Pd118m	Pd117m	2.853	0.0979 EX
BN 1.04 s	In127n	Sn127	Sn126	2.198	0.1253	1.04 s	In127n	Sn127	Sn126m	2.198	0.1253
BN 1.04 s	In127n	Sn127	Sn126n	2.198	0.1253	1.04 s	In127n	Sn127m	Sn126	2.196	0.1267
BN 1.04 s	In127n	Sn127m	Sn126m	2.196	0.1267	1.04 s	In127n	Sn127m	Sn126n	2.196	0.1267
BN 1.04 s	In127n	Sn127n	Sn126	2.198	0.1253	1.04 s	In127n	Sn127n	Sn126m	2.198	0.1253
BN 1.04 s	In127n	Sn127n	Sn126n	2.198	0.1253	>0.3 s	In128n	Sn128m	Sn127	2.343	0.1524 EX
BN >0.3 s	In128n	Sn128m	Sn127m	2.343	0.1474	>0.3 s	In128n	Sn128m	Sn127n	2.343	0.1524
BN 155.9 ms	Cd129	In129m	In128	2.450	0.0358	EX155.9 ms	Cd129	In129n	In128m	2.115	0.0865
BN 152 ms	Cd129m	In129	In128	2.673	0.1564	EX258 ms	Ba150	La150	La149	1.655	0.0940 EX
BN 215 ms	Nd161	Pm161	Pm160	2.056	0.0227	800 ms	Sm166	Eu166	Eu165	1.623	0.0787

B2N43 ms	Ni 79	Cu 79	Cu 77	3.847	0.2027	113.3 ms	Cu 80	Zn 80	Zn 78	4.048	0.0999
B2N37 ms	Kr 99	Rb 99	Rb 97	3.420	0.0494	7 ms	Kr100	Rb100	Rb 98	3.161	0.0896
B2N20 ms	Sr106	Y106	Y104	3.075	0.0559	24.0 ms	Zr111	Nb111	Nb109	3.352	0.2079
B2N30 ms	Zr112	Nb112	Nb110	3.120	0.1234	38 ms	Nb112	Mo112	Mo110	3.613	0.2005
B2N22 ms	Mo117	Tc117	Tc115	3.344	0.1133	333 ms	Sb138	Te138	Te136	2.950	0.1712 EX
B2N120 ms	Te143	I143	I141	2.729	0.0153	94 ms	I144	Xe144	Xe142	3.090	0.1598
B3N10 ms	V 66	Cr 66	Cr 63	5.133	0.0241	20.1 ms	Pd131	Ag131	Ag128	4.061	0.1832
B4N7.1 ms	Cu 84	Zn 84	Zn 80	4.927	0.2043						

$\eta = 0.26$ 上边结果再加上

BN 329 ms	Co 67	Ni 67	Ni 66	2.057	0.0458	329 ms	Co 67	Ni 67	Ni 66m	2.057	0.0458
BN 329 ms	Co 67	Ni 67m	Ni 66	2.057	0.0458	329 ms	Co 67	Ni 67m	Ni 66m	2.057	0.0458
BN 637.0 ms	Cu 76	Zn 76	Zn 75	2.811	0.1844 EX	637.0 ms	Cu 76	Zn 76	Zn 75m	2.811	0.0574
BN 637.0 ms	Cu 76	Zn 76m	Zn 75	2.811	0.1844 EX	637.0 ms	Cu 76	Zn 76m	Zn 75m	2.811	0.0574
BN 1.27 s	Cu 76	Zn 76	Zn 75m	2.850	0.1684	1.27 s	Cu 76m	Zn 76m	Zn 75m	2.850	0.1684
BN 2.91 s	Nb105	Mo105	Mo104	1.795	0.0515 EX	1.013 s	Nb106	Mo106	Mo105	2.448	0.0980 EX
BN 1.013 s	Nb106	Mo106	Mo105m	2.448	0.0980	1.013 s	Nb106	Mo106m	Mo105	2.448	0.0980 EX
BN 1.013 s	Nb106	Mo106m	Mo105m	2.448	0.0980	1.20 s	Nb106m	Mo106	Mo105	2.474	0.1720 EX
BN 1.20 s	Nb106m	Mo106	Mo105m	2.474	0.1720	1.20 s	Nb106m	Mo106m	Mo105	2.474	0.1720 EX
BN 1.20 s	Nb106m	Mo106m	Mo105m	2.474	0.1720	286 ms	Rh118	Pd118	Pd117m	2.598	0.1538
BN 286 ms	Rh118	Pd118m	Pd117m	2.598	0.1538	201 ms	Ag124	Cd124	Cd123	2.589	0.0132 EX
BN 201 ms	Ag124	Cd124m	Cd123	2.589	0.0132 EX	144 ms	Ag124m	Cd124	Cd123	2.602	0.0502 EX
BN 144 ms	Ag124m	Cd124m	Cd123	2.602	0.0502 EX	155.9 ms	Cd129	In129	In128	2.393	0.0935 EX
BN 152 ms	Cd129m	In129	In128m	2.482	0.0623	152 ms	Cd129m	In129m	In128m	2.364	0.1796
BN 3.6 ms	Cd129n	In129m	In128n	2.869	0.1022	609 ms	In129	Sn129	Sn128	1.884	0.0603 EX
BN 609 ms	In129	Sn129	Sn128n	1.884	0.0603	609 ms	In129	Sn129m	Sn128	1.875	0.0694 EX
BN 609 ms	In129	Sn129m	Sn128n	1.875	0.0694	609 ms	In129	Sn129n	Sn128	1.884	0.0603 EX
BN 609 ms	In129	Sn129n	Sn128n	1.884	0.0603	275 ms	In130	Sn130m	Sn129	2.020	0.0826 EX
BN 275 ms	In130	Sn130m	Sn129m	2.020	0.0476	275 ms	In130	Sn130m	Sn129n	2.020	0.0826
BN 535 ms	In130m	Sn130m	Sn129	2.037	0.1322	535 ms	In130m	Sn130m	Sn129m	2.037	0.0972 EX
BN 535 ms	In130m	Sn130m	Sn129n	2.037	0.1322	24.59 s	I137	Xe137	Xe136	1.434	0.0563 EX
BN 1.795 s	Cs143	Ba143	Ba142	1.495	0.0889 EX	989 ms	Cs144	Ba144	Ba143	2.076	0.0074 EX
BN 989 ms	Cs144	Ba144	Ba143m	2.076	0.0074	989 ms	Cs144	Ba144m	Ba143	2.076	0.0074 EX
BN 989 ms	Cs144	Ba144m	Ba143m	2.076	0.0074	<1 s	Cs144m	Ba144	Ba143	2.100	0.0755
BN <1 s	Cs144m	Ba144	Ba143m	2.100	0.0755	<1 s	Cs144m	Ba144m	Ba143	2.100	0.0755
BN <1 s	Cs144m	Ba144m	Ba143m	2.100	0.0755	1.091 s	La149	Ce149	Ce148	1.544	0.0514 EX
BN 444 ms	Pr156	Nd156	Nd155	2.143	0.1089	630 ms	Pm162	Sm162	Sm161	2.034	0.0118
BN 727 ms	Gd171	Tb171	Tb170	1.834	0.0819						
B2N16 ms	Mn 69	Fe 69	Fe 67	3.466	0.2335	12.9 ms	Fe 73	Co 73	Co 71	3.502	0.2251
B2N31.4 ms	Co 74	Ni 74	Ni 72	3.808	0.2218	60.8 ms	Ge 88	As 88	As 86	2.708	0.0768
B2N200 ms	As 88	Se 88	Se 86	3.360	0.0397	220 ms	As 89	Se 89	Se 87	3.108	0.1365
B2N45.8 ms	Se 94	Br 94	Br 92	2.686	0.0893	51 ms	Rb100	Sr100	Sr 98	3.391	0.1123 EX
B2N31.0 ms	Rb101	Sr101	Sr 99	3.184	0.1130	82 ms	Y106	Zr106	Zr104	3.236	0.0360
B2N20 ms	Rh127	Pd127	Pd125	3.374	0.2044	154 ms	Sn138	Sb138	Sb136	2.243	0.0975
B2N182 ms	Sb139	Te139	Te137	2.508	0.0932						

$\eta = 0.24$ 上边结果再加上

BN 507.7 ms	Ni 74	Cu 74	Cu 73	1.631	0.0754	1.284 s	Kr 93	Rb 93	Rb 92	1.914	0.1410 EX
BN 548 ms	Y 98	Zr 98	Zr 97	2.036	0.0300 EX	548 ms	Y 98	Zr 98	Zr 97m	2.036	0.0300

续表

BN 548 ms	Y 98	Zr 98m	Zr 97	2.036	0.0300	EX	548 ms	Y 98	Zr 98m	Zr 97m	2.036	0.0300	
BN 203 ms	Ru116	Rh116	Rh115	1.478	0.0997	EX	109 ms	Pd123	Ag123	Ag122	2.070	0.0315	EX
BN 109 ms	Pd123	Ag123m	Ag122	2.056	0.0459	EX	101 ms	Pd123m	Ag123	Ag122	2.094	0.1075	
BN 101 ms	Pd123m	Ag123	Ag122m	2.094	0.0275		101 ms	Pd123m	Ag123m	Ag122	2.080	0.1219	
BN 101 ms	Pd123m	Ag123m	Ag122m	2.080	0.0419		201 ms	Ag124	Cd124	Cd123m	2.390	0.0694	
BN 201 ms	Ag124	Cd124	Cd123m	2.390	0.0694		144 ms	Ag124m	Cd124	Cd123m	2.402	0.1074	EX
BN 144 ms	Ag124m	Cd124	Cd123m	2.402	0.1074	EX	53.9 ms	Ag129	Cd129m	Cd128m	2.497	0.0066	
BN 158 ms	Ag129m	Cd129m	Cd128m	2.501	0.0218		155.9 ms	Cd129	In129m	In128m	2.100	0.1008	
BN 3.6 ms	Cd129n	In129	In128n	2.756	0.2146		540 ms	In130n	Sn130	Sn129	2.424	0.0633	EX
BN 540 ms	In130n	Sn130	Sn129m	2.424	0.0283 EX		540 ms	In130n	Sn130	Sn129n	2.424	0.0633	
BN 540 ms	In130n	Sn130n	Sn129	2.424	0.0633 EX		540 ms	In130n	Sn130n	Sn129m	2.424	0.0283	EX
BN 540 ms	In130n	Sn130n	Sn129n	2.424	0.0633		2.50 s	Te137	I137	I136	1.570	0.0889	EX
BN 6.251 s	I138	Xe138	Xe137	1.795	0.0253 EX		511 ms	Xe143	Cs143	Cs142	1.671	0.0584	EX
BN 1.47 s	Pr155	Nd155	Nd154	1.526	0.0561		1.05 s	Pm161	Sm161	Sm160	1.458	0.1065	
B2N 5 ms	Fe 74	Co 74	Co 72	2.969	0.0131		103.2 ms	Ge 87	As 87	As 85	2.763	0.1783	
B2N 33.5 ms	Y107	Zr107	Zr105	2.768	0.0634		32 ms	Nb113	Mo113	Mo111	2.862	0.2117	
B2N 19 ms	Ru123	Rh123	Rh121	2.911	0.1364		31.5 ms	Rh124	Pd124	Pd122	3.161	0.0891	
B2N 84 ms	Cd132	In132	In130	2.743	0.0412		167 ms	In133m	Sn133	Sn131	3.121	0.1323	
B2N 167 ms	In133m	Sn133	Sn131m	3.121	0.0673		167 ms	In133m	Sn133m	Sn131	3.121	0.1323	
B2N 167 ms	In133m	Sn133m	Sn131m	3.121	0.0673		89.7 ms	I145	Xe145	Xe143	2.366	0.0578	
B2N 81.0 ms	Cs150	Ba150	Ba148	2.690	0.0292								
B3N 30 ms	Ni 81	Cu 81	Cu 78	3.676	0.3016		13.3 ms	As 92	Se 92	Se 89	3.801	0.0907	
B3N 28 ms	Ag132	Cd132	Cd129	3.734	0.2630								

$\eta = 0.22$ 上边结果再加上

BN 395 ms	Fe 67	Co 67	Co 66	2.002	0.1153		1.51 s	Se 88	Br 88	Br 87	1.391	0.0342	EX
BN 5.85 s	Rb 93	Sr 93	Sr 92	1.530	0.1350 EX		666 ms	Zr105	Nb105	Nb104	1.748	0.0225	EX
BN 109 ms	Pd123	Ag123	Ag122m	1.898	0.1240 EX		109 ms	Pd123	Ag123m	Ag122m	1.885	0.1372	EX
BN >0.3 s	In128n	Sn128	Sn127	2.301	0.1941 EX		>0.3 s	In128n	Sn128	Sn127m	2.301	0.1891	
BN >0.3 s	In128n	Sn128	Sn127n	2.301	0.1941		>0.3 s	In128n	Sn128n	Sn127	2.301	0.1941	EX
BN >0.3 s	In128n	Sn128n	Sn127m	2.301	0.1891		>0.3 s	In128n	Sn128n	Sn127n	2.301	0.1941	
BN 53.9 ms	Ag129	Cd129	Cd128m	2.364	0.1392		158 ms	Ag129m	Cd129	Cd128m	2.368	0.1548	
BN 155.9 ms	Cd129	In129	In128m	2.024	0.1766		535 ms	In130m	Sn130	Sn129	2.152	0.0172	
BN 535 ms	In130m	Sn130	Sn129	2.152	0.0172		535 ms	In130m	Sn130n	Sn129	2.152	0.0172	
BN 535 ms	In130m	Sn130n	Sn129	2.152	0.0172		510 ms	La150	Ce150	Ce149	1.765	0.0109	EX
BN 439 ms	Nd160	Pm160	Pm159	1.245	0.0035		1.24 s	Tb171	Dy171	Dy170	1.261	0.0961	
BN 760 ms	Tb172	Dy172	Dy171	1.662	0.0764								
B2N 22 ms	Tc119	Ru119	Ru117	2.509	0.1570		162 ms	In133	Sn133	Sn131	2.789	0.1350	
B2N 162 ms	In133	Sn133	Sn131m	2.789	0.0700		162 ms	In133	Sn133m	Sn131	2.789	0.1350	
B2N 162 ms	In133	Sn133m	Sn131m	2.789	0.0700		93 ms	Te144	I144	I142	1.892	0.0407	
B2N 46.8 ms	Xe149	Cs149	Cs147	2.152	0.1111		84 ms	La156	Ce156	Ce154	2.478	0.0387	
B3N 6 ms	Cr 70	Mn 70	Mn 67	3.146	0.0740								

$\eta = 0.20$ 上边结果再加上

BN 1.17 s	Y 97m	Zr 97	Zr 96	1.396	0.0137 EX		1.17 s	Y 97m	Zr 97	Zr 96m	1.396	0.0137	
BN 1.17 s	Y 97m	Zr 97	Zr 96n	1.396	0.0137		1.17 s	Y 97m	Zr 97m	Zr 96	1.396	0.0137	EX
BN 1.17 s	Y 97m	Zr 97m	Zr 96m	1.396	0.0137		1.17 s	Y 97m	Zr 97m	Zr 96n	1.396	0.0137	
BN 1.17 s	Y 97m	Zr 97n	Zr 96	1.396	0.0137 EX		1.17 s	Y 97m	Zr 97n	Zr 96m	1.396	0.0137	
BN 1.17 s	Y 97m	Zr 97n	Zr 96n	1.396	0.0137		653 ms	Sr 98	Y 98	Y 97	1.071	0.0397	EX

BN	732 ms	Y100	Zr100	Zr 99	1.708	0.0052	EX732 ms	Y100	Zr100	Zr 99m	1.708	0.0052
BN	732 ms	Y100	Zr100m	Zr 99	1.708	0.0052	EX732 ms	Y100	Zr100m	Zr 99m	1.708	0.0052
BN	940 ms	Y100m	Zr100	Zr 99	1.737	0.1204	EX940 ms	Y100m	Zr100	Zr 99m	1.737	0.1204
BN	940 ms	Y100m	Zr100m	Zr 99	1.737	0.1204	EX940 ms	Y100m	Zr100m	Zr 99m	1.737	0.1204
BN	195 ms	Pd122	Ag122	Ag121	1.197	0.0082	EX275 ms	In130	Sn130	Sn129	1.943	0.1593 EX
BN	275 ms	In130	Sn130	Sn129m	1.943	0.1243	275 ms	In130	Sn130	Sn129n	1.943	0.1593
BN	275 ms	In130	Sn130n	Sn129	1.943	0.1593	EX275 ms	In130	Sn130n	Sn129m	1.943	0.1243
BN	275 ms	In130	Sn130n	Sn129n	1.943	0.1593	535 ms	In130m	Sn130	Sn129m	1.956	0.1779 EX
BN	535 ms	In130m	Sn130n	Sn129m	1.956	0.1779	EX330 ms	In131m	Sn131	Sn130m	1.821	0.1335
BN	330 ms	In131m	Sn131m	Sn130m	1.808	0.1465	330 ms	In131m	Sn131n	Sn130m	1.821	0.1335
BN	313 ms	Ce155	Pr155	Pr154	1.426	0.0708						
B2N	26.5 ms	Co 75	Ni 75	Ni 73	2.633	0.2595	19 ms	Mo118	Tc118	Tc116	2.081	0.1093
B3N	11 ms	Co 78	Ni 78	Ni 75	3.808	0.3805	40 ms	Zn 85	Ga 85	Ga 82	2.826	0.2757
B3N	30 ms	Ge 90	As 90	As 87	2.402	0.0246	40 ms	Br 97	Kr 97	Kr 94	2.582	0.0414
B3N	15 ms	Br 98	Kr 98	Kr 95	3.111	0.2752						

$\eta = 0.18$ 上边结果再加上

BN	746 ms	Zn 79	Ga 79	Ga 78	1.549	0.1406	EX746 ms	Zn 79	Ga 79	Ga 78m	1.549	0.1406
BN	746 ms	Zn 79	Ga 79m	Ga 78	1.549	0.1406	EX746 ms	Zn 79	Ga 79m	Ga 78m	1.549	0.1406
BN	287 ms	Mo110	Tc110	Tc109	1.078	0.0870	EX266 ms	In131	Sn131	Sn130m	1.571	0.0073
BN	266 ms	In131	Sn131m	Sn130m	1.560	0.0190	266 ms	In131	Sn131n	Sn130m	1.571	0.0073
BN	352 ms	Ba149	La149	La148	1.238	0.0579	EX410 ms	Gd170	Tb170	Tb169	0.963	0.0867
B2N	47.8 ms	Co 72m	Ni 72	Ni 70	2.451	0.0125	47.8 ms	Co 72m	Ni 72	Ni 70m	2.451	0.0125
B2N	47.8 ms	Co 72m	Ni 72m	Ni 70	2.451	0.0125	47.8 ms	Co 72m	Ni 72m	Ni 70m	2.451	0.0125
B2N	57 ms	Tc116	Ru116	Ru114	2.222	0.1324	516 ms	Sn135	Sb135	Sb133	1.539	0.0996
B2N	59 ms	Cs151	Ba151	Ba149	1.826	0.0719	44 ms	La157	Ce157	Ce155	1.863	0.1878
B3N	12 ms	Mn 72	Fe 72	Fe 69	3.162	0.1413	3 ms	Fe 76	Co 76	Co 73	2.621	0.0308
B3N	32.3 ms	Cu 82	Zn 82	Zn 79	2.894	0.0860	100 ms	As 91	Se 91	Se 88	2.443	0.2206
B3N	12.1 ms	Rb104	Sr104	Sr101	2.844	0.3052						
B4N	85 ms	In136	Sn136	Sn132	2.644	0.1389						

$\eta = 0.16$ 上边结果再加上

BN	1.9 s	Ga 80	Ge 80	Ge 79	1.568	0.1528	EX1.9 s	Ga 80	Ge 80m	Ge 79	1.568	0.1528 EX
BN	1.3 s	Ga 80m	Ge 80	Ge 79	1.572	0.1721	EX1.3 s	Ga 80m	Ge 80m	Ge 79	1.572	0.1721 EX
BN	16.29 s	Br 88	Kr 88	Kr 87	1.354	0.0567	EX429 ms	Sr 97	Y 97	Y 96	1.124	0.0438 EX
BN	550 ms	Ag122m	Cd122	Cd121	1.451	0.0099	EX550 ms	Ag122m	Cd122	Cd121n	1.451	0.0099
BN	550 ms	Ag122m	Cd122m	Cd121	1.451	0.0099	EX550 ms	Ag122m	Cd122m	Cd121n	1.451	0.0099
BN	550 ms	Ag122m	Cd122n	Cd121	1.451	0.0099	EX550 ms	Ag122m	Cd122n	Cd121n	1.451	0.0099
BN	200 ms	Ag122n	Cd122	Cd121	1.459	0.0519	EX200 ms	Ag122n	Cd122	Cd121n	1.459	0.0519
BN	200 ms	Ag122n	Cd122m	Cd121	1.459	0.0519	EX200 ms	Ag122n	Cd122m	Cd121n	1.459	0.0519
BN	200 ms	Ag122n	Cd122n	Cd121	1.459	0.0519	EX200 ms	Ag122n	Cd122n	Cd121n	1.459	0.0519
BN	245.9 ms	Cd128	In128	In127	1.031	0.0290	EX245.9 ms	Cd128	In128m	In127	0.985	0.0746 EX
BN	0.67 s	In129n	Sn129	Sn128m	1.423	0.0788	0.67 s	In129n	Sn129m	Sn128m	1.418	0.0844
BN	0.67 s	In129n	Sn129n	Sn128m	1.423	0.0788	17.67 s	Te136	I136	I135	0.737	0.0342 EX
BN	980 ms	Sm165	Eu165	Eu164	1.073	0.0665	1.31 s	Eu166	Gd166	Gd165	1.137	0.0545
B2N	57.3 ms	Co 72	Ni 72	Ni 70	2.147	0.1168	57.3 ms	Co 72	Ni 72	Ni 70m	2.147	0.1168
B2N	57.3 ms	Co 72	Ni 72m	Ni 70	2.147	0.1168	57.3 ms	Co 72	Ni 72m	Ni 70m	2.147	0.1168
B2N	334 ms	Br 92	Kr 92	Kr 90	1.924	0.1491	62.1 ms	Kr 97	Rb 97	Rb 95	1.694	0.1205
B2N	115 ms	Rb 98	Sr 98	Sr 96	1.847	0.0486	EX115 ms	Rb 98	Sr 98	Sr 96m	1.847	0.0486

续表

B2N 115 ms	Rb 98	Sr 98m	Sr 96	1.847	0.0486	EX115 ms	Rb 98	Sr 98m	Sr 96m	1.847	0.0486
B2N 96 ms	Rb 98m	Sr 98	Sr 96	1.858	0.1099	EX96 ms	Rb 98m	Sr 98	Sr 96m	1.858	0.1099
B2N 96 ms	Rb 98m	Sr 98m	Sr 96	1.858	0.1099	EX96 ms	Rb 98m	Sr 98m	Sr 96m	1.858	0.1099
B2N 26.5 ms	Rh125	Pd125	Pd123	1.859	0.0803						
B3N 16 ms	Mn 71	Fe 71	Fe 68	2.368	0.1808	49.2 ms	Ga 86	Ge 86	Ge 83	2.421	0.0736
B3N 12 ms	Nb116	Mo116	Mo113	2.474	0.2147						
B4N 8 ms	Ga 88	Ge 88	Ge 84	2.659	0.3001	27 ms	Cd135	In135	In131	2.204	0.2072
B4N 65 ms	In137	Sn137	Sn133	2.210	0.0419						

$\eta = 0.14$ 上边结果再加上

BN 1.9 s	Ga 80	Ge 80	Ge 79m	1.372	0.1628	EX1.9 s	Ga 80	Ge 80m	Ge 79m	1.372	0.1628 EX
BN 1.3 s	Ga 80m	Ge 80	Ge 79m	1.375	0.1826	EX1.3 s	Ga 80m	Ge 80m	Ge 79m	1.375	0.1826 EX
BN 269.0 ms	Sr 99	Y 99	Y 98	1.066	0.1221	EX76 ms	Ru115m	Rh115	Rh114	1.077	0.0290
BN 76 ms	Ru115m	Rh115m	Rh114	1.077	0.0290	570 ms	Rh116m	Pd116	Pd115	1.230	0.0767 EX
BN 570 ms	Rh116m	Pd116m	Pd115	1.230	0.0767	EX777 ms	Ag121	Cd121	Cd120	0.862	0.1097 EX
BN 529 ms	Ag122	Cd122	Cd121	1.259	0.1225	EX529 ms	Ag122	Cd122	Cd121n	1.259	0.1225
BN 529 ms	Ag122	Cd122m	Cd121	1.259	0.1225	EX529 ms	Ag122	Cd122m	Cd121n	1.259	0.1225
BN 529 ms	Ag122	Cd122n	Cd121	1.259	0.1225	EX529 ms	Ag122	Cd122n	Cd121n	1.259	0.1225
BN 200 ms	Ag122n	Cd122	Cd121m	1.277	0.0193	EX200 ms	Ag122n	Cd122m	Cd121m	1.277	0.0193 EX
BN 200 ms	Ag122n	Cd122n	Cd121m	1.277	0.0193	EX3.618 s	In127m	Sn127	Sn126	0.906	0.0407 EX
BN 3.618 s	In127m	Sn127	Sn126m	0.906	0.0407	3.618 s	In127m	Sn127	Sn126n	0.906	0.0407
BN 3.618 s	In127m	Sn127m	Sn126	0.905	0.0414	EX3.618 s	In127m	Sn127m	Sn126m	0.905	0.0414
BN 3.618 s	In127m	Sn127m	Sn126n	0.905	0.0414	3.618 s	In127m	Sn127n	Sn126	0.906	0.0407 EX
BN 3.618 s	In127m	Sn127n	Sn126m	0.906	0.0407	3.618 s	In127m	Sn127n	Sn126n	0.906	0.0407
BN 720 ms	In128m	Sn128m	Sn127	0.959	0.0224	EX720 ms	In128m	Sn128m	Sn127m	0.959	0.0174
BN 720 ms	In128m	Sn128m	Sn127n	0.959	0.0224	722 ms	Ce154	Pr154	Pr153	0.717	0.0487
B2N 35 ms	Fe 71	Co 71	Co 69	1.669	0.1299	75 ms	Nb110	Mo110	Mo108	1.640	0.1428
B2N 75 ms	Nb110	Mo110	Mo108m	1.640	0.1428	75 ms	Nb110	Mo110m	Mo108	1.640	0.1428
B2N 75 ms	Nb110	Mo110m	Mo108m	1.640	0.1428	94 ms	Nb110m	Mo110	Mo108	1.654	0.2288
B2N 94 ms	Nb110m	Mo110	Mo108m	1.654	0.2288	94 ms	Nb110m	Mo110m	Mo108	1.654	0.2288
B2N 94 ms	Nb110m	Mo110m	Mo108m	1.654	0.2288	45.5 ms	Mo115	Tc115	Tc113	1.502	0.1021
B2N 52.3 ms	Rh122	Pd122	Pd120	1.712	0.0389	15 ms	Ru124	Rh124	Rh122	1.486	0.1461
B2N 361 ms	Sn136	Sb136	Sb134	1.096	0.1009	924 ms	Sb136	Te136	Te134	1.317	0.0562 EX
B2N 235 ms	I142	Xe142	Xe140	1.388	0.1420	53.5 ms	Xe150	Cs150	Cs148	1.214	0.0550
B3N 6 ms	Cr 69	Mn 69	Mn 66	2.130	0.2639	23 ms	Rb103	Sr103	Sr100	1.905	0.0262
B3N 23 ms	Nb115	Mo115	Mo112	1.843	0.0357	53 ms	Sb142	Te142	Te139	1.740	0.1322

$\eta = 0.12$ 上边结果再加上

BN 842 ms	Ni 73	Cu 73	Cu 72	1.004	0.0884	55.64 s	Br 87	Kr 87	Kr 86	0.757	0.0349 EX
BN 920 ms	Zr104	Nb104	Nb103	0.670	0.0591	EX0.89 s	Tc109	Ru109	Ru108	0.713	0.0827 EX
BN 911 ms	Tc110	Ru110	Ru109	1.023	0.0979	EX318 ms	Ru115	Rh115	Rh114	0.914	0.1107
BN 318 ms	Ru115	Rh115m	Rh114	0.914	0.1107	690 ms	Rh116	Pd116	Pd115	1.030	0.0763 EX
BN 690 ms	Rh116	Pd116m	Pd115	1.030	0.0763	EX570 ms	Rh116m	Pd116	Pd115m	1.054	0.1633 EX
BN 570 ms	Rh116m	Pd116m	Pd115m	1.054	0.1633	EX529 ms	Ag122	Cd122	Cd121m	1.079	0.0873 EX
BN 529 ms	Ag122	Cd122m	Cd121m	1.079	0.0873	EX529 ms	Ag122	Cd122n	Cd121m	1.079	0.0873 EX
BN 550 ms	Ag122m	Cd122	Cd121m	1.089	0.1577	550 ms	Ag122m	Cd122m	Cd121m	1.089	0.1577
BN 550 ms	Ag122m	Cd122n	Cd121m	1.089	0.1577	152 ms	Cd129m	In129n	In128n	0.947	0.0837
BN 1.222 s	Xe142	Cs142	Cs141	0.573	0.0928	EX2.30 s	Pr154	Nd154	Nd153	0.866	0.0273
BN 485 ms	Nd159	Pm159	Pm158	0.758	0.0423	>700 ms	Pm160m	Sm160	Sm159	0.842	0.0798

续表

BN	>700 ms	Pm160m	Sm160	Sm159m	0.842	0.0798	>700 ms	Pm160m	Sm160m	Sm159	0.842	0.0798
BN	>700 ms	Pm160m	Sm160m	Sm159m	0.842	0.0798						
B2N	64 ms	Mn 66	Fe 66	Fe 64	1.537	0.0287	152 ms	Br 93	Kr 93	Kr 91	1.288	0.1420
B2N	56 ms	Zr109	Nb109	Nb107	1.254	0.0885	44.5 ms	Tc117	Ru117	Ru115	1.300	0.0120
B2N	30 ms	Ru121	Rh121	Rh119	1.335	0.2158	193 ms	Te141	I141	I139	1.049	0.0954
B2N	151.1 ms	Cs148	Ba148	Ba146	1.215	0.0869						
B3N	13 ms	Co 77	Ni 77	Ni 74	1.792	0.2729	25 ms	Y109	Zr109	Zr106	1.528	0.0150
B3N	35 ms	Ag131	Cd131	Cd128	1.674	0.0865	103 ms	Sb141	Te141	Te138	1.274	0.1551

$\eta = 0.10$ 上边结果再加上

BN	1.598 s	Cu 74	Zn 74	Zn 73	0.924	0.0810 EX	2.852 s	Ga 79	Ge 79	Ge 78	0.647	0.0846 EX
BN	3.74 s	Y 97	Zr 97	Zr 96	0.631	0.1103 EX	3.74 s	Y 97	Zr 97	Zr 96m	0.631	0.1103
BN	3.74 s	Y 97	Zr 97	Zr 96n	0.631	0.1103	3.74 s	Y 97	Zr 97m	Zr 96	0.631	0.1103 EX
BN	3.74 s	Y 97	Zr 97m	Zr 96m	0.631	0.1103	3.74 s	Y 97	Zr 97m	Zr 96n	0.631	0.1103
BN	3.74 s	Y 97	Zr 97n	Zr 96	0.631	0.1103 EX	3.74 s	Y 97	Zr 97n	Zr 96m	0.631	0.1103
BN	3.74 s	Y 97	Zr 97n	Zr 96n	0.631	0.1103	318 ms	Ru115	Rh115	Rh114m	0.761	0.0629
BN	318 ms	Ru115	Rh115m	Rh114m	0.761	0.0629	76 ms	Ru115m	Rh115	Rh114m	0.769	0.1367
BN	76 ms	Ru115m	Rh115m	Rh114m	0.769	0.1367	1.03 s	Rh115	Pd115	Pd114	0.569	0.1109
BN	690 ms	Rh116	Pd116	Pd115m	0.858	0.1589 EX	690 ms	Rh116	Pd116m	Pd115m	0.858	0.1589 EX
BN	291 ms	Pd121	Ag121	Ag120	0.771	0.1154 EX	337 ms	Cd127m	In127m	In126	0.752	0.0189 EX
BN	245.9 ms	Cd128	In128	In127m	0.644	0.0215 EX	245.9 ms	Cd128	In128m	In127m	0.616	0.0500 EX
BN	0.84 s	In128	Sn128m	Sn127	0.657	0.0401 EX	0.84 s	In128	Sn128m	Sn127m	0.657	0.0351 EX
BN	0.84 s	In128	Sn128m	Sn127n	0.657	0.0401	720 ms	In128m	Sn128	Sn127	0.895	0.0874 EX
BN	720 ms	In128m	Sn128	Sn127m	0.895	0.0824	720 ms	In128m	Sn128	Sn127n	0.895	0.0874
BN	720 ms	In128m	Sn128n	Sn127	0.895	0.0874 EX	720 ms	In128m	Sn128n	Sn127m	0.895	0.0824
BN	720 ms	In128m	Sn128n	Sn127n	0.895	0.0874	152 ms	Cd129m	In129	In128n	0.955	0.0766
BN	152 ms	Cd129m	In129m	In128n	0.909	0.1217	617 ms	Ba148	La148	La147	0.465	0.0857 EX
BN	1.34 s	La148	Ce148	Ce147	0.718	0.0045 EX	725 ms	Pm160	Sm160	Sm159	0.683	0.0483
BN	725 ms	Pm160	Sm160	Sm159m	0.683	0.0483	725 ms	Pm160	Sm160m	Sm159	0.683	0.0483
BN	725 ms	Pm160	Sm160m	Sm159m	0.683	0.0483						
B2N	23 ms	Cr 66	Mn 66	Mn 64	1.110	0.0849	270 ms	Se 91	Br 91	Br 89	1.002	0.0385
B2N	53 ms	Sr103	Y103	Y101	1.066	0.0521	506 ms	Sb137	Te137	Te135	0.873	0.1395 EX
B2N	89 ms	Xe147	Cs147	Cs145	0.901	0.0984						
B3N	8.4 ms	Rh128	Pd128	Pd125	1.654	0.2437						

$\eta = 0.08$ 上边结果再加上

BN	351 ms	Fe 66	Co 66	Co 65	0.466	0.0687	4.20 s	Cu 73	Zn 73	Zn 72	0.488	0.0882 EX
BN	4.03 s	As 84	Se 84	Se 83	0.767	0.1374 EX	5.65 s	Se 87	Br 87	Br 86	0.556	0.0678 EX
BN	692 ms	Mo109	Tc109	Tc108	0.569	0.1124 EX	337 ms	Cd127m	In127	In126	0.633	0.1378 EX
BN	337 ms	Cd127m	In127	In126m	0.633	0.0478	337 ms	Cd127m	In127m	In126m	0.601	0.0793
BN	1.087 s	In127	Sn127	Sn126	0.486	0.0666 EX	1.087 s	In127	Sn127	Sn126m	0.486	0.0666
BN	1.087 s	In127	Sn127	Sn126n	0.486	0.0666	1.087 s	In127	Sn127m	Sn126	0.486	0.0670 EX
BN	1.087 s	In127	Sn127m	Sn126m	0.486	0.0670	1.087 s	In127	Sn127m	Sn126n	0.486	0.0670
BN	1.087 s	In127	Sn127n	Sn126	0.486	0.0666 EX	1.087 s	In127	Sn127n	Sn126m	0.486	0.0666
BN	1.087 s	In127	Sn127n	Sn126n	0.486	0.0666	0.84 s	In128	Sn128	Sn127	0.693	0.0041 EX
BN	0.84 s	In128	Sn128	Sn127n	0.693	0.0041	0.84 s	In128	Sn128n	Sn127	0.693	0.0041 EX
BN	0.84 s	In128	Sn128n	Sn127n	0.693	0.0041	155.9 ms	Cd129	In129n	In128n	0.604	0.0839
BN	1.687 s	Cs142	Ba142	Ba141	0.545	0.0904 EX						
B2N	47 ms	Mn 67	Fe 67	Fe 65	0.929	0.0549	54 ms	Nb111	Mo111	Mo109	0.838	0.2091

续表

B2N 182 ms	I143	Xe143	Xe141	0.713	0.0463	170 ms	Pr160	Nd160	Nd158	0.801	0.1825
B3N 53.6 ms	Zn 84	Ga 84	Ga 81	0.941	0.1332	60 ms	Ge 89	As 89	As 86	1.038	0.1585
B3N 23.8 ms	Se 95	Br 95	Br 92	1.030	0.0177	34.3 ms	Br 96	Kr 96	Kr 93	1.149	0.0523
B3N 17.8 ms	Sr107	Y107	Y104	1.057	0.0486	20.4 ms	Zr113	Nb113	Nb110	1.069	0.1764
B3N 25.2 ms	Pd130	Ag130	Ag127	1.012	0.1772	68 ms	Sn140	Sb140	Sb137	0.751	0.0941
B3N 60 ms	I147	Xe147	Xe144	0.856	0.0961						
B4N 10 ms	V 66	Cr 66	Cr 62	1.467	0.2928	8 ms	V 67	Cr 67	Cr 63	1.362	0.2795
B4N 16 ms	Ni 82	Cu 82	Cu 78	1.160	0.1117	24 ms	Ag133	Cd133	Cd129	1.164	0.0802

$\eta = 0.06$ 上边结果再加上

BN 1.85 s	Ge 83	As 83	As 82	0.491	0.0555	1.841 s	Kr 92	Rb 92	Rb 91	0.330	0.0641 EX
BN 4.9 s	Nb104	Mo104	Mo103	0.481	0.0796 EX	4.9 s	Nb104	Mo104	Mo103m	0.481	0.0796
BN 4.9 s	Nb104	Mo104m	Mo103	0.481	0.0796 EX	4.9 s	Nb104	Mo104m	Mo103m	0.481	0.0796
BN 0.87 s	Nb104m	Mo104	Mo103	0.482	0.0890 EX	0.87 s	Nb104m	Mo104	Mo103m	0.482	0.0890
BN 0.87 s	Nb104m	Mo104m	Mo103	0.482	0.0890 EX	0.87 s	Nb104m	Mo104m	Mo103m	0.482	0.0890
BN 450 ms	Cd127	In127	In126	0.458	0.0281 EX	450 ms	Cd127	In127m	In126	0.434	0.0518 EX
BN 0.84 s	In128	Sn128	Sn127m	0.520	0.1723 EX	0.84 s	In128	Sn128n	Sn127m	0.520	0.1723 EX
BN 155.9 ms	Cd129	In129	In128n	0.552	0.1360	155.9 ms	Cd129	In129m	In128n	0.525	0.1630
BN 9.97 s	Sb134m	Te134	Te133	0.497	0.1176 EX	9.97 s	Sb134m	Te134m	Te133	0.497	0.1176 EX
BN 894 ms	Ba147	La147	La146	0.354	0.0207 EX	4.073 s	La147	Ce147	Ce146	0.289	0.0762 EX
BN 2.53 s	Eu165	Gd165	Gd164	0.317	0.0651						
B2N 40.5 ms	Co 73	Ni 73	Ni 71	0.698	0.0871	331.7 ms	Cu 78	Zn 78	Zn 76	0.731	0.1294
B2N 52.7 ms	Se 92	Br 92	Br 90	0.540	0.0830	201.6 ms	Rb 96	Sr 96	Sr 94	0.663	0.1743
B2N 43 ms	Kr 98	Rb 98	Rb 96	0.585	0.0010	57.8 ms	Rb 99	Sr 99	Sr 97	0.653	0.1522
B2N 53 ms	Sr104	Y104	Y102	0.589	0.1693	212 ms	Y104	Zr104	Zr102	0.667	0.1780
B2N 37.5 ms	Zr110	Nb110	Nb108	0.575	0.1007	32 ms	Mo116	Tc116	Tc114	0.570	0.1678
B2N 66.6 ms	Ag128	Cd128	Cd126	0.721	0.1742	83 ms	Cd131	In131	In129	0.738	0.2317
B2N 201.3 ms	In132	Sn132	Sn130	0.818	0.2510	161 ms	La154	Ce154	Ce152	0.611	0.1916
B2N 65.4 ms	Pr161	Nd161	Nd159	0.554	0.0251	323 ms	Eu170	Gd170	Gd168	0.568	0.0664
B3N 24 ms	Ni 80	Cu 80	Cu 77	0.776	0.1213	73.2 ms	Cu 81	Zn 81	Zn 78	0.827	0.0188
B3N 91.9 ms	Ga 85	Ge 85	Ge 82	0.772	0.1714	17 ms	Kr101	Rb101	Rb 98	0.809	0.2576
B3N 13 ms	Tc122	Ru122	Ru119	0.898	0.1519	64 ms	Cd133	In133	In130	0.782	0.2561

$\eta = 0.04$ 上边结果再加上

BN 450 ms	Cd127	In127	In126m	0.305	0.0907	450 ms	Cd127	In127m	In126m	0.289	0.1065
BN 675 ms	Sb134	Te134	Te133	0.320	0.0154	675 ms	Sb134	Te134m	Te133	0.320	0.0154
BN 1.728 s	Xe141	Cs141	Cs140	0.231	0.0389 EX	24.91 s	Cs141	Ba141	Ba140	0.190	0.0185 EX
BN 865 ms	Ce153	Pr153	Pr152	0.246	0.0183	750 ms	Gd169	Tb169	Tb168	0.243	0.0640
BN 960 ms	Tb170	Dy170	Dy169	0.260	0.0444						
B2N 19 ms	Fe 72	Co 72	Co 70	0.421	0.2014	158.4 ms	Ni 77	Cu 77	Cu 75	0.440	0.0238
B2N 107 ms	Y105	Zr105	Zr103	0.415	0.1696	90 ms	Tc114m	Ru114	Ru112	0.451	0.0861
B2N 90 ms	Tc114m	Ru114	Ru112m	0.451	0.0861	90 ms	Tc114m	Ru114m	Ru112	0.451	0.0861
B2N 90 ms	Tc114m	Ru114m	Ru112m	0.451	0.0861	38 ms	Pd127	Ag127	Ag125	0.437	0.2075
B2N 147 ms	Te142	I142	I140	0.310	0.0960	113 ms	Ce159	Pr159	Pr157	0.357	0.0888
B3N 10 ms	Cr 68	Mn 68	Mn 65	0.509	0.0468	9 ms	Fe 75	Co 75	Co 72	0.614	0.2585
B3N 70 ms	As 90	Se 90	Se 87	0.572	0.1435	22 ms	Tc121	Ru121	Ru118	0.503	0.2301
B3N 136 ms	In134	Sn134	Sn131	0.558	0.0135	120 ms	Sn139	Sb139	Sb136	0.409	0.0638
B4N 13.3 ms	As 92	Se 92	Se 88	0.633	0.0790						

$\eta = 0.02$ 上边结果再加上

续表

BN 4.50 s	Rb 92	Sr 92	Sr 91	0.152	0.1450 EX	9.6 s	Y 96m	Zr 96	Zr 95	0.163	0.1246
BN 9.6 s	Y 96m	Zr 96	Zr 95m	0.163	0.1246	9.6 s	Y 96m	Zr 96m	Zr 95	0.163	0.1246
BN 9.6 s	Y 96m	Zr 96m	Zr 95m	0.163	0.1246	1.19 s	In129m	Sn129	Sn128m	0.154	0.1491
BN 1.19 s	In129m	Sn129m	Sn128m	0.153	0.1498	1.19 s	In129m	Sn129n	Sn128m	0.154	0.1491
BN 1.42 s	Sn133	Sb133	Sb132	0.151	0.0284 EX	9.97 s	Sb134m	Te134	Te133m	0.166	0.1149 EX
BN 9.97 s	Sb134m	Te134m	Te133m	0.166	0.1149 EX	1.49 s	Pm159	Sm159	Sm158	0.103	0.0122
B2N 500 ms	Co 70	Ni 70	Ni 68	0.244	0.0411	500 ms	Co 70	Ni 70	Ni 68m	0.244	0.0411
B2N 500 ms	Co 70	Ni 70m	Ni 68	0.244	0.0411	500 ms	Co 70	Ni 70m	Ni 68m	0.244	0.0411
B2N 114 ms	Co 70m	Ni 70	Ni 68	0.248	0.2371	114 ms	Co 70m	Ni 70	Ni 68m	0.248	0.2371
B2N 114 ms	Co 70m	Ni 70m	Ni 68	0.248	0.2371	114 ms	Co 70m	Ni 70m	Ni 68m	0.248	0.2371
B2N 177.9 ms	Zn 82	Ga 82	Ga 80	0.202	0.0537	310 ms	Ga 83	Ge 83	Ge 81	0.224	0.1568
B2N 944 ms	As 86	Se 86	Se 84	0.221	0.1118	100 ms	Tc114	Ru114	Ru112	0.222	0.1547
B2N 100 ms	Tc114	Ru114	Ru112m	0.222	0.1547	100 ms	Tc114	Ru114m	Ru112	0.222	0.1547
B2N 100 ms	Tc114	Ru114m	Ru112m	0.222	0.1547	42.2 ms	Rh123	Pd123	Pd121	0.214	0.1224
B2N 53.9 ms	Ag129	Cd129	Cd127	0.215	0.0074	53.9 ms	Ag129	Cd129m	Cd127	0.208	0.0142
B2N 158 ms	Ag129m	Cd129	Cd127	0.215	0.0270	158 ms	Ag129m	Cd129m	Cd127	0.208	0.0338
B2N 107 ms	Cs149	Ba149	Ba147	0.180	0.1340	113 ms	Ba153	La153	La151	0.182	0.0061
B2N 101 ms	La155	Ce155	Ce153	0.187	0.1408						
B3N 19.9 ms	Mn 70	Fe 70	Fe 67	0.319	0.2186	37 ms	Rb102	Sr102	Sr 99	0.288	0.2548
B4N 11 ms	Co 78	Ni 78	Ni 74	0.381	0.1984	15 ms	Br 98	Kr 98	Kr 94	0.311	0.1936

$\eta = 0.0001$ 上边结果再加上

BN 209 ms	Co 66	Ni 66	Ni 65	0.001	0.1341	675 ms	Sb134	Te134	Te133m	0.001	0.0007
BN 675 ms	Sb134	Te134m	Te133m	0.001	0.0007	1.43 s	Sm164	Eu164	Eu163	0.000	0.0657
B2N 484 ms	As 87	Se 87	Se 85	0.001	0.1413	69.2 ms	Ru119	Rh119	Rh117	0.001	0.1626
B2N 133 ms	Rh120	Pd120	Pd118	0.001	0.1147	25 ms	Ru122	Rh122	Rh120	0.001	0.1868
B2N 85 ms	Xe148	Cs148	Cs146	0.001	0.0082						
B3N 68 ms	Br 95	Kr 95	Kr 92	0.001	0.1978	17 ms	Nb114	Mo114	Mo111	0.001	0.2545
B3N 170 ms	Sb140	Te140	Te137	0.001	0.1920	24.4 ms	Te145	I145	I142	0.001	0.0639
B4N 21 ms	Cu 83	Zn 83	Zn 79	0.002	0.2441	16.1 ms	Zn 86	Ga 86	Ga 82	0.001	0.0688
B4N 20.1 ms	Pd131	Ag131	Ag127	0.001	0.1120	28 ms	Ag132	Cd132	Cd128	0.002	0.0402

　　表 9.4 中给出的 β 衰变电子动能 $E_{\beta e}$ 和缓发中子最大能量 E_{nm} 只对应于随着 η 值下降该缓发中子先驱核刚出现时的 η 值。表 9.5 中给出了缓发中子先驱核 $^{139}_{51}\text{Sb}$ 和 $^{93}_{35}\text{Br}$ 的 β 衰变电子动能 $E_{\beta e}$ 和缓发中子最大能量 E_{nm} 随 η 值的变化，可见随着 η 值下降，$E_{\beta e}$ 会减小，E_{nm} 将增大。请注意，随着原子核质量表进一步精细化，本章的计算结果也会有微小变化。

　　式 (9.5) 给出了每个缓发中子先驱核所对应的缓发中子的最大极限能量，表 9.4 和表 9.5 给出了取不同 η 值时缓发中子的最大能量。由于在 β^- 衰变过程中，所产生的原子核的激发态能量比较低，缓发中子能量也比较低，因而缓发 γ 射线和缓发中子基本上都是在分立能级之间进行跃迁所产生的。图 9.1 给出了缓发 γ 射线和缓发中子发射途径示意图。β^- 衰变前的母核 AZ 处在基态，它比子核 $A(Z+1)$ 的基态高出了由式 (9.1) 给出的 E_e。

　　β^- 衰变是弱相互作用过程，可用相对论理论计算出由母核 AZ 的基态跃迁

到子核 $A(Z+1)$ 低于 E_e 的各个分立能级的跃迁率，该跃迁率也就是子核相应能级的初始占有概率。在图 9.1 中 B_n 是 $A(Z+1)$ 核的中子分离能，可以看出如果 $E_e < B_n$，AZ 核的 β^- 衰变只能到达 $A(Z+1)$ 核低于 B_n 的能级，这些能级只能进行 γ 退激，可用第 6 章介绍的分立能级的 γ 退激理论求 γ 射线发射能谱。在具体计算时，要对每个分立能级都进行展宽处理，相当于又把分立能级的 γ 退激变成连续能级的 γ 退激问题了。最终可以得到 $A(Z+1)$ 核的 γ 射线发射能谱，在这种 γ 能谱中会出现很多尖峰，它们的位置分别对应于 $A(Z+1)$ 核不同分立能级之间的间距。图 9.1 所显示的是 $E_e > B_n$ 的情况，这时 AZ 核的 β^- 衰变可能会跃迁到 $A(Z+1)$ 核高于 B_n 的能级，这些能级可以通过发射缓发中子而退激到孙核 $(A-1)(Z+1)$ 低于 $E_e - B_n$ 的分立能级上。虽然 $A(Z+1)$ 核的这些高激发态能级也可以 γ 退激到低激发态，但是其概率远低于发射中子的概率，因而可以忽略掉它们的 γ 退激贡献。我们用 $G^{J\Pi}(E_i, I_i, \pi_i; E_j, I_j, \pi_j)$ 表示由 $A(Z+1)$ 核的 (E_i, I_i, π_i) 能级向 $(A-1)(Z+1)$ 核的 (E_j, I_j, π_j) 能级的中子跃迁概率，并且我们有以下关系式

$$G^{J\Pi}(E_i, I_i, \pi_i; E_j, I_j, \pi_j) = T_{lj}(E_i - E_j)\theta(I_i, \pi_i; I_j, \pi_j; J\Pi) \tag{9.8}$$

表 9.5　缓发中子先驱核 $^{139}_{51}\mathrm{Sb}$ 和 $^{93}_{35}\mathrm{Br}$ 的 β 衰变电子动能 $E_{\beta e}$ 和缓发中子最大能量 E_{nm} 随 η 值的变化

η	51-Sb-139		35-Br-93		η	51-Sb-139		35-Br-93	
	$E_{\beta e}$	E_{nm}	$E_{\beta e}$	E_{nm}		$E_{\beta e}$	E_{nm}	$E_{\beta e}$	E_{nm}
0.74	0.000	0.000	0.000	0.000	0.36	3.472	3.593	3.865	3.432
0.72	6.944	0.120	0.000	0.000	0.34	3.279	3.786	3.650	3.647
0.70	6.752	0.313	0.000	0.000	0.32	3.086	3.979	3.435	3.862
0.68	6.559	0.506	0.000	0.000	0.30	2.894	4.171	3.220	4.076
0.66	6.366	0.699	7.085	0.212	0.28	2.701	4.364	3.006	4.291
0.64	6.173	0.892	6.870	0.427	0.26	2.508	4.557	2.791	4.506
0.62	5.980	1.085	6.656	0.641	0.24	2.315	4.750	2.576	4.720
0.60	5.787	1.278	6.441	0.856	0.22	2.122	4.943	2.362	4.935
0.58	5.594	1.471	6.226	1.071	0.20	1.929	5.136	2.147	5.150
0.56	5.401	1.664	6.011	1.285	0.18	1.736	5.329	1.932	5.365
0.54	5.208	1.857	5.797	1.500	0.16	1.543	5.522	1.718	5.579
0.52	5.015	2.049	5.582	1.715	0.14	1.350	5.715	1.503	5.794
0.50	4.823	2.242	5.367	1.929	0.12	1.157	5.908	1.288	6.009
0.48	4.630	2.435	5.153	2.144	0.10	0.965	6.100	1.073	6.223
0.46	4.437	2.628	4.938	2.359	0.08	0.772	6.293	0.859	6.438
0.44	4.244	2.821	4.723	2.573	0.06	0.579	6.486	0.644	6.653
0.42	4.051	3.014	4.509	2.788	0.04	0.386	6.679	0.429	6.867
0.40	3.858	3.207	4.294	3.003	0.02	0.193	6.872	0.215	7.082
0.38	3.665	3.400	4.079	3.218	0.0001	0.0010	7.064	0.0011	7.296

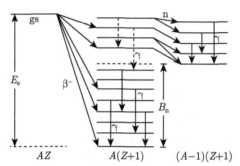

图 9.1　缓发 γ 射线和缓发中子发射途径示意图

其中 $T_{lj}(E_n)$ 是用 j-j 耦合的球形光学模型计算的中子穿透系数，l 是轨道角动量，$E_n = E_i - E_j$ 是中子能量。角动量守恒要求

$$I_i + j = J, \quad I_j + j = J \tag{9.9}$$

宇称守恒要求

$$\pi_i(-1)^l = \Pi, \quad \pi_j(-1)^l = \Pi \tag{9.10}$$

当满足以上二式要求时 $\theta(I_i, \pi_i; I_j, \pi_j; J\Pi) = 1$，否则有 $\theta(I_i, \pi_i; I_j, \pi_j; J\Pi) = 0$。于是就可以把第 6 章介绍的分立能级 γ 退激理论修改为可以用于求中子发射能谱。在具体计算时，要对每个分立能级都进行展宽处理。在这种中子能谱中也会出现很多尖峰，它们分别对应于 $A(Z+1)$ 核高于 B_n 的能级与 $(A-1)(Z+1)$ 核低于 $E_e - B_n$ 的能级之间的差距。在中子核数据程序中，处理 (n,2nγ) 反应道的中子能谱时就是利用类似的方法。在 $E_e > B_n$ 情况下的 γ 退激能谱是指孙核 $(A-1)(Z+1)$ 的 γ 退激能谱。从母核 AZ 经 β^- 衰变到子核 $A(Z+1)$ 高于 B_n 的能级的跃迁率之和与衰变到子核 $A(Z+1)$ 低于 B_n 的能级的跃迁率之和分别代表发射缓发中子和发射缓发 γ 射线的份额。

这里介绍的是单个母核的 β^- 衰变以及缓发 γ 射线和缓发中子发射的核结构与核衰变的理论概念。事实上，往往是先测量到相应的 γ 射线能谱和中子能谱，反过来再定出相应的能级位置。即通过这种研究，可以获得子核及孙核的能谱知识，特别是可以获得子核能量高于中子分离能的高激发态的能谱知识，这对于研究远离 β 稳定线的丰中子核的结构是很有帮助的。目前，对于一些丰中子短寿命核，还无法知道它们的分立能级纲图，这时还只能用连续能级的能级密度代替。

在裂变后 3 分钟之内可以研究累计缓发中子数及平均缓发中子能谱。而缓发 γ 射线却要发射很长时间，可以研究随时间变化的缓发 γ 射线能谱，但是当裂变后的时间 t 变得很长时，缓发 γ 射线发射强度也会变得很弱。

伴随着第 8 章给出的累计产额 $Y_{AZ\ell}^{\mathrm{cum}}(t_k)$ 的计算，也可以联立求解出每次裂变的缓发中子数 ν_{d}。$\beta^- \mathrm{n}$ 缓发中子先驱核 $AZ\ell$ 在 t_k 时刻和 Δt_k 时间段内所产生的缓发中子数为

$$\nu_{\mathrm{d},AZ\ell\beta\mathrm{N}}(t_k) = Y_{AZ\ell}^{\mathrm{cum}}(t_k)\, b_{AZ\ell\beta\mathrm{N}} \left(1 - \mathrm{e}^{-\lambda_{AZ\ell}\Delta t_k}\right) \tag{9.11}$$

其中 $b_{AZ\ell\beta\mathrm{N}}$ 代表先驱核 $AZ\ell$ 的 $\beta^- \mathrm{n}$ 衰变道的分支比。注意如果 $AZ\ell$ 是 $\beta^- 2\mathrm{n}$ 衰变道的先驱核，它一定也是 $\beta^- \mathrm{n}$ 衰变道的先驱核，因而要注意缓发中子不能重复计算。$\beta^- 2\mathrm{n}$ 缓发中子先驱核 $AZ\ell$ 在 t_k 时刻和 Δt_k 时间段内所产生的第二个缓发中子数为

$$\nu_{\mathrm{d},AZ\ell\beta2\mathrm{N}}(t_k) = Y_{AZ\ell}^{\mathrm{cum}}(t_k)\, b_{AZ\ell\beta2\mathrm{N}} \left(1 - \mathrm{e}^{-\lambda_{AZ\ell}\Delta t_k}\right) \tag{9.12}$$

其中 $b_{AZ\ell\beta2\mathrm{N}}$ 代表先驱核 $AZ\ell$ 的 $\beta^- 2\mathrm{n}$ 衰变道的分支比。开始我们只选择实验上已经测量到的缓发中子衰变道，并用 $\alpha_{1k}(AZ\ell)$ 和 $\alpha_{2k}(AZ\ell)$ 分别代表在 t_k 时刻其产额不为 0 的具有 $\beta^- \mathrm{n}$ 和 $\beta^- 2\mathrm{n}$ 衰变道的全部先驱核。可以写出每次裂变事件的缓发中子数 ν_{d} 为

$$\nu_{\mathrm{d}} = \sum_{\substack{k \\ t_k < 3\mathrm{m}}} \left(\sum_{\alpha_{1k}(AZ\ell)} \nu_{\mathrm{d},AZ\ell\beta\mathrm{N}}(t_k) + \sum_{\alpha_{2k}(AZ\ell)} \nu_{\mathrm{d},AZ\ell\beta2\mathrm{N}}(t_k) \right) \tag{9.13}$$

注意在以上公式中未包括 $\beta^- 3\mathrm{n}$ 和 $\beta^- 4\mathrm{n}$ 衰变道。参考文献 [51] 推荐给出的一次裂变所发射的缓发中子数 ν_{d} 的数值为：对于 $^{235}\mathrm{U}$，热中子 0.0162，快中子 0.0163；对于 $^{238}\mathrm{U}$，快中子 0.0465；对于 $^{239}\mathrm{Pu}$，热中子 0.0065，快中子 0.00651。

如果发现计算的每次裂变的缓发中子数 ν_{d} 以及由裂变累计产额所推算的裂变碎片质量分布不太满意，可以加上一些理论预言存在但是尚未测量到的缓发中子衰变道，并适当分配给它一定的分支比，这样有可能在一定程度上改善计算结果。例如，如果计算的质量分布在某个质量处偏低，便可以在比该质量大于 1 或 2 的质量链中选取理论预言存在但是尚未测量到的缓发中子先驱核加进计算公式，这样有可能在一定程度上改善质量分布的计算结果。

第 10 章 计算 (n,f),(n,n′f),(n,2nf) 三个裂变道总贡献的理论方法

入射中子与靶核形成复合核 AZ，其激发能为 E^*。当入射中子能量超过 (n,f) 反应道阈，但是低于 (n,n′f) 反应道阈时，在计算裂变前核数据程序中，关于裂变反应只需计算 (n,f) 道的裂变截面 $\sigma_{n,f}(A, Z, E^*)$，它也是总裂变截面

$$\sigma_{n,F}(A, Z, E^*) = \sigma_{n,f}(A, Z, E^*) \tag{10.1}$$

当入射中子能量超过 (n,n′f) 反应道阈，但是低于 (n,2nf) 反应道阈时，在计算裂变前核数据程序中，关于裂变反应不仅需要计算裂变截面 $\sigma_{n,f}(A, Z, E^*)$，还需要计算被发射的第一个中子的归一化能谱 $f_{1n}(A, Z, E_1)$，以及相应的裂变截面 $\sigma_{n,f}(A-1, Z, E^* - E_1)$，其中 E_1 是被发射的第一个中子的动能。由于对应于非弹性散射剩余核 $(A-1)Z$ 分立能级所发射的第一个中子的能量太高，分立能级非弹性散射剩余核不可能发生裂变，因而 $(A-1)Z$ 核的裂变一定对应于非弹性散射剩余核 $(A-1)Z$ 的连续能级。设非弹性散射剩余核 $(A-1)Z$ 的最高分立能级的能量是 E_m，E_1 的范围是 $0 \sim E^* - E_{1n} - E_m$，其中 E_{1n} 是复合核发射的第一个中子的分离能

$$E_{1n} = (M_{(A-1)Z} + m_n - M_{AZ})c^2 \tag{10.2}$$

对应于 AZ 核的 (n,n′f) 反应道的裂变截面为

$$\sigma_{n,n'f}(A, Z, E^*) = \int_0^{E^* - E_{1n} - E_m} f_{1n}(A, Z, E_1)\sigma_{n,f}(A-1, Z, E^* - E_1)dE_1 \tag{10.3}$$

相应的 AZ 核的总裂变截面为

$$\sigma_{n,F}(A, Z, E^*) = \sigma_{n,f}(A, Z, E^*) + \sigma_{n,n'f}(A, Z, E^*) \tag{10.4}$$

当入射中子能量超过 (n,2nf) 反应道阈，但是低于 (n,3nf) 反应道阈时，在计算裂变前核数据程序中，关于裂变反应不仅需要计算裂变截面 $\sigma_{n,f}(A, Z, E^*)$，还需要计算被发射的第一个中子的归一化能谱 $f_{1n}(A, Z, E_1)$，以及相应的裂变截面 $\sigma_{n,f}(A-1, Z, E^* - E_1)$。此外还需要计算对应于每个 E_1 值的被发射的第二个中子的

归一化能谱 $f_{2\mathrm{n}}(A-1,Z,E_1,E_2)$，以及相应的裂变截面 $\sigma_{\mathrm{n,f}}(A-2,Z,E^*-E_1-E_2)$，$E_2$ 的范围是 $0 \sim (E^*-E_{2\mathrm{n}}-E_1)$，其中 $E_{2\mathrm{n}}$ 是复合核连续发射两个中子的分离能

$$E_{2\mathrm{n}} = (M_{(A-2)Z} + 2m_\mathrm{n} - M_{AZ})c^2 \tag{10.5}$$

对应于 AZ 核的 (n, n′f) 道的裂变截面仍然用式 (10.3) 来处理。对应于 $(A-1)Z$ 核第一个中子能量为 E_1 的 (n, n′f) 反应道的裂变截面为

$$\sigma_{\mathrm{n,n'f}}(A-1,Z,E^*-E_1)$$
$$= \int_0^{E^*-E_{2\mathrm{n}}-E_1} f_{2\mathrm{n}}(A-1,Z,E_1,E_2)\sigma_{\mathrm{n,f}}(A-2,Z,E^*-E_1-E_2)\mathrm{d}E_2 \tag{10.6}$$

对应于 AZ 核的 (n,2nf) 反应道的裂变截面为

$$\sigma_{\mathrm{n,2nf}}(A,Z,E^*) = \int_0^{E^*-E_{1\mathrm{n}}-E_m} f_{1\mathrm{n}}(A,Z,E_1)\sigma_{\mathrm{n,n'f}}(A-1,Z,E^*-E_1)\mathrm{d}E_1 \tag{10.7}$$

相应地 AZ 核的总裂变截面为

$$\sigma_{\mathrm{n,F}}(A,Z,E^*) = \sigma_{\mathrm{n,f}}(A,Z,E^*) + \sigma_{\mathrm{n,n'f}}(A,Z,E^*) + \sigma_{\mathrm{n,2nf}}(A,Z,E^*) \tag{10.8}$$

当入射中子能量超过 (n,f) 反应道阈，但是低于 (n,n′f) 反应道阈时，我们相对于 $\sigma_{\mathrm{n,f}}(A,Z,E^*)$ 研究裂变后的核数据，通过符合各种实验数据来确定所有模型参数。

当入射中子能量超过 (n, n′f) 反应道阈，但是低于 (n,2nf) 反应道阈时，我们要相对于 $\sigma_{\mathrm{n,f}}(A,Z,E^*)$ 和 $\sigma_{\mathrm{n,f}}(A-1,Z,E^*-E_1)$ 来研究裂变后的核数据，注意 $\sigma_{\mathrm{n,f}}(A-1,Z,E^*-E_1)$ 是相对于复合核 $(A-1)Z$ 的，其激发能是 E^*-E_1。当相对于 $\sigma_{\mathrm{n,f}}(A,Z,E^*)$ 和 $\sigma_{\mathrm{n,f}}(A-1,Z,E^*-E_1)$ 研究裂变后核数据时并没有对应的实验数据，我们只需利用在研究只有 (n,f) 反应道时所获得的模型参数进行计算即可，相对于 $\sigma_{\mathrm{n,f}}(A-1,Z,E^*-E_1)$ 所得到的裂变后核数据要按式 (10.3) 的方式处理。最后再通过符合对应于 $\sigma_{\mathrm{n,F}}(A,Z,E^*)$ 的裂变后的实验数据调节模型参数并得到最后结果。可以看出当 (n,f) 和 (n, n′f) 两个裂变反应道同时开放时，其计算量比只有 (n,f) 一个裂变反应道开放时增加十多倍。

当入射中子能量超过 (n,2nf) 反应道阈，但是低于 (n,3nf) 反应道阈时，我们要相对于 $\sigma_{\mathrm{n,f}}(A,Z,E^*)$、$\sigma_{\mathrm{n,f}}(A-1,Z,E^*-E_1)$ 和 $\sigma_{\mathrm{n,f}}(A-2,Z,E^*-E_1-E_2)$ 研究裂变后的核数据，注意 $\sigma_{\mathrm{n,f}}(A-2,Z,E^*-E_1-E_2)$ 是相对于复合核 $(A-2)Z$ 的，其激发能是 $E^*-E_1-E_2$。相对于 $\sigma_{\mathrm{n,f}}(A,Z,E^*)$、$\sigma_{\mathrm{n,f}}(A-1,Z,E^*-E_1)$ 和 $\sigma_{\mathrm{n,f}}(A-2,Z,E^*-E_1-E_2)$ 研究裂变后核数据并没有对应的实验数据，我们只

需利用研究只有 (n,f) 和 (n, n′f) 反应道时所获得的模型参数进行计算即可。相对于 $\sigma_{\mathrm{n,f}}(A-1, Z, E^*-E_1)$ 所得到的裂变后核数据仍要按式 (10.3) 的方式来处理，相对于 $\sigma_{\mathrm{n,f}}(A-2, Z, E^*-E_1-E_2)$ 所得到的裂变后核数据需要按式 (10.6) 和式 (10.7) 的方式来处理。最后再通过符合对应于 $\sigma_{\mathrm{n,F}}(A, Z, E^*)$ 的裂变后的实验数据调节模型参数来得到最后结果。可以看出当 (n,f)，(n, n′f) 和 (n,2nf) 三个裂变反应道同时开放时，其计算量比只有 (n,f) 一个裂变反应道开放时增加一百多倍。

开始计算时只对单能点进行调试，最后要对全能区同时调节参数，获得适用于全能区的模型参数。这样对于缺少实验数据能区所预言的核数据才有可信度。

对于入射中子能量高于 (n,3nf) 反应道阈而低于 20 MeV 的能区，也可以用类似方法推广到 (n,3nf) 反应道，但是必然会增加更多的计算量。

第 11 章　裂变后核数据数值计算的主要步骤及结束语

(1) 首先要熟悉现有的计算低能中子裂变核全套核数据程序，其中包括裂变截面的计算。然后对于待研究的裂变核进行 20 MeV 以下能区的全套中子核数据计算，要求用模型参数能计算出满意的、合理的符合各种实验数据的结果，特别是要求计算的裂变截面能够非常好地符合实验数据，因为裂变后核数据的计算是建立在裂变截面计算结果之上的。必要时在裂变前程序中也可以加入自动调节参数功能。在此计算中所定下来的模型参数，在研究裂变后核数据时将不作任何变动。

(2) 研制具有自动调节光学模型参数功能的 L-S 耦合的重离子球形光学模型程序。对于在第一质心系中计算的角分布，先要变换到第二质心系，然后再变换到实验室系后才能与实验数据进行比较。现在南开大学蔡崇海教授根据本书第 3 章给出的理论及本书附录所给出的自动调节模型参数方法，研制出了自动调节模型参数的 L-S 耦合的重离子球形光学模型程序，该程序正处在试算阶段。先要研究重离子深度非弹截面的理论计算方法或经验公式 (或系统学公式)，然后用此程序拟合大量重离子反应实验数据，在 250 MeV 以下能区获得一套普适的重离子球形光学模型参数。

(3) 在基本完成上述第 (1) 项和第 (2) 项的情况下，首先在实验室系利用裂变碎片总动能分布的实验数据根据式 (5.49) 拟合出裂变碎片总动能分布的模型参数初值，然后在原有的裂变核核数据程序基础上研制计算裂变后初始态的程序。先计算裂变碎片的初始产额、裂变碎片总动能分布和总动能平均值，进而计算单个裂变碎片角分布和单个裂变碎片的动能分布。开始先用人为调节参数方法，摸清规律，然后再用本书附录所给出的自动调节参数方法，用来符合现有的各种有关实验数据。

(4) 研制只能发射光子的低能光核反应程序，并通过反复与实验数据进行比较，从而得到一套普适的计算光子吸收截面所需要的及在 γ 退激理论中所需要的理论参数。

(5) 研制适用于入射中子能量低于 100 MeV 的只考虑中子和 γ 射线发射的中重核的核数据程序。首先用球形光学模型计算去弹截面。在计算中子发射数据时不考虑分立能级，只用蒸发模型和激子模型进行计算；当剩余核不能再发射中子而需要进行 γ 退激计算时，引入剩余核的分立能级，其中包括同质异能态，并根

据式 (1.2) 把只与能量有关的能级密度推广为与角动量和宇称也有关系的能级密度，然后根据第 6 章给出的理论进行 γ 退激计算。在能级密度公式中保留一些可调参数。

(6) 在基本完成上述第 (4) 项和第 (5) 项的基础上，开始开展裂变瞬发中子和瞬发 γ 射线的计算工作，并求得裂变碎片的独立产额。通过调节参数，使计算结果尽量符合现有的实验数据。

(7) 从裂变碎片的独立产额出发计算裂变后各个时间点 t 的裂变碎片的累计产额和衰变热，推算出裂变产物的最终质量分布，并用自动调节参数方法符合有关实验数据。

(8) 缓发中子发射对裂变后 3 分钟以内的累计产额是有影响的。了解每次裂变的缓发中子数的计算方法。如果发现对计算的每次裂变的缓发中子数以及由裂变累计产额所推算的裂变碎片质量分布不太满意，可以加上一些理论预言存在但是尚未测量到的缓发中子衰变道，其分支比作为可调参数，这样有可能在一定程度上改善计算结果。

(9) 前面所介绍的计算都是在入射中子能量超过 (n,f) 反应道阈，但是低于 (n,n′f) 反应道阈的情况下进行的，还需要把入射中子能量推广到 (n,n′f) 和 (n,2nf) 反应道阈以上能区，研究包括 (n,n′f) 和 (n,2nf) 反应道的理论计算问题。

(10) 建立适用于低能裂变反应在 20 MeV 以下全能区的能够进行自动调节参数的裂变后中子核数据的计算程序，使用尽量多的可利用的裂变后实验核数据，努力争取得到符合实验数据比较满意的理论计算结果。最终对于缺少实验数据的能区能够给出具有一定可信度的预言结果。

本书提出和发展了平衡态复合核裂变后理论。当从断点分开的两个裂变碎片之间的距离超过库仑势力程以后，便形成了裂变后初始态。本书给出了对于裂变后初始态计算裂变碎片初始产额、动能分布和角分布的理论方法。又利用核反应理论和 γ 退激理论，给出了从裂变碎片初始产额出发计算瞬发中子和瞬发 γ 射线数据并得到包括同质异能态的裂变碎片独立产额的理论方法。裂变碎片独立产额就是裂变后 $t = 0$ 时刻的裂变碎片累计产额。利用产物核的半衰期等衰变数据，从独立产额出发可以计算出裂变后任意时刻 t 的裂变碎片累计产额，并可以推算出裂变碎片的最终质量分布。利用本书所提出的缓发中子简化模型，对于缓发中子先驱核和衰变道进行了理论预言。利用所预言的结果可对裂变后 3 分钟之内计算的累计产额结果进行小量调整。上述理论属于量子理论，在计算中要保证能量、动量、角动量和宇称守恒；又属于模型理论，因而有很多理论模型参数可以调节。

我们最关心的是用此模型理论能否计算出低能裂变时具有双峰结构的裂变产物的质量分布。从核结构考虑或者从实验测量的原子核质量所计算的裂变 Q 值考虑，都支持低能锕系核裂变产物的质量分布应该有双峰结构。在我们的模型中，重离子反应光学势参数是可调的，描述碎片动能分布的参数 (对应于能级密度参数) 是可调的，计算初始裂变碎片角动量的参数也是可调的，在自动调节参数过程中会自动促使理论计算的质量分布数值向实验测量的质量分布数值靠近。因而我们对该模型的预期结果持乐观态度。

不过从模型理论到计算出满意的数值结果是一个很艰苦的奋斗过程，程序量大，数据量大，计算量大，可以说困难重重。其实，科研工作就是在克服困难过程中前进的，当经过艰苦努力取得科研成果时，我们会感到万分欣慰。

参 考 文 献

[1] Hahn O, Strassmann F. Naturwissenschaften. 1938, 26: 755.

[2] Hahn O, Strassmann F. Naturwissenschaften. 1939, 27: 11.

[3] Meitner L, Frisch O R. Disintegration of uranium by neutrons: A new type of nuclear reaction. Nature (London), 1939, 143: 239.

[4] von Weizsäcker C F. Zur Theorie de Kernmassen. Zeitschrift für Physik, 1935, 96: 431.

[5] Bohr N, Wheeler J A. The mechanism of nuclear fission. Phys. Rev., 1939, 56: 426.

[6] 申庆彪. 低能和中能核反应理论 (上册). 北京：科学出版社, 2005: 590.

[7] Hill D L, Wheeler J A. Nuclear constitution and the interpretation of fission phenomena. Phys. Rev., 1953, 89: 1102.

[8] Frobrich P, Lipperheide R. Theory of Nuclear Reactions. Oxford: Clarendon Press, 1996, 297, 351.

[9] 胡济民. 核裂变物理学. 北京: 北京大学出版社, 2014.

[10] Bethe H A. An attempt to calculate the number of energy levels of a heavy nucleus. Phys. Rev., 1936, 50: 332.

[11] Kramers H A. Brownian motion in a field of force and the diffusion model of chemical reactions. Physica, 1940, 7: 284.

[12] Abe Y, Ayikb S, Reinhard P G, et al. On stochastic approaches of nuclear dynamics. Phys. Rep., 1996, 275: 49.

[13] Fröbrichayb P, Gontcharc L L. Langevin description of fusion, deep-inelastic collisions and heavy-ion induced fission. Phys. Rep., 1998, 292: 131.

[14] Möller P, Nix J R, Swiatecki W J. New developments in the calculation of heavy-element fission barriers. Nucl. Phys., 1989, A492: 349.

[15] Möller P, Sierk A J, Ichikawa T, et al. Fission barriers at the end of the chart of the nuclides. Phys. Rev., 2015, C91: 024310.

[16] Scamps G, Simenel C. Impact of pear-shaped fission fragments on mass-asymmetric fission in actinides. Nature, 2018, 564: 382.

[17] Pomorski K, Dudek J. Nuclear liquid-drop model and surface-curvature effects. Phys. Rev., 2003, C67: 044316.

[18] Randrup J, Möller P. Brownian shape motion on five-dimensional potential-energy surfaces: Nuclear fission-fragment mass distributions. Phys. Rev. Let., 2011, 106: 132503.

[19] Randrup J, Möller P, Sierk A J. Fission-fragment mass distributions from strongly damped shape evolution. Phys. Rev., 2011, C84: 034613.

[20] Randrup J, Möller P. Energy dependence of fission-fragment mass distributions from strongly damped shape evolution. Phys. Rew., 2013, C88: 064606.

[21] Möller P, Ichikawa T. A method to calculate fission-fragment yields Y(Z, N) versus proton and neutron number in the Brownian shape-motion model: Application to calculations of U and Pu charge yields. Eur. Phys. J., 2015, A51: 173.

[22] 樊铁栓, 王智明, 钟春来, 等. 中子诱发锕系元素裂变的宏观-微观理论研究. 中国科学: 物理学 力学 天文学, 2020, 50: 052009: 1-13.

[23] Aritomo Y, Chiba S. Fission process of nuclei at low excitation energies with a Langevin approach. Phys. Rev., 2013, C88: 044614.

[24] Aritomo Y, Chiba S, Ivanyuk F. Fission dynamics at low excitation energy. Phys. Rev., 2014, C90: 054609.

[25] Pahlavani M R, Mirfathi S M. Dynamics of neutron-induced fission of ^{235}U using four-dimensional Langevin equations. Phys. Rev., 2015, C92: 024622.

[26] Usang M D, Ivanyuk F A, Ishizuka C, et al. Effects of microscopic transport coefficients on fission observables calculated by the Langevin equation. Phys. Rev., 2016, C94: 044602.

[27] Sierk A J. Langevin model of low-energy fission. Phys. Rev., 2017, C96: 034603.

[28] Liu L L, Wu X Z, Chen Y J, et al. Study of fission dynamics with a three-dimensional Langevin approach. Phys. Rev., 2019, C99: 044614.

[29] Maruhna J A, Reinhardb P G, Stevensonc P D, et al. The TDHF code Sky3D. Compt. Phys. Commu., 2014, 185: 2195.

[30] Simenel1 C, Umar A S. Formation and dynamics of fission fragments. Phys. Rev., 2014, C89: 031601(R).

[31] Goddard P, Stevenson P, Rios A. Fission dynamics within time-dependent Hartree-Fock: Deformation-induced fission. Phys. Rev., 2015, C92: 054610.

[32] Baran A, Sheikh J A, Dobaczewski J W, et al. Quadrupole collective inertia in nuclear fission: Cranking approximation. Phys. Rew., 2011, C84: 054321.

[33] Bulgac A, Magierski P, Roche K J, et al. Induced fission of ^{240}Pu within a real-time microscopic framework. Phys. Rev. Lett., 2016, 116: 122504.

[34] Bulgac A, Jin S, Kenneth J R, et al. Fission dynamics of ^{240}Pu from saddle to scission and beyond. Phys. Rev., 2019, C100: 034615.

[35] Griffin J J, Wheeler J A. Collective motions in nuclei by the method of generator coordinates. Phys. Rev., 1957, 108: 311.

[36] Reinhard P G, Goeke K. The generator coordinate method and quantised collective motion in nuclear systems. Rep. Prog. Phys., 1987, 50: 1.

[37] Berger J F, Girod M, Gogny D. Time-dependent quantum collective dynamics applied to nuclear fission. Comp. Phys. Commu., 1991, 63: 365.

[38] Gouttea H, Casoli P, Berger J F. Mass and kinetic energy distributions of fission fragments using the Time Dependent Generator Coordinate Method. Nucl. Phys., 2004, A734: 217.

[39] Goutte H, Berger J F, Casoli P, et al. Microscopic approach of fission dynamics applied to fragment kinetic energy and mass distributions in ^{238}U. Phys. Rev., 2005, C71: 024316.

[40] Regnier D, Verrière M, Dubray N, et al. FELIX-1.0: A finite element solver for the time dependent generator coordinate method with the Gaussian overlap approximation. Comp.

Phys. Commu., 2016, 200: 350.

[41] Regnier D, Dubray N, Schunck N, et al. Fission fragment charge and mass distributions in ^{239}Pu(n,f) in the adiabatic nuclear energy density functional theory. Phys. Rev., 2016, C93: 054611.

[42] Zdeb A, Dobrowolski A, Warda M. Fission dynamics of ^{252}Cf. Phys. Rev., 2017, C95: 054608.

[43] Tao H, Zhao J, Li Z P, et al. Microscopic study of induced fission dynamics of ^{226}Th with covariant energy density functionals. Phys. Rev., 2017, C96: 024319.

[44] Zhao J, Nikšic T, Vretenar D, et al. Microscopic self-consistent description of induced fission dynamics: Finite-temperature effects. Phys. Rev., 2019, C99: 014618.

[45] Regnier D, Dubray N, Schunck N. From asymmetric to symmetric fission in the fermium isotopes within the time-dependent generator-coordinate-method formalism. Phys. Rev., 2019, C99: 024611.

[46] Zhao J, Xiang J, Li Z P. Time-dependent generator-coordinate-method study of mass-asymmetric fission of actinides. Phys. Rev., 2019, C99: 054613.

[47] Schunck1 N, Robledo L M. Microscopic theory of nuclear fission: A review. Rep. Prog. Phys., 2016, 79: 116301.

[48] Bender M, Bernard R, Bertsch G, et al. Future of nuclear fission theory. J. Phys. G: Nucl. Part. Phys., 2020, 47: 113002.

[49] Krappe H J, Pomorski K. Theory of Nuclear Fission. New York: Springer, 2012.

[50] Madland D G, Nix J R. New calculation of prompt fission neutron spectra and average prompt neutron multiplicities. Nucl. Sci. Eng., 1982, 81: 213.

[51] Schmidt K H, Jurado B, Amouroux C, et al. General description of fission observables: GEF model code. Nuclear Data Sheets, 2016, 131: 107.

[52] 郭景儒. 裂变产物分析技术. 北京: 原子能出版社, 2008, 411.

[53] Ihara H, Matumoto Z, Tasaka K, et al. Nuclear decay data and fission yield data of fission product nuclides, JAERI-M-9715. Japan: JAERI, 1986.

[54] 黄小龙, 何璞昳, 杨东, 等. 裂变产物衰变链设计. 原子核物理评论, 2022, 39(3): 404-411. 和私人通讯

[55] 申庆彪. 低能和中能核反应理论 (中册). 北京: 科学出版社, 2012. 152.

[56] Naik H, Dange S P, Singh R J. Angular momentum of fission fragments in low energy fission of actinides. Phys. Re., 2005, C71: 014304.

[57] Wilson J N, Thisse D, Lebois M, et al. Angular momentum generation in nuclear fission. Nature(London), 2021, 590: 566.

[58] Marevic P, Schunck N, Randrup J, et al. Angular momentum of fission fragments from microscopic theory. Phys. Rev., 2021, C104: L021601.

[59] Schmidt K H, Steinhauser S, Bockstiegel C, et al. Relativistic radioactive beams: A new access to nuclear-fission studies. Nucl. Phys., 2000, A665: 221.

[60] 张竞上. 中子引发轻核反应的统计理论. 2 版. 北京: 科学出版社, 2015: 121.

[61] Koning A J, Delaroche J P. Local and global nucleon optical models from 1 keV to 200 MeV. Nucl. Phy., 2003, A713: 231.

[62] Alder B, Fernbach S, Rotenberg M. Methods in Computational Physics. New York, Londen: Academic Press, 1966, 6: 45.

[63] Shen Q B. APMN: A program for automatically searching optimal optical potential parameters in the $E \leqslant 300$ MeV energy region. Nucl. Sci. and Tech., 2002, 141: 78.

附录 A　裂变产物的评价核衰变数据库[54]

表 A.1　裂变产物核衰变链

A = 66

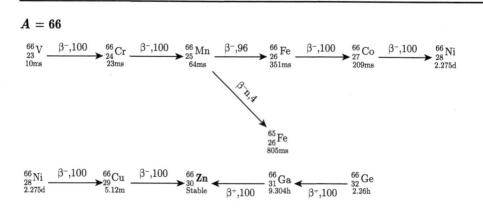

A = 67

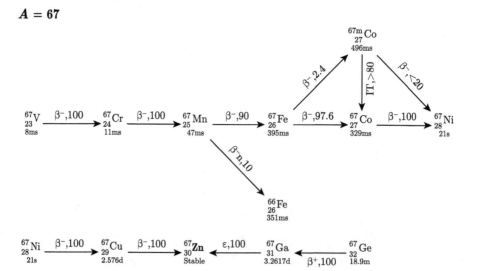

$A = 68$

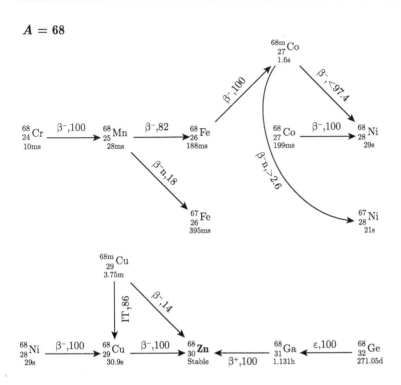

$A = 69$

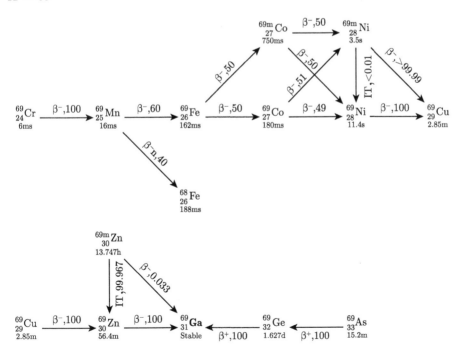

A = 70

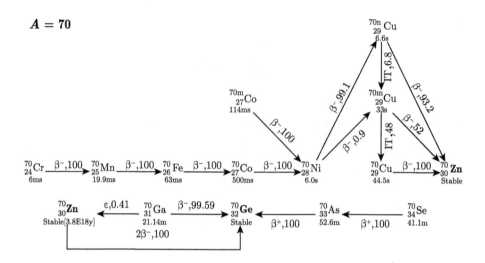

A = 71

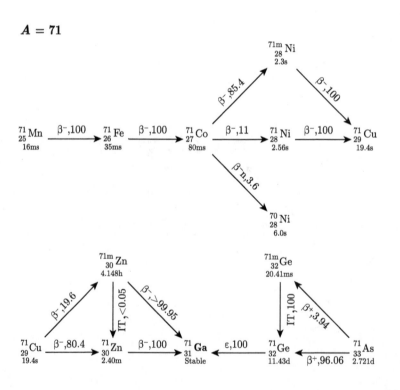

$A = 72$

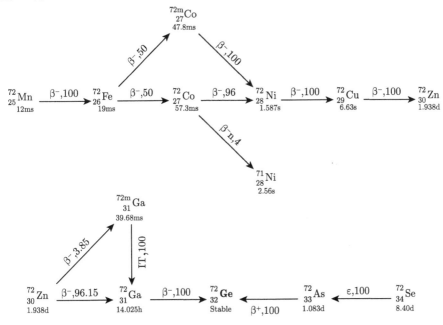

$A = 73$

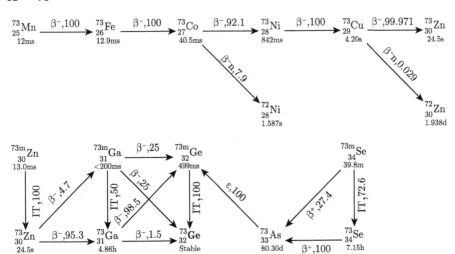

$A = 74$

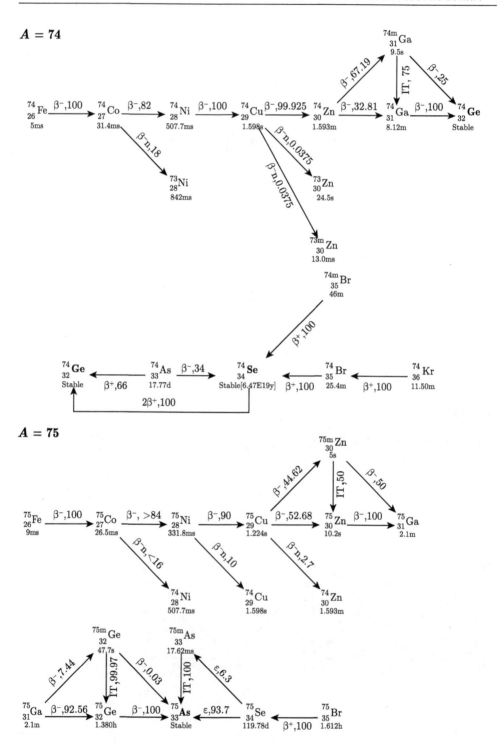

$A = 75$

$A = 76$

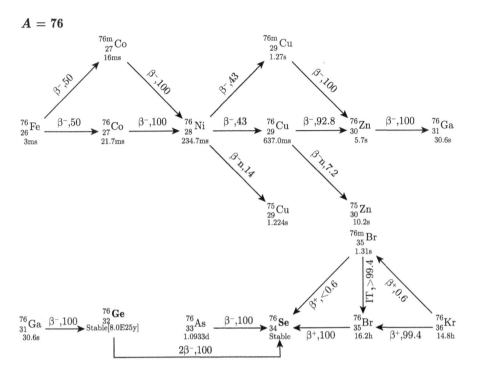

$A = 77$

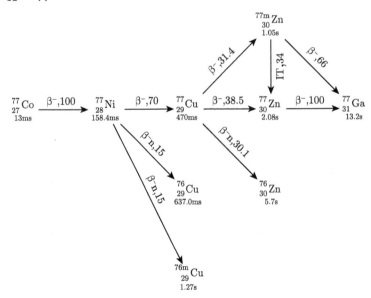

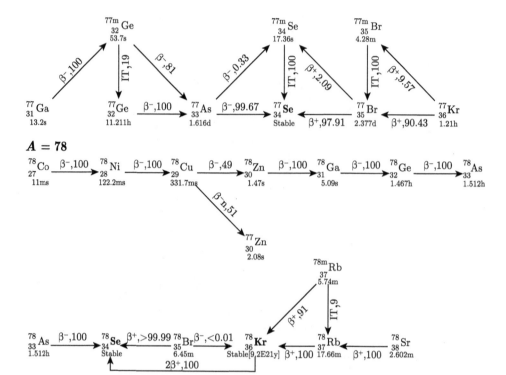

A = 78

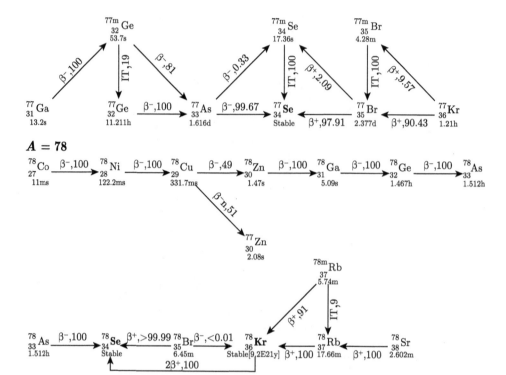

A = 79

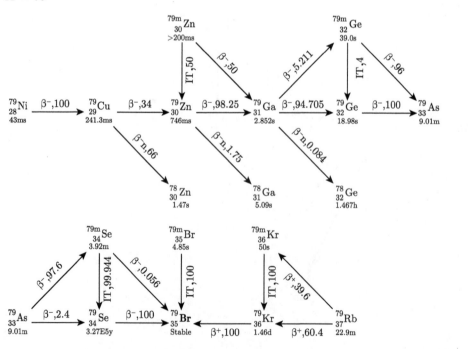

$A = 80$

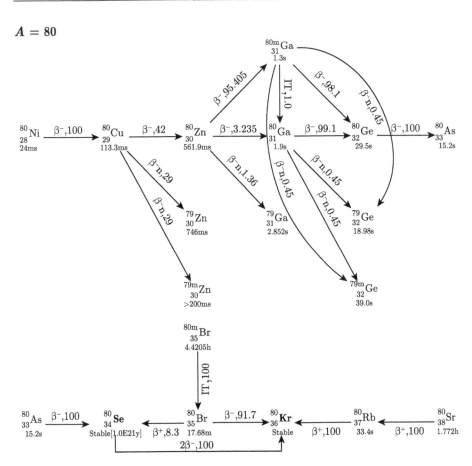

$A = 81$

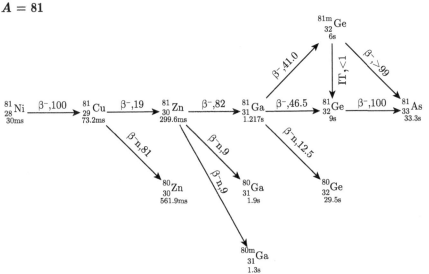

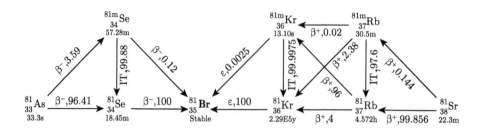

A = 82

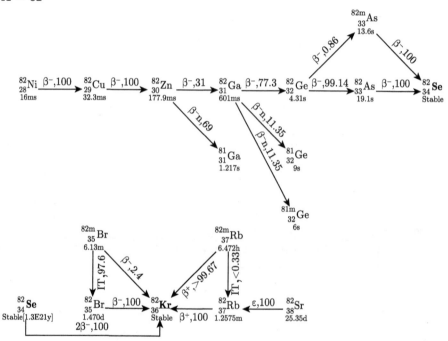

A = 83

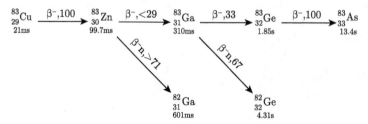

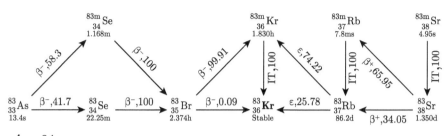

A = 84

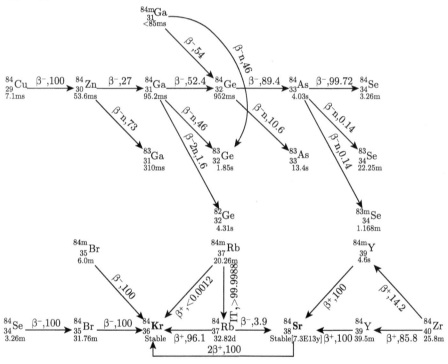

A = 85

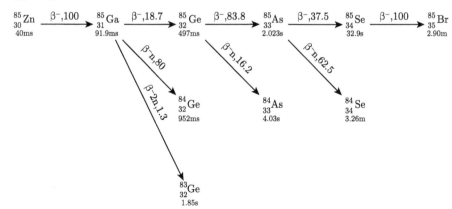

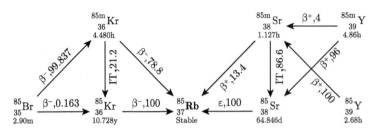

A = 86

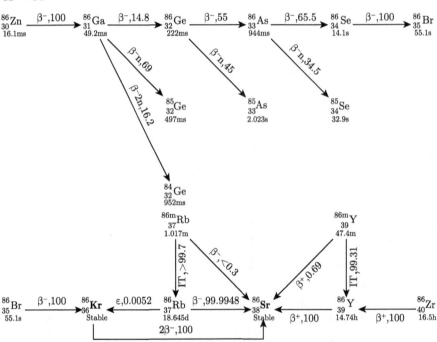

A = 87

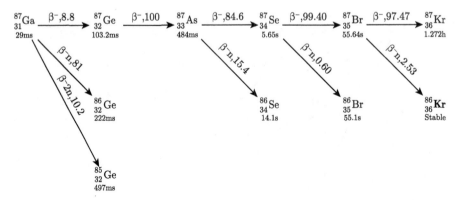

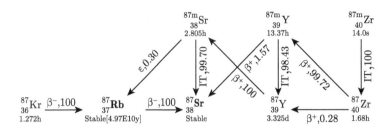

A = 88

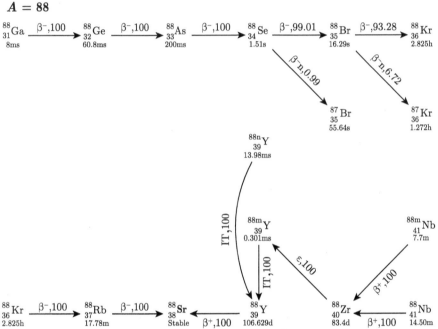

$$\begin{array}{ccccccc}
{}^{88}_{31}\mathrm{Ga} & \xrightarrow{\beta^-,100} & {}^{88}_{32}\mathrm{Ge} & \xrightarrow{\beta^-,100} & {}^{88}_{33}\mathrm{As} & \xrightarrow{\beta^-,100} & {}^{88}_{34}\mathrm{Se} & \xrightarrow{\beta^-,99.01} & {}^{88}_{35}\mathrm{Br} & \xrightarrow{\beta^-,93.28} & {}^{88}_{36}\mathrm{Kr} \\
8\mathrm{ms} & & 60.8\mathrm{ms} & & 200\mathrm{ms} & & 1.51\mathrm{s} & & 16.29\mathrm{s} & & 2.825\mathrm{h}
\end{array}$$

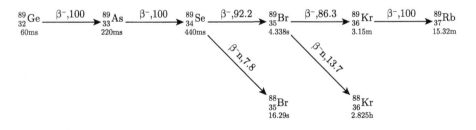

A = 89

$$\begin{array}{ccccccc}
{}^{89}_{32}\mathrm{Ge} & \xrightarrow{\beta^-,100} & {}^{89}_{33}\mathrm{As} & \xrightarrow{\beta^-,100} & {}^{89}_{34}\mathrm{Se} & \xrightarrow{\beta^-,92.2} & {}^{89}_{35}\mathrm{Br} & \xrightarrow{\beta^-,86.3} & {}^{89}_{36}\mathrm{Kr} & \xrightarrow{\beta^-,100} & {}^{89}_{37}\mathrm{Rb} \\
60\mathrm{ms} & & 220\mathrm{ms} & & 440\mathrm{ms} & & 4.338\mathrm{s} & & 3.15\mathrm{m} & & 15.32\mathrm{m}
\end{array}$$

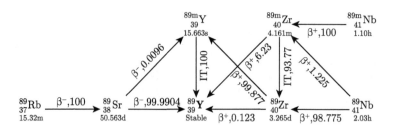

$A = 90$

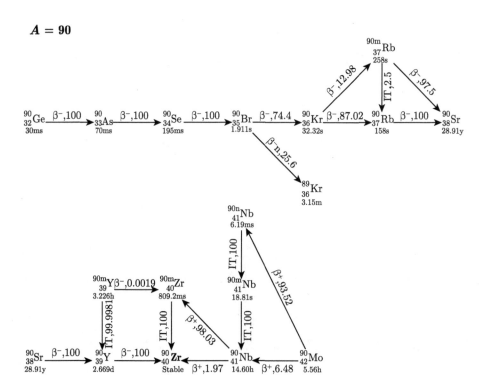

$A = 91$

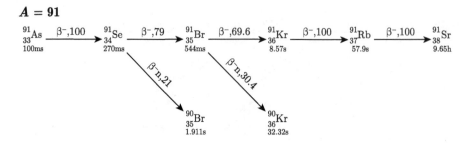

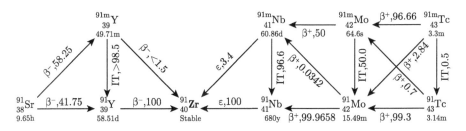

A = 92

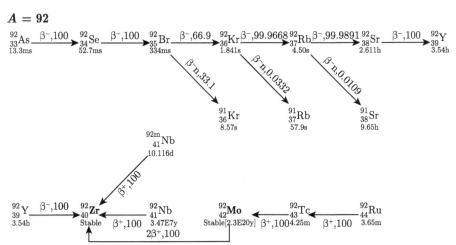

A = 93

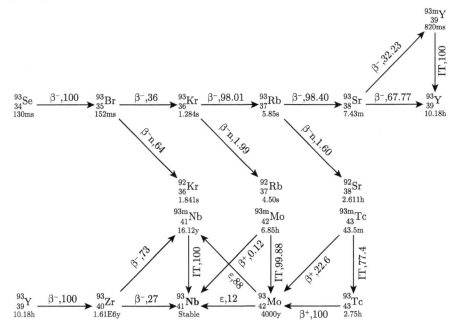

A = 94

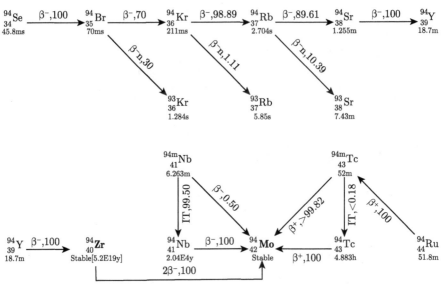

A = 95

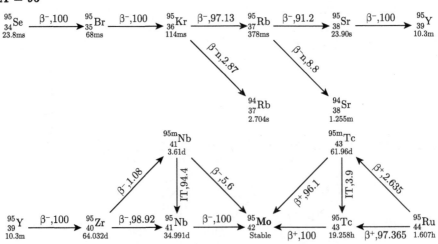

$A = 96$

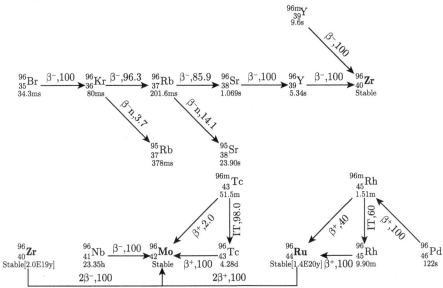

$A = 97$

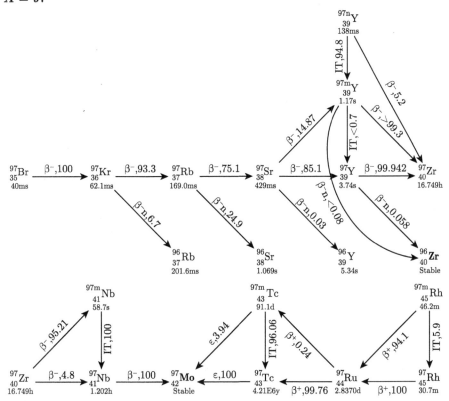

A = 98

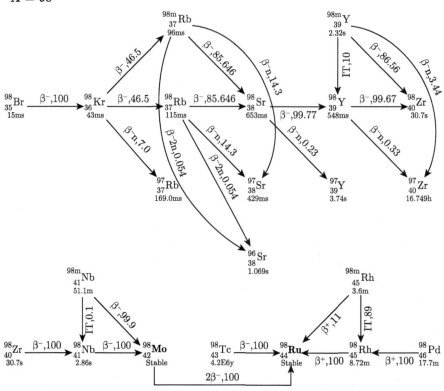

A = 99

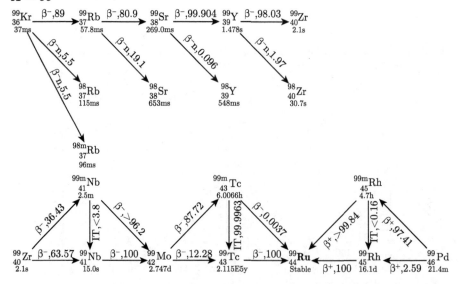

$A = 100$

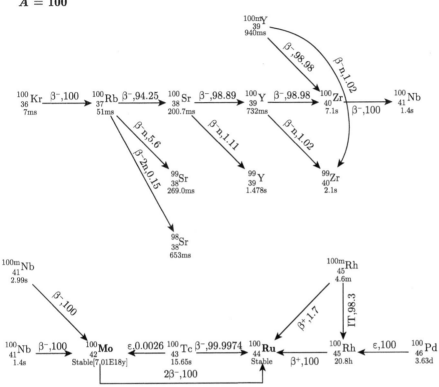

$A = 101$

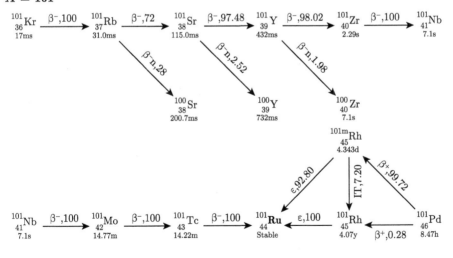

$A = 102$

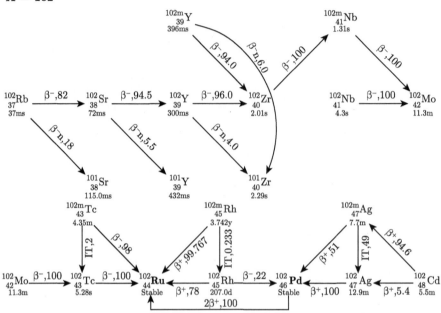

$A = 103$

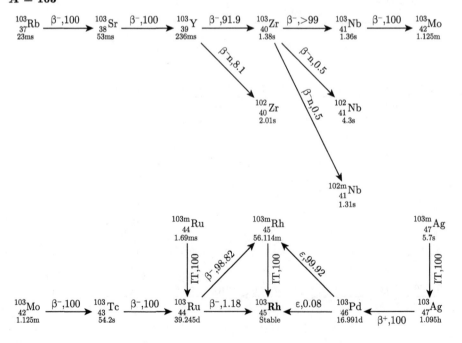

$A = 104$

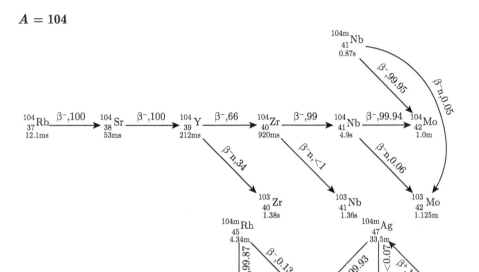

$A = 105$

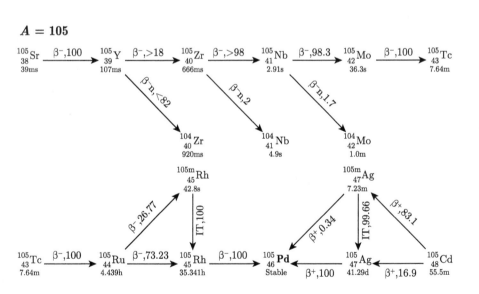

$A = 106$

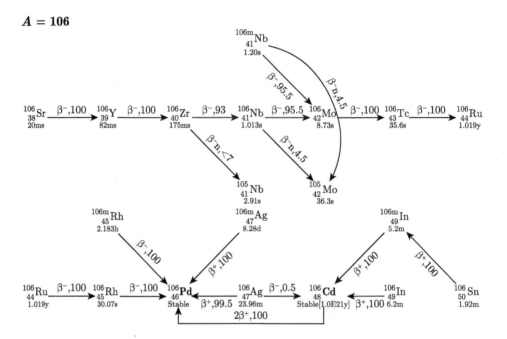

$A = 107$

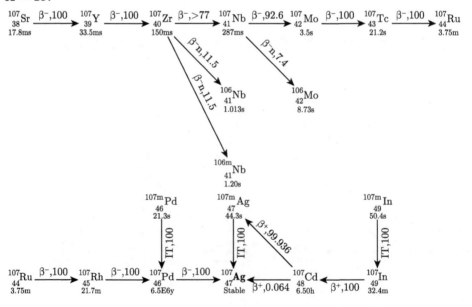

A = 108

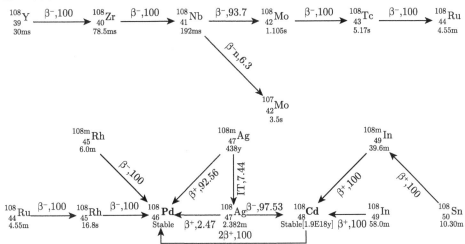

A = 109

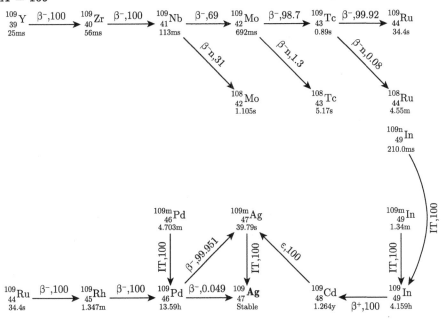

A = 110

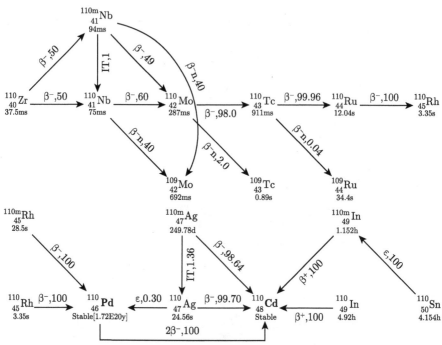

A = 111

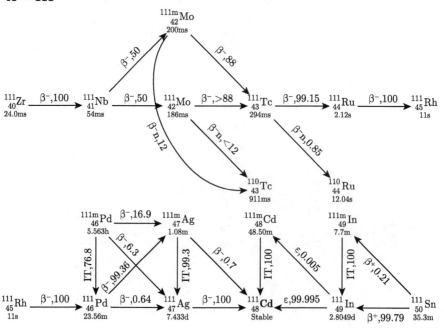

$A = 112$

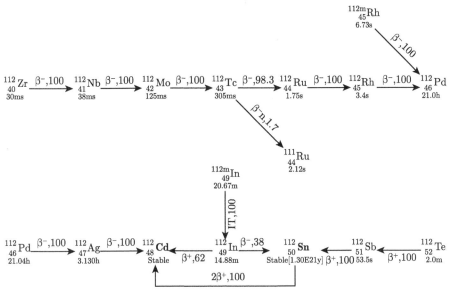

$A = 113$

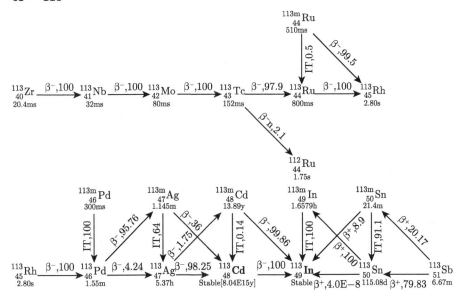

$A = 114$

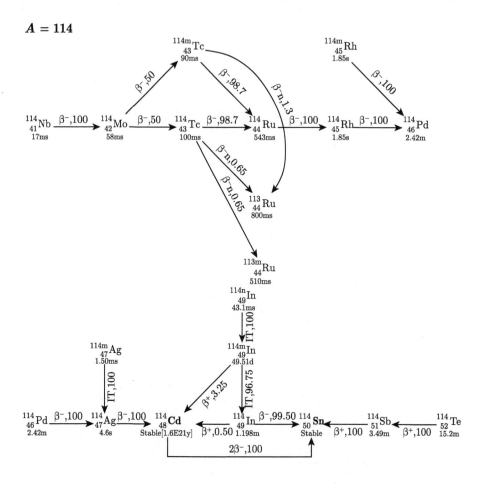

$A = 115$

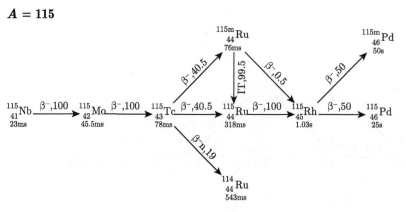

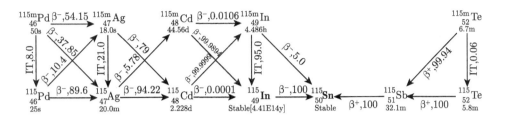

A = 116

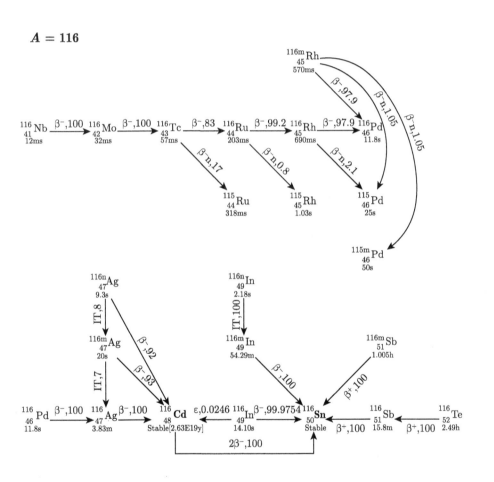

$A = 117$

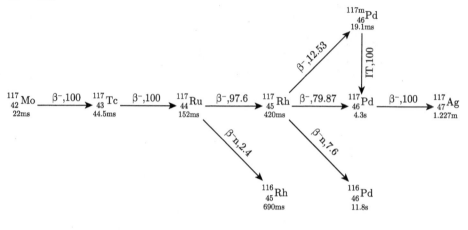

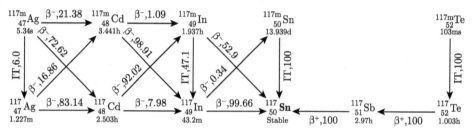

$A = 118$

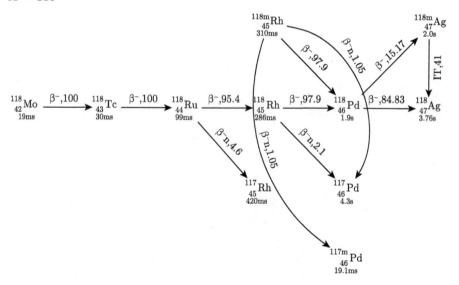

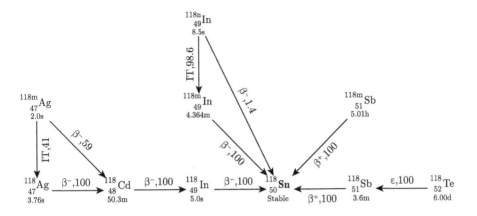

A = 119

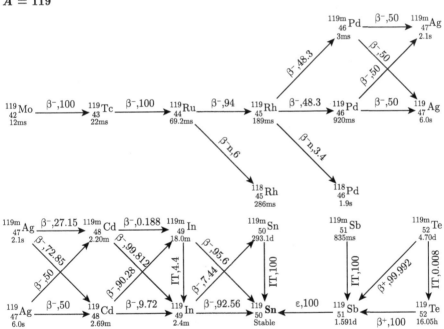

$A = 120$

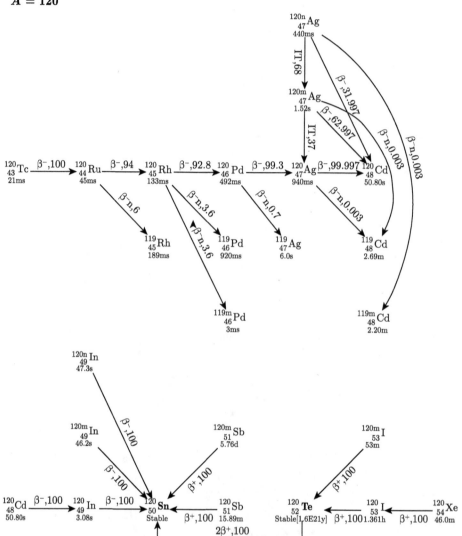

$A = 121$

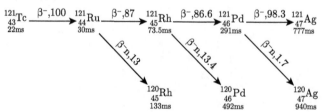

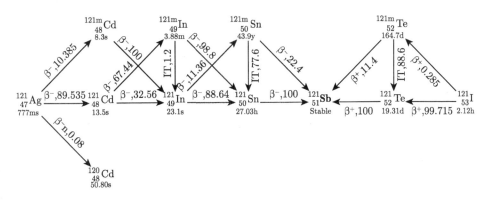

$A = 122$

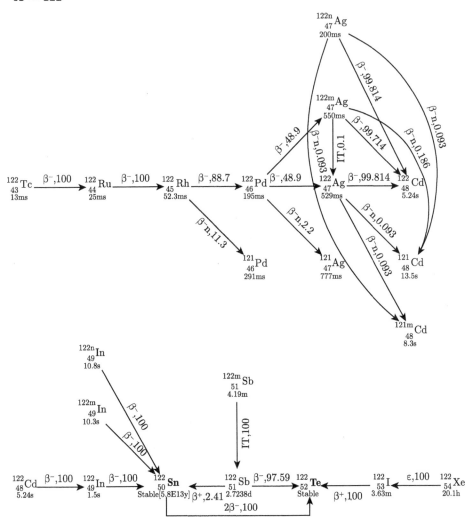

A = 123

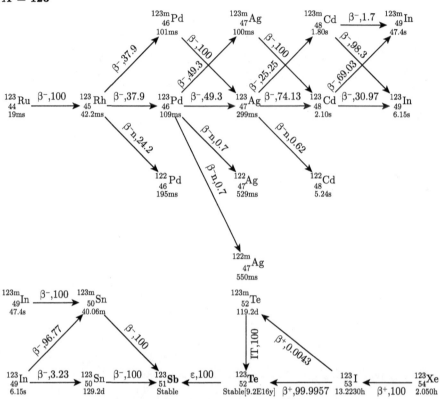

A = 124

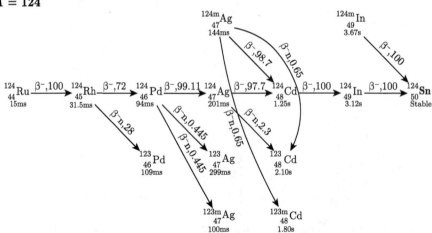

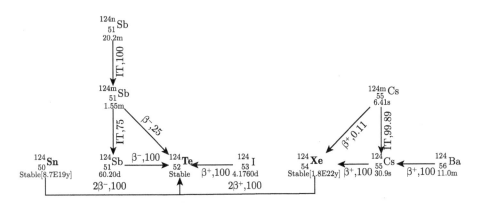

A = 125

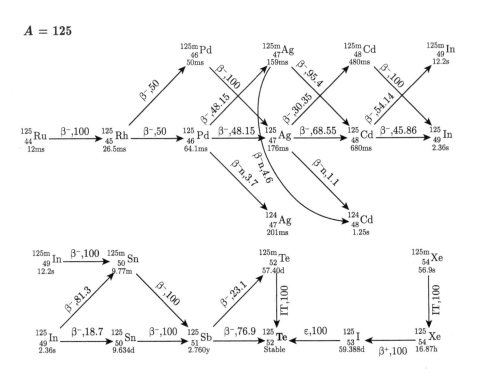

$A = 126$

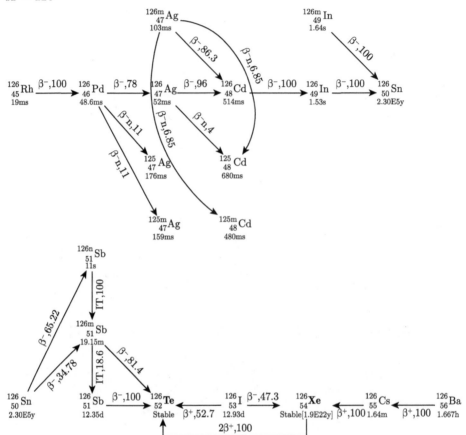

$A = 127$

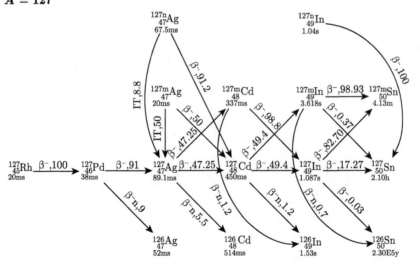

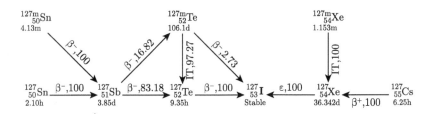

$A = 128$

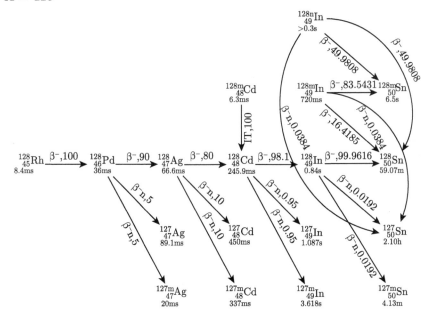

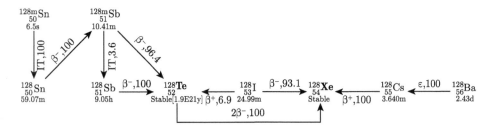

$A = 129$

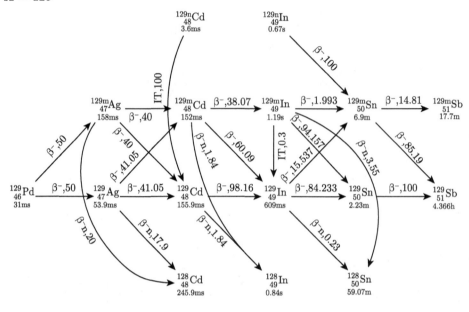

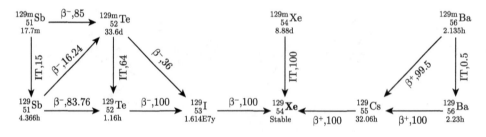

$A = 130$

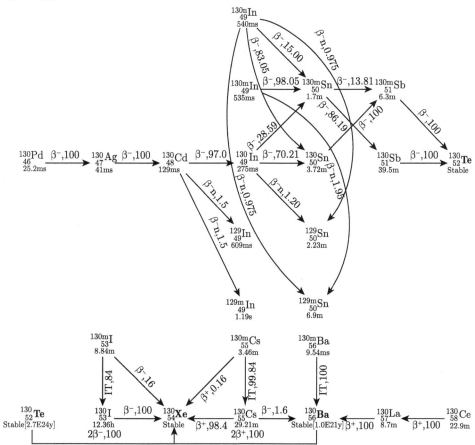

A = 131

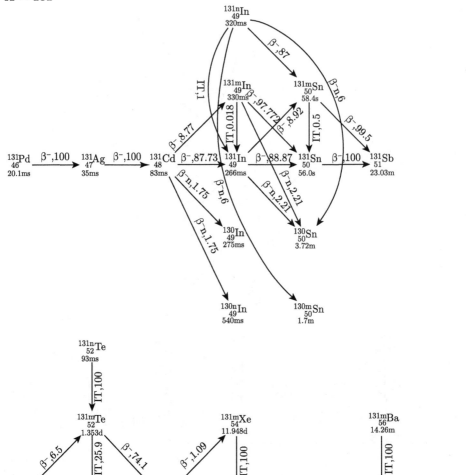

$A = 132$

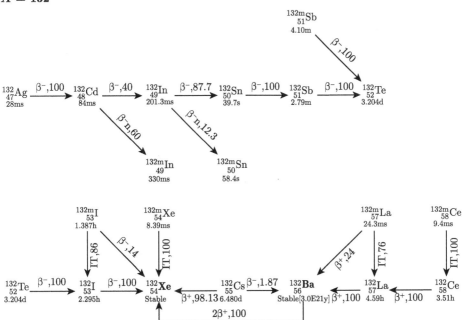

$A = 133$

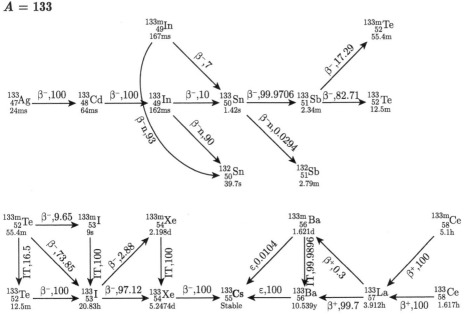

$A = 134$

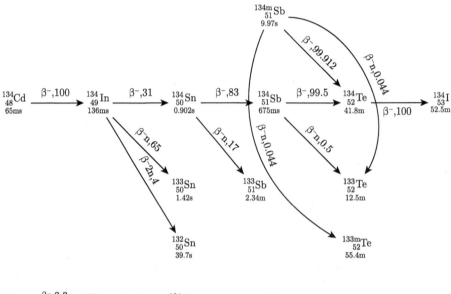

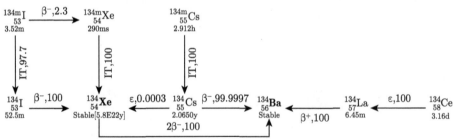

$A = 135$

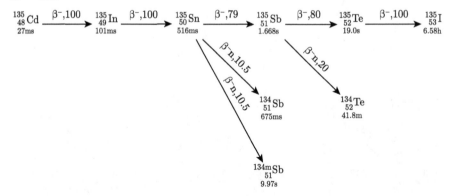

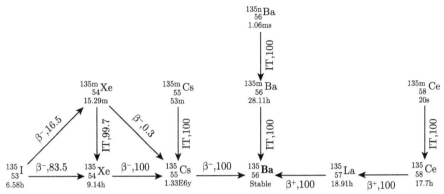

A = 136

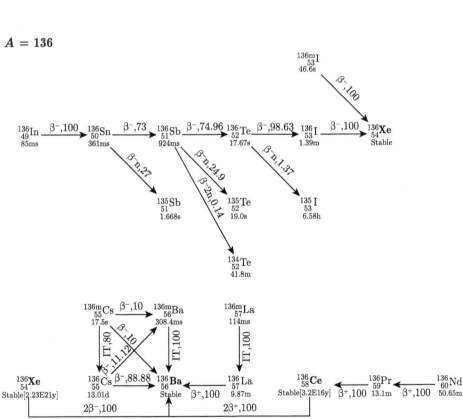

$A = 137$

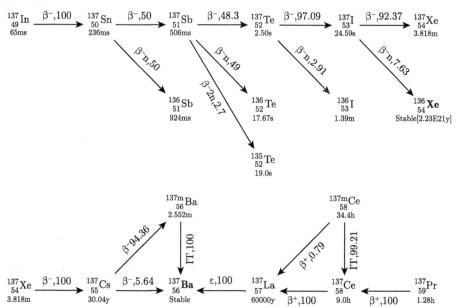

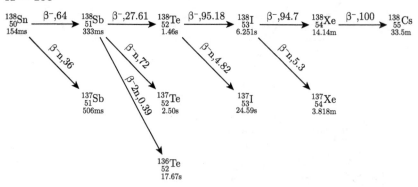

$A = 138$

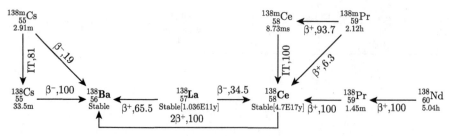

$A = 139$

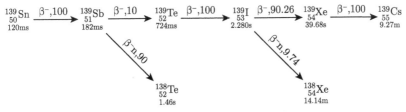

$A = 140$

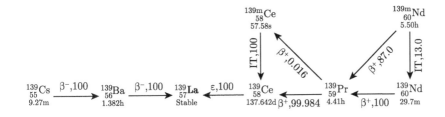

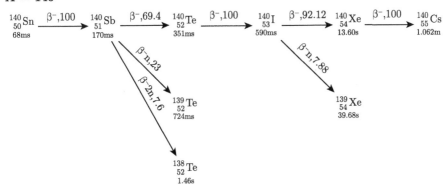

$A = 141$

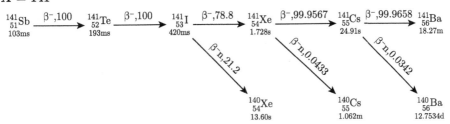

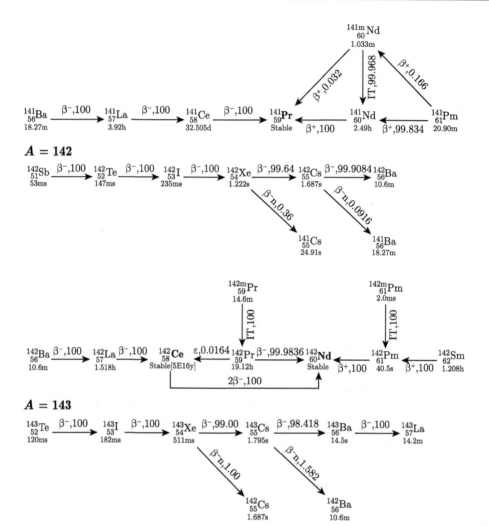

$A = 142$

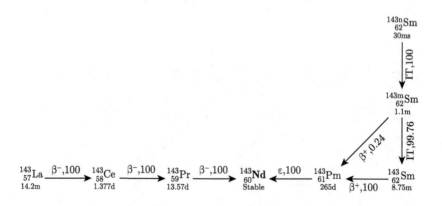

$A = 143$

$A = 144$

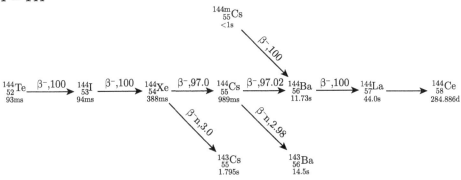

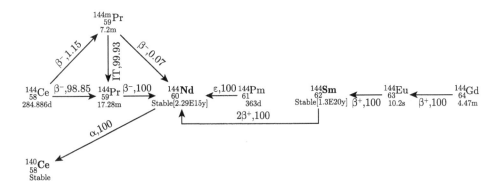

$A = 145$

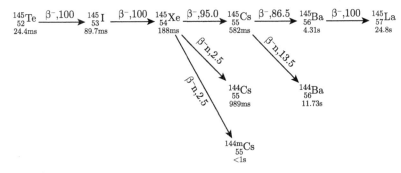

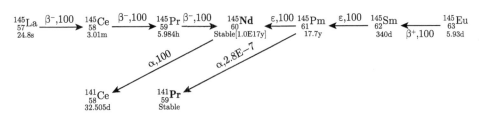

$A = 146$

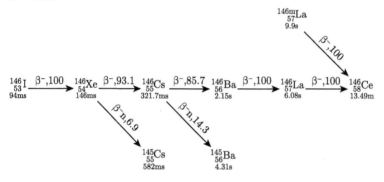

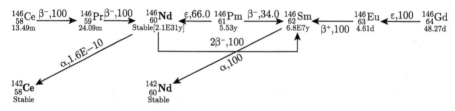

$A = 147$

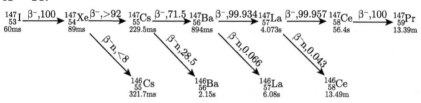

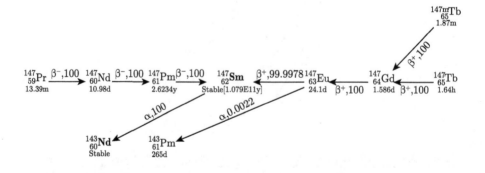

$A = 148$

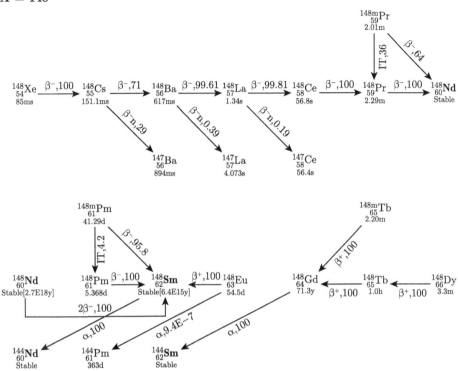

$A = 149$

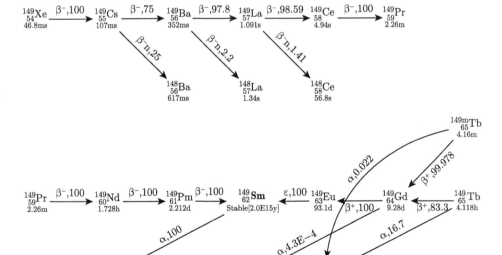

$A = 150$

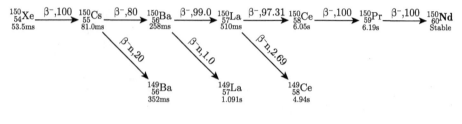

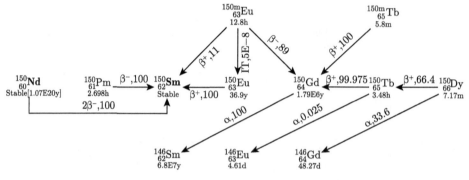

$A = 151$

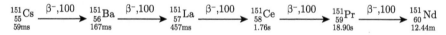

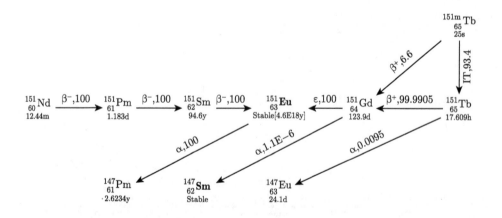

$A = 152$

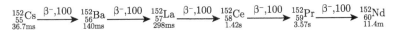

$$\begin{array}{c} {}^{152}_{55}\text{Cs} \xrightarrow{\beta^-,100} {}^{152}_{56}\text{Ba} \xrightarrow{\beta^-,100} {}^{152}_{57}\text{La} \xrightarrow{\beta^-,100} {}^{152}_{58}\text{Ce} \xrightarrow{\beta^-,100} {}^{152}_{59}\text{Pr} \xrightarrow{\beta^-,100} {}^{152}_{60}\text{Nd} \\ 36.7\text{ms} \qquad 140\text{ms} \qquad 298\text{ms} \qquad 1.42\text{s} \qquad 3.57\text{s} \qquad 11.4\text{m} \end{array}$$

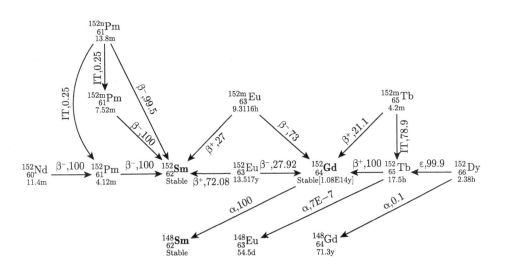

$A = 153$

$$\begin{array}{c} {}^{153}_{56}\text{Ba} \xrightarrow{\beta^-,100} {}^{153}_{57}\text{La} \xrightarrow{\beta^-,100} {}^{153}_{58}\text{Ce} \xrightarrow{\beta^-,100} {}^{153}_{59}\text{Pr} \xrightarrow{\beta^-,100} {}^{153}_{60}\text{Nd} \xrightarrow{\beta^-,100} {}^{153}_{61}\text{Pm} \\ 113\text{ms} \qquad 245\text{ms} \qquad 865\text{ms} \qquad 4.29\text{s} \qquad 31.6\text{s} \qquad 5.25\text{m} \end{array}$$

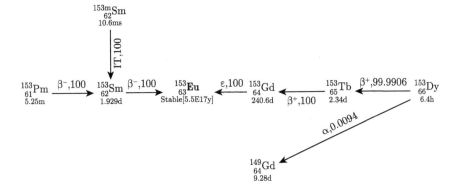

A = 154

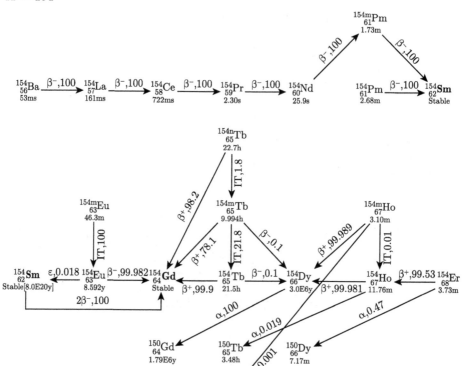

A = 155

$$\underset{\substack{155\\57}}{\text{La}}\atop{101\text{ms}} \xrightarrow{\beta^-,100} \underset{\substack{155\\58}}{\text{Ce}}\atop{313\text{ms}} \xrightarrow{\beta^-,100} \underset{\substack{155\\59}}{\text{Pr}}\atop{1.47\text{s}} \xrightarrow{\beta^-,100} \underset{\substack{155\\60}}{\text{Nd}}\atop{8.9\text{s}} \xrightarrow{\beta^-,100} \underset{\substack{155\\61}}{\text{Pm}}\atop{41.5\text{s}} \xrightarrow{\beta^-,100} \underset{\substack{155\\62}}{\text{Sm}}\atop{22.18\text{m}}$$

$^{155m}_{64}\text{Gd}$
31.97ms

↓ IT,100

$^{155}_{62}\text{Sm}$ $\xrightarrow{\beta^-,100}$ $^{155}_{63}\text{Eu}$ $\xrightarrow{\beta^-,100}$ $^{155}_{64}\textbf{Gd}$ $\xleftarrow{\varepsilon,100}$ $^{155}_{65}\text{Tb}$ $\xleftarrow{\beta^+,100}$ $^{155}_{66}\text{Dy}$ $\xleftarrow{\beta^+,100}$ $^{155}_{67}\text{Ho}$
22.18m 4.753y Stable 5.32d 9.9h 48m

A = 156

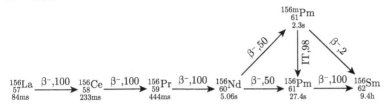

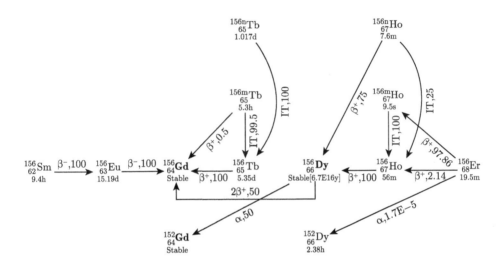

A = 157

$$^{157}_{57}\text{La} \xrightarrow{\beta^-,100} {}^{157}_{58}\text{Ce} \xrightarrow{\beta^-,100} {}^{157}_{59}\text{Pr} \xrightarrow{\beta^-,100} {}^{157}_{60}\text{Nd} \xrightarrow{\beta^-,100} {}^{157}_{61}\text{Pm} \xrightarrow{\beta^-,100} {}^{157}_{62}\text{Sm}$$

44ms · 175ms · 295ms · 1.15s · 10.56s · 8.03m

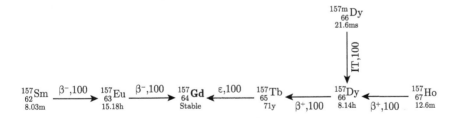

A = 158

$$^{158}_{58}\text{Ce} \xrightarrow{\beta^-,100} {}^{158}_{59}\text{Pr} \xrightarrow{\beta^-,100} {}^{158}_{60}\text{Nd} \xrightarrow{\beta^-,100} {}^{158}_{61}\text{Pm} \xrightarrow{\beta^-,100} {}^{158}_{62}\text{Sm} \xrightarrow{\beta^-,100} {}^{158}_{63}\text{Eu}$$

99ms · 181ms · 820ms · 4.8s · 5.30m · 45.9m

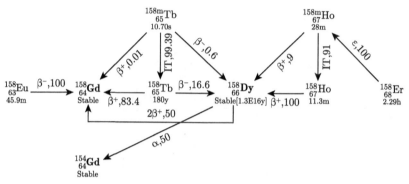

A = 159

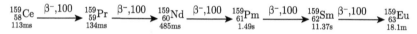

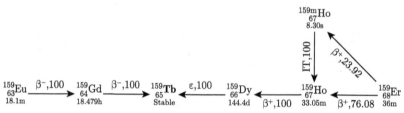

A = 160

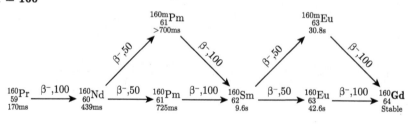

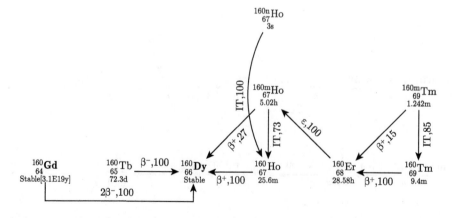

$A = 161$

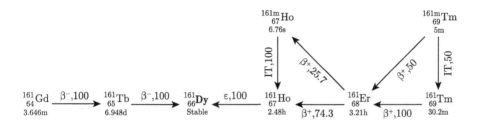

$A = 162$

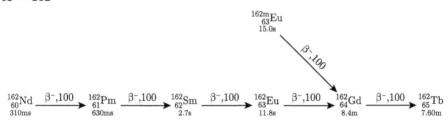

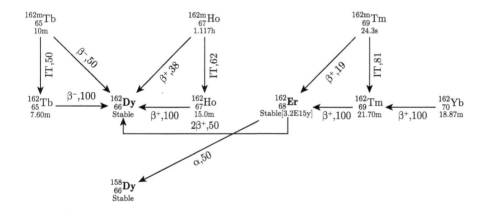

$A = 163$

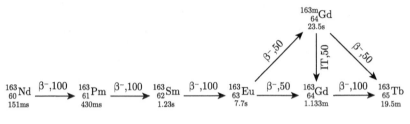

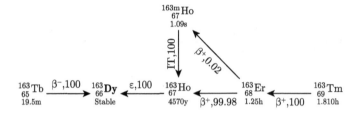

$A = 164$

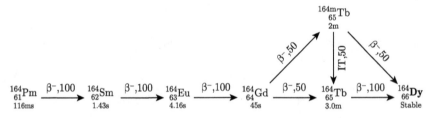

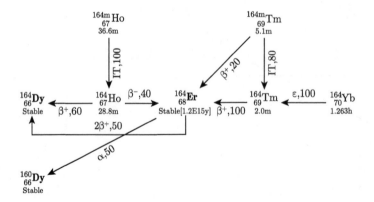

$A = 165$

$$\underset{107\text{ms}}{^{165}_{61}\text{Pm}} \xrightarrow{\beta^-,100} \underset{980\text{ms}}{^{165}_{62}\text{Sm}} \xrightarrow{\beta^-,100} \underset{2.53\text{s}}{^{165}_{63}\text{Eu}} \xrightarrow{\beta^-,100} \underset{11.6\text{s}}{^{165}_{64}\text{Gd}} \xrightarrow{\beta^-,100} \underset{2.11\text{m}}{^{165}_{65}\text{Tb}}$$

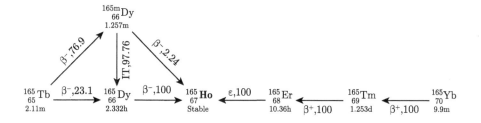

$A = 166$

$$\underset{800\text{ms}}{^{166}_{62}\text{Sm}} \xrightarrow{\beta^-,100} \underset{1.31\text{s}}{^{166}_{63}\text{Eu}} \xrightarrow{\beta^-,100} \underset{5.1\text{s}}{^{166}_{64}\text{Gd}} \xrightarrow{\beta^-,100} \underset{27.1\text{s}}{^{166}_{65}\text{Tb}} \xrightarrow{\beta^-,100} \underset{3.4\text{d}}{^{166}_{66}\text{Dy}}$$

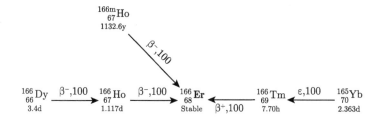

$A = 167$

$$\underset{119\text{ms}}{^{167}_{62}\text{Sm}} \xrightarrow{\beta^-,100} \underset{1.33\text{s}}{^{167}_{63}\text{Eu}} \xrightarrow{\beta^-,100} \underset{4.2\text{s}}{^{167}_{64}\text{Gd}} \xrightarrow{\beta^-,100} \underset{18.9\text{s}}{^{167}_{65}\text{Tb}} \xrightarrow{\beta^-,100} \underset{6.20\text{m}}{^{167}_{66}\text{Dy}} \xrightarrow{\beta^-,100} \underset{3.1\text{h}}{^{167}_{67}\text{Ho}}$$

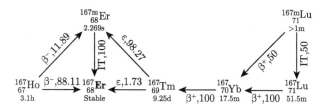

$A = 168$

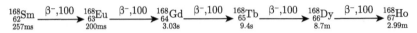

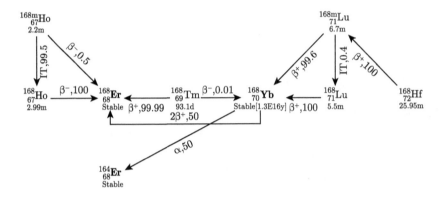

$A = 169$

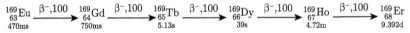

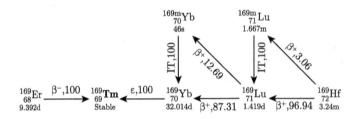

$A = 170$

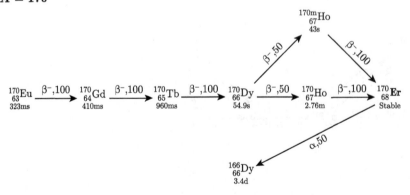

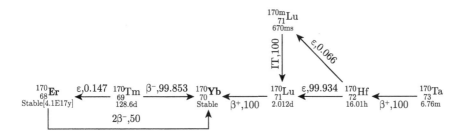

A = 171

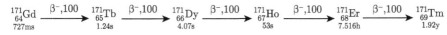

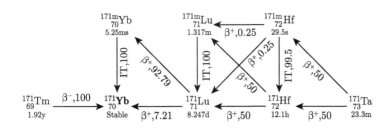

A = 172

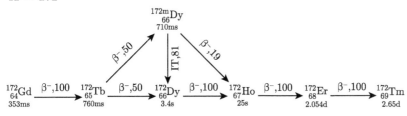

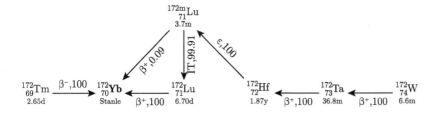

表 A.2　同质异能态的能级高度

$A=67$	$Nis=1$	:	27	1	0.492									
$A=68$	$Nis=2$	:	27	1	0.150,	29	1	0.721						
$A=69$	$Nis=3$	:	27	1	0.170,	28	1	0.321,	30	1	0.439			
$A=70$	$Nis=3$	:	27	1	0.200,	29	1	0.101,	29	2	0.243			
$A=71$	$Nis=3$	:	28	1	0.499,	30	1	0.158,	32	1	0.198			
$A=72$	$Nis=2$	:	27	1	0.200,	31	1	0.120						
$A=73$	$Nis=4$	:	30	1	0.196,	31	1	0.150,	32	1	0.067,	34	1	0.026
$A=74$	$Nis=2$	:	31	1	0.060,	35	1	0.014						
$A=75$	$Nis=3$	:	30	1	0.127,	32	1	0.140,	33	1	0.304			
$A=76$	$Nis=3$	:	27	1	0.100,	29	1	0.150,	35	1	0.103			
$A=77$	$Nis=4$	:	30	1	0.772,	32	1	0.160,	34	1	0.162,	35	1	0.106
$A=78$	$Nis=1$	:	37	1	0.111									
$A=79$	$Nis=5$	:	30	1	1.100,	32	1	0.186,	34	1	0.096,	35	1	0.208,	36	1	0.130
$A=80$	$Nis=2$	:	31	1	0.023,	35	1	0.086						
$A=81$	$Nis=4$	:	32	1	0.679,	34	1	0.103,	36	1	0.191,	37	1	0.086
$A=82$	$Nis=3$	:	33	1	0.132,	35	1	0.046,	37	1	0.069			
$A=83$	$Nis=4$	:	34	1	0.229,	36	1	0.042,	37	1	0.042,	38	1	0.259
$A=84$	$Nis=4$	:	31	1	0.100,	35	1	0.310,	37	1	0.464,	39	1	0.067
$A=85$	$Nis=3$	:	36	1	0.305,	38	1	0.239,	39	1	0.020			
$A=86$	$Nis=2$	:	37	1	0.556,	39	1	0.218						
$A=87$	$Nis=3$	:	38	1	0.389,	39	1	0.381,	40	1	0.336			
$A=88$	$Nis=3$	:	39	1	0.393,	39	2	0.675,	41	1	0.130			
$A=89$	$Nis=3$	:	39	1	0.909,	40	1	0.588,	41	1	0.030			
$A=90$	$Nis=5$	:	37	1	0.107,	39	1	0.682,	40	1	2.319,	41	1	0.125,	41	2	0.382
$A=91$	$Nis=4$	:	39	1	0.556,	41	1	0.105,	42	1	0.653,	43	1	0.139
$A=92$	$Nis=1$	:	41	1	0.136									
$A=93$	$Nis=4$	:	39	1	0.759,	41	1	0.031,	42	1	2.425,	43	1	0.392
$A=94$	$Nis=2$	:	41	1	0.041,	43	1	0.076						
$A=95$	$Nis=2$	:	41	1	0.236,	43	1	0.039						
$A=96$	$Nis=3$	:	39	1	1.540,	43	1	0.034,	45	1	0.052			
$A=97$	$Nis=5$	:	39	1	0.668,	39	2	3.523,	41	1	0.743,	43	1	0.097,	45	1	0.259
$A=98$	$Nis=4$	:	37	1	0.073,	39	1	0.466,	41	1	0.084,	45	1	0.056
$A=99$	$Nis=3$	:	41	1	0.365,	43	1	0.143,	45	1	0.064			
$A=100$	$Nis=3$	:	39	1	0.144,	41	1	0.313,	45	1	0.108			
$A=101$	$Nis=1$	:	45	1	0.157									
$A=102$	$Nis=5$	:	39	1	0.100,	41	1	0.094,	43	1	0.050,	45	1	0.141,	47	1	0.009
$A=103$	$Nis=3$	:	44	1	0.238,	45	1	0.040,	47	1	0.134			
$A=104$	$Nis=3$	:	41	1	0.010,	45	1	0.129,	47	1	0.007			
$A=105$	$Nis=2$	:	45	1	0.130,	47	1	0.026						
$A=106$	$Nis=4$	:	41	1	0.100,	45	1	0.132,	47	1	0.090,	49	1	0.029
$A=107$	$Nis=3$	:	46	1	0.215,	47	1	0.093,	49	1	0.679			
$A=108$	$Nis=3$	:	45	1	0.115,	47	1	0.110,	49	1	0.030			
$A=109$	$Nis=4$	:	46	1	0.189,	47	1	0.088,	49	1	0.650,	49	2	2.102
$A=110$	$Nis=4$	:	41	1	0.100,	45	1	0.220,	47	1	0.118,	49	1	0.062
$A=111$	$Nis=5$	:	42	1	0.100,	46	1	0.172,	47	1	0.060,	48	1	0.396,	49	1	0.537
$A=112$	$Nis=2$	:	45	1	0.340,	49	1	0.157						
$A=113$	$Nis=6$	:	44	1	0.131,	46	1	0.081,	47	1	0.044,	48	1	0.264,	49	1	0.392

续表

			50	1	0.077									
A=114	Nis= 5	:	43	1	0.160,	45	1	0.200,	47	1	0.199,	49	1	0.190,	49	2	0.502
A=115	Nis= 6	:	44	1	0.082,	46	1	0.089,	47	1	0.041,	48	1	0.181,	49	1	0.336,
			52	1	0.010									
A=116	Nis= 6	:	45	1	0.200,	47	1	0.048,	47	2	0.130,	49	1	0.127,	49	2	0.290,
			51	1	0.390									
A=117	Nis= 6	:	46	1	0.203,	47	1	0.029,	48	1	0.136,	49	1	0.315,	50	1	0.315,
			52	1	0.296									
A=118	Nis= 5	:	45	1	0.200,	47	1	0.128,	49	1	0.100,	49	2	0.240,	51	1	0.250
A=119	Nis= 7	:	46	1	0.300,	47	1	0.020,	48	1	0.147,	49	1	0.311,	50	1	0.090,
			51	1	2.842,	52	1	0.261						
A=120	Nis= 6	:	47	1	0.050,	47	2	0.203,	49	1	0.060,	49	2	0.300,	51	1	0.100,
			53	1	0.320									
A=121	Nis= 4	:	48	1	0.215,	49	1	0.314,	50	1	0.006,	52	1	0.294			
A=122	Nis= 5	:	47	1	0.080,	47	2	0.130,	49	1	0.060,	49	2	0.290	51	1	0.164
A=123	Nis= 6	:	46	1	0.100,	47	1	0.060,	48	1	0.143,	49	1	0.327,	50	1	0.025,
			52	1	0.248									
A=124	Nis= 5	:	47	1	0.050,	49	1	0.040,	51	1	0.011,	51	2	0.037,	55	1	0.463
A=125	Nis= 7	:	46	1	0.100,	47	1	0.097,	48	1	0.186,	49	1	0.352,	50	1	0.028,
			52	1	0.145,	54	1	0.253						
A=126	Nis= 4	:	47	1	0.100,	49	1	0.090,	51	1	0.018,	51	2	0.040			
A=127	Nis= 8	:	47	1	0.020,	47	2	1.938,	48	1	0.285,	49	1	0.394,	49	2	1.770,
			50	1	0.005,	52	1	0.088,	54	1	0.297			
A=128	Nis= 5	:	48	1	4.287,	49	1	0.285,	49	2	1.798,	50	1	2.092,	51	1	0.010
A=129	Nis=10	:	47	1	0.020,	48	1	0.343,	48	2	2.283,	49	1	0.451,	49	2	1.650,
			50	1	0.035,	51	1	1.851,	52	1	0.106,	54	1	0.236,	56	1	0.008
A=130	Nis= 7	:	49	1	0.067,	49	2	0.385,	50	1	1.947,	51	1	0.005,	53	1	0.040,
			55	1	0.163,	56	1	2.475						
A=131	Nis= 7	:	49	1	0.376,	49	2	3.750,	50	1	0.065,	52	1	0.182,	52	2	1.940,
			54	1	0.164,	56	1	0.188						
A=132	Nis= 5	:	51	1	0.150,	53	1	0.110,	54	1	2.752,	57	1	0.188,	58	1	2.341
A=133	Nis= 6	:	49	1	0.330,	52	1	0.334,	53	1	1.634,	54	1	0.233,	56	1	0.288,
			58	1	0.037									
A=134	Nis= 4	:	51	1	0.279,	53	1	0.317,	54	1	1.966,	55	1	0.139			
A=135	Nis= 5	:	54	1	0.527,	55	1	1.633,	56	1	0.268,	56	2	2.388,	58	1	0.446
A=136	Nis= 4	:	53	1	0.206,	55	1	0.518,	56	1	2.031,	57	1	0.260			
A=137	Nis= 2	:	56	1	0.662,	58	1	0.254						
A=138	Nis= 3	:	55	1	0.080,	58	1	2.129,	59	1	0.350						
A=139	Nis= 2	:	58	1	0.754,	60	1	0.231						
A=141	Nis= 1	:	60	1	0.757									
A=142	Nis= 2	:	59	1	0.004,	61	1	0.883						
A=143	Nis= 2	:	62	1	0.754,	62	2	2.794						
A=144	Nis= 2	:	55	1	0.092,	59	1	0.059						
A=146	Nis= 1	:	57	1	0.150									
A=147	Nis= 1	:	65	1	0.051									
A=148	Nis= 3	:	59	1	0.077,	61	1	0.138,	65	1	0.090						
A=149	Nis= 1	:	65	1	0.036									

续表

A=150	Nis= 2	:	63	1	0.042,	65	1	0.461						
A=151	Nis= 1	:	65	1	0.100									
A=152	Nis= 4	:	61	1	0.140,	61	2	0.230,	63	1	0.046,	65	1	0.502
A=153	Nis= 1	:	62	1	0.098									
A=154	Nis= 5	:	61	1	0.180,	63	1	0.145,	65	1	0.130,	65	2	0.200,	67 1 0.243
A=155	Nis= 1	:	64	1	0.121									
A=156	Nis= 5	:	61	1	0.150,	65	1	0.088,	65	2	0.100,	67	1	0.052,	67 2 0.230
A=157	Nis= 1	:	66	1	0.199									
A=158	Nis= 2	:	65	1	0.110,	67	1	0.067						
A=159	Nis= 1	:	67	1	0.206									
A=160	Nis= 5	:	61	1	0.191,	63	1	0.093,	67	1	0.060,	67	2	0.197,	69 1 0.067
A=161	Nis= 2	:	67	1	0.211,	69	1	0.008						
A=162	Nis= 4	:	63	1	0.158,	65	1	0.286,	67	1	0.106,	69	1	0.130
A=163	Nis= 2	:	64	1	0.138,	67	1	0.298						
A=164	Nis= 3	:	65	1	0.145,	67	1	0.140,	69	1	0.020			
A=165	Nis= 1	:	66	1	0.108									
A=166	Nis= 1	:	67	1	0.006									
A=167	Nis= 2	:	68	1	0.208,	71	1	0.050						
A=168	Nis= 2	:	67	1	0.059,	71	1	0.160						
A=169	Nis= 2	:	70	1	0.024,	71	1	0.029						
A=170	Nis= 2	:	67	1	0.100,	71	1	0.093						
A=171	Nis= 3	:	70	1	0.095,	71	1	0.071,	72	1	0.022			
A=172	Nis= 2	:	66	1	1.278,	71	1	0.042						

表 A.3　基态核半衰期

A	$Z1$	$Z2$							
A= 66	$Z1$=23	$Z2$=32	:	10ms	23ms	64ms	351ms	209ms	2.275 d
				5.12 m	Stable	9.304 h	2.26 h		
A= 67	$Z1$=23	$Z2$=32	:	8ms	11ms	47ms	395ms	329ms	21 s
				2.576 d	Stable	3.2617 d	18.9 m		
A= 68	$Z1$=24	$Z2$=32	:	10ms	28ms	188ms	199ms	29 s	30.9 s
				Stable	1.131 h	271.05 d			
A= 69	$Z1$=24	$Z2$=33	:	6ms	16ms	162ms	180ms	11.4 s	2.85 m
				56.4 m	Stable	1.627 d	15.2 m		
A= 70	$Z1$=24	$Z2$=34	:	6ms	19.9ms	63ms	500ms	6.0 s	44.5 s
				Stable	21.14 m	Stable	52.6 m	41.1 m	
A= 71	$Z1$=25	$Z2$=33	:	16ms	35ms	80ms	2.56 s	19.4 s	2.40 m
				Stable	11.43 d	2.721 d			
A= 72	$Z1$=25	$Z2$=34	:	12ms	19ms	57.3ms	1.587 s	6.63 s	1.938 d
				14.025 h	Stable	1.083 d	8.40 d		
A= 73	$Z1$=25	$Z2$=34	:	12ms	12.9ms	40.5ms	842ms	4.20 s	24.5 s
				4.86 h	Stable	80.30 d	7.15 h		
A= 74	$Z1$=26	$Z2$=36	:	5ms	31.4ms	507.7ms	1.598 s	1.593 m	8.12 m
				Stable	17.77 d	Stable	25.4 m	11.50 m	
A= 75	$Z1$=26	$Z2$=35	:	9ms	26.5ms	331.8ms	1.224 s	10.2 s	2.1 m
				1.380 h	Stable	119.78 d	1.612 h		
A= 76	$Z1$=26	$Z2$=36	:	3ms	21.7ms	234.7ms	637.0ms	5.7 s	30.6 s

续表

A	Z1	Z2	:							
				Stable	1.0933 d	Stable	16.2 h	14.8 h		
A= 77	Z1=27	Z2=36	:		13ms	158.4ms	470ms	2.08 s	13.2 s	11.211 h
				1.616 d	Stable	2.377 d	1.21 h			
A= 78	Z1=27	Z2=38	:		11ms	122.2ms	331.7ms	1.47 s	5.09 s	1.467 h
				1.512 h	Stable	6.45 m	Stable	17.66 m	2.602 m	
A= 79	Z1=28	Z2=37	:		43ms	241.3ms	746ms	2.852 s	18.98 s	9.01 m
				3.27E5 y	Stable	1.46 d	22.9 m			
A= 80	Z1=28	Z2=38	:		24ms	113.3ms	561.9ms	1.9 s	29.5 s	15.2 s
				Stable	17.68 m	Stable	33.4 s	1.772 h		
A= 81	Z1=28	Z2=38	:		30ms	73.2ms	299.6ms	1.217 s	9 s	33.3 s
				18.45 m	Stable	2.29E5 y	4.572 h	22.3 m		
A= 82	Z1=28	Z2=38	:		16ms	32.3ms	177.9ms	601ms	4.31 s	19.1 s
				Stable	1.470 d	Stable	1.2575 m	25.35 d		
A= 83	Z1=29	Z2=38	:		21ms	99.7ms	310ms	1.85 s	13.4 s	22.25 m
				2.374 h	Stable	86.2 d	1.350 d			
A= 84	Z1=29	Z2=40	:		7.1ms	53.6ms	95.2ms	952ms	4.03 s	3.26 m
				31.76 m	Stable	32.82 d	Stable	39.5 m	25.8 m	
A= 85	Z1=30	Z2=39	:		40ms	91.9ms	497ms	2.023 s	32.9 s	2.90 m
				10.728 y	Stable	64.846 d	2.68 h			
A= 86	Z1=30	Z2=40	:		16.1ms	49.2ms	222ms	944ms	14.1 s	55.1 s
				Stable	18.645 d	Stable	14.74 h	16.5 h		
A= 87	Z1=31	Z2=40	:		29ms	103.2ms	484ms	5.65 s	55.64 s	1.272 h
				Stable	Stable	3.325 d	1.68 h			
A= 88	Z1=31	Z2=41	:		8ms	60.8ms	200ms	1.51 s	16.29 s	2.825 h
				17.78 m	Stable	106.63 d	83.4 d	14.50 m		
A= 89	Z1=32	Z2=41	:		60ms	220ms	440ms	4.338 s	3.15 m	15.32 m
				50.563 d	Stable	3.265 d	2.03 h			
A= 90	Z1=32	Z2=42	:		30ms	70ms	195ms	1.911 s	32.32 s	158 s
				28.91 y	2.669 d	Stable	14.60 h	5.56 h		
A= 91	Z1=33	Z2=43	:		100ms	270ms	544ms	8.57 s	57.9 s	9.65 h
				58.51 d	Stable	680 y	15.49 m	3.14 m		
A= 92	Z1=33	Z2=44	:		13.3ms	52.7ms	334ms	1.841 s	4.50 s	2.611 h
				3.54 h	Stable	3.47E7 y	Stable	4.25 m	3.65 m	
A= 93	Z1=34	Z2=43	:		130ms	152ms	1.284 s	5.85 s	7.43 m	10.18 h
				1.61E6 y	Stable	4000 y	2.75 h			
A= 94	Z1=34	Z2=44	:		45.8ms	70ms	211ms	2.704 s	1.255 m	18.7 m
				Stable	2.04E4 y	Stable	4.883 h	51.8 m		
A= 95	Z1=34	Z2=44	:		23.8ms	68ms	114ms	378ms	23.90 s	10.3 m
				64.032 d	34.991 d	Stable	19.258 h	1.607 h		
A= 96	Z1=35	Z2=46	:		34.3ms	80ms	201.6ms	1.069 s	5.34 s	Stable
				23.35 h	Stable	4.28 d	Stable	9.90 m	122 s	
A= 97	Z1=35	Z2=45	:		40ms	62.1ms	169.0ms	429ms	3.74 s	16.749 h
				1.202 h	Stable	4.21E6 y	2.8370 d	30.7 m		
A= 98	Z1=35	Z2=46	:		15ms	43ms	115ms	653ms	548ms	30.7 s
				2.86 s	Stable	4.2E6 y	Stable	8.72 m	17.7 m	
A= 99	Z1=36	Z2=46	:		37ms	57.8ms	269.0ms	1.478 s	2.1 s	15.0 s
				2.747 d	2.12E5 y	Stable	16.1 d	21.4 m		

续表

A=100	Z1=36	Z2=46	:	7ms	51ms	200.7ms	732ms	7.1 s	1.4 s	
				Stable	15.65 s	Stable	20.8 h	3.63 d		
A=101	Z1=36	Z2=46	:	17ms	31.0ms	115.0ms	432ms	2.29 s	7.1 s	
				14.77 m	14.22 m	Stable	4.07 y	8.47 h		
A=102	Z1=37	Z2=48	:	37ms	72ms	300ms	2.01 s	4.3 s	11.3 m	
				5.28 s	Stable	207.0 d	Stable	12.9 m	5.5 m	
A=103	Z1=37	Z2=47	:	23ms	53ms	236ms	1.38 s	1.36 s	1.125 m	
				54.2 s	39.245 d	Stable	16.991 d	1.095 h		
A=104	Z1=37	Z2=48	:	12.1ms	53ms	212ms	920ms	4.9 s	1.0 m	
				18.3 m	Stable	42.3 s	Stable	1.153 h	57.7 m	
A=105	Z1=38	Z2=48	:	39ms	107ms	666ms	2.91 s	36.3 s	7.64 m	
				4.439 h	35.341 h	Stable	41.29 d	55.5 m		
A=106	Z1=38	Z2=50	:	20ms	82ms	175ms	1.013 s	8.73 s	35.6 s	
				1.019 y	30.07 s	Stable	23.96 m	Stable	6.2 m	1.92 m
A=107	Z1=38	Z2=49	:	17.8ms	33.5ms	150ms	287ms	3.5 s	21.2 s	
				3.75 m	21.7 m	6.5E6 y	Stable	6.50 h	32.4 m	
A=108	Z1=39	Z2=50	:	30ms	78.5ms	192ms	1.105 s	5.17 s	4.55 m	
				16.8 s	Stable	2.382 m	Stable	58.0 m	10.30 m	
A=109	Z1=39	Z2=49	:	25ms	56ms	113ms	692ms	0.89 s	34.4 s	
				1.347 m	13.59 h	Stable	1.264 y	4.159 h		
A=110	Z1=40	Z2=50	:	37.5ms	75ms	287ms	911ms	12.04 s	3.35 s	
				Stable	24.56 s	Stable	4.92 h	4.154 h		
A=111	Z1=40	Z2=50	:	24.0ms	54ms	186ms	294ms	2.12 s	11 s	
				23.56 m	7.433 d	Stable	2.8049 d	35.3 m		
A=112	Z1=40	Z2=52	:	30ms	38ms	125ms	305ms	1.75 s	3.4 s	
				21.04 h	3.130 h	Stable	14.88 m	Stable	53.5 s	2.0 m
A=113	Z1=40	Z2=51	:	20.4ms	32ms	80ms	152ms	800ms	2.80 s	
				1.55 m	5.37 h	Stable	Stable	115.08 d	6.67 m	
A=114	Z1=41	Z2=52	:	17ms	58ms	100ms	543ms	1.85 s	2.42 m	
				4.6 s	Stable	1.198 m	Stable	3.49 m	15.2 m	
A=115	Z1=41	Z2=52	:	23ms	45.5ms	78ms	318ms	1.03 s	25 s	
				20.0 m	2.228 d	Stable	Stable	32.1 m	5.8 m	
A=116	Z1=41	Z2=52	:	12ms	32ms	57ms	203ms	690ms	11.8 s	
				3.83 m	Stable	14.10 s	Stable	15.8 m	2.49 h	
A=117	Z1=42	Z2=52	:	22ms	44.5ms	152ms	420ms	4.3 s	1.227 m	
				2.503 h	43.2 m	Stable	2.97 h	1.003 h		
A=118	Z1=42	Z2=52	:	19ms	30ms	99ms	286ms	1.9 s	3.76 s	
				50.3 m	5.0 s	Stable	3.6 m	6.00 d		
A=119	Z1=42	Z2=52	:	12ms	22ms	69.2ms	189ms	920ms	6.0 s	
				2.69 m	2.4 m	Stable	1.591 d	16.05 h		
A=120	Z1=43	Z2=54	:	21ms	45ms	133ms	492ms	940ms	50.80 s	
				3.08 s	Stable	15.89 m	Stable	1.361 h	46.0 m	
A=121	Z1=43	Z2=53	:	22ms	30ms	73.5ms	291ms	777ms	13.5 s	
				23.1 s	27.03 h	Stable	19.31 d	2.12 h		
A=122	Z1=43	Z2=54	:	13ms	25ms	52.3ms	195ms	529ms	5.24 s	
				1.5 s	Stable	2.7238 d	Stable	3.63 m	20.1 h	
A=123	Z1=44	Z2=54	:	19ms	42.2ms	109ms	299ms	2.10 s	6.15 s	

续表

A	Z1	Z2								
				129.2 d	Stable	Stable	13.223 h	2.050 h		
A=124	Z1=44	Z2=56	:	15ms	31.5ms	94ms	201ms	1.25 s	3.12 s	
				Stable	60.20 d	Stable	4.1760 d	Stable	30.9 s	11.0 m
A=125	Z1=44	Z2=54	:	12ms	26.5ms	64.1ms	176ms	680ms	2.36 s	
				9.634 d	2.760 y	Stable	59.388 d	16.87 h		
A=126	Z1=45	Z2=56	:	19ms	48.6ms	52ms	514ms	1.53 s	2.30E5 y	
				12.35 d	Stable	12.93 d	Stable	1.64 m	1.667 h	
A=127	Z1=45	Z2=55	:	20ms	38ms	89.1ms	450ms	1.087 s	2.10 h	
				3.85 d	9.35 h	Stable	36.342 d	6.25 h		
A=128	Z1=45	Z2=56	:	8.4ms	36ms	66.6ms	245.9ms	0.84 s	59.07 m	
				9.05 h	Stable	24.99 m	Stable	3.640 m	2.43 d	
A=129	Z1=46	Z2=56	:	31ms	53.9ms	155.9ms	609ms	2.23 m	4.366 h	
				1.16 h	1.61E7 y	Stable	32.06 h	2.23 h		
A=130	Z1=46	Z2=58	:	25.2ms	41ms	129ms	275ms	3.72 m	39.5 m	
				Stable	12.36 h	Stable	29.21 m	Stable	8.7 m	22.9 m
A=131	Z1=46	Z2=57	:	20.1ms	35ms	83ms	266ms	56.0 s	23.03 m	
				25.0 m	8.0249 d	Stable	9.689 d	11.52 d	59 m	
A=132	Z1=47	Z2=58	:	28ms	84ms	201.3ms	39.7 s	2.79 m	3.204 d	
				2.295 h	Stable	6.480 d	Stable	4.59 h	3.51 h	
A=133	Z1=47	Z2=58	:	24ms	64ms	162ms	1.42 s	2.34 m	12.5 m	
				20.83 h	5.2474 d	Stable	10.539 y	3.912 h	1.617 h	
A=134	Z1=48	Z2=58	:	65ms	136ms	0.902 s	675ms	41.8 m	52.5 m	
				Stable	2.0650 y	Stable	6.45 m	3.16 d		
A=135	Z1=48	Z2=58	:	27ms	101ms	516ms	1.668 s	19.0 s	6.58 h	
				9.14 h	1.33E6 y	Stable	18.91 h	17.7 h		
A=136	Z1=49	Z2=60	:	85ms	361ms	924ms	17.67 s	1.39 m	Stable	
				13.01 d	Stable	9.87 m	Stable	13.1 m	50.65 m	
A=137	Z1=49	Z2=59	:	65ms	236ms	506ms	2.50 s	24.59 s	3.818 m	
				30.04 y	Stable	60000 y	9.0 h	1.28 h		
A=138	Z1=50	Z2=60	:	154ms	333ms	1.46 s	6.251 s	14.14 m	33.5 m	
				Stable	Stable	Stable	1.45 m	5.04 h		
A=139	Z1=50	Z2=60	:	120ms	182ms	724ms	2.280 s	39.68 s	9.27 m	
				1.382 h	Stable	137.64 d	4.41 h	29.7 m		
A=140	Z1=50	Z2=60	:	68ms	170ms	351ms	590ms	13.60 s	1.062 m	
				2.7534 d	40.289 h	Stable	3.39 m	3.37 d		
A=141	Z1=51	Z2=61	:	103ms	193ms	420ms	1.728 s	24.91 s	18.27 m	
				3.92 h	32.505 d	Stable	2.49 h	20.90 m		
A=142	Z1=51	Z2=62	:	53ms	147ms	235ms	1.222 s	1.687 s	10.6 m	
				1.518 h	Stable	19.12 h	Stable	40.5 s	1.208 h	
A=143	Z1=52	Z2=62	:	120ms	182ms	511ms	1.795 s	14.5 s	14.2 m	
				1.377 d	13.57 d	Stable	265 d	8.75 m		
A=144	Z1=52	Z2=64	:	93ms	94ms	388ms	989ms	11.73 s	44.0 s	
				284.89 d	17.28 m	Stable	363 d	Stable	10.2 m	4.47 m
A=145	Z1=52	Z2=63	:	24.4ms	89.7ms	188ms	582ms	4.31 s	24.8 s	
				3.01 m	5.984 h	Stable	17.7 y	340 d	5.93 d	
A=146	Z1=53	Z2=64	:	94ms	146ms	321.7ms	2.15 s	6.08 s	13.49 m	
				24.09 m	Stable	5.53 y	6.8E7 y	4.61 d	48.27 d	

$A=147$	$Z1=53$	$Z2=65$	:	60ms	89ms	229.5ms	894ms	4.073 s	56.4 s
				13.39 m	10.98 d	2.6234 y	Stable	24.1 d	1.586 d	1.64 h
$A=148$	$Z1=54$	$Z2=66$	:	85ms	151.1ms	617ms	1.34 s	56.8 s	2.29 m
				Stable	5.368 d	Stable	54.5 d	71.3 y	1.0 h	3.3 m
$A=149$	$Z1=54$	$Z2=65$	:	46.8ms	107ms	352ms	1.091 s	4.94 s	2.26 m
				1.728 h	2.212 d	Stable	93.1 d	9.28 d	4.118 h
$A=150$	$Z1=54$	$Z2=66$	:	53.5ms	81.0ms	258ms	510ms	6.05 s	6.19 s
				Stable	2.698 h	Stable	36.9 y	1.79E6 y	3.48 h	7.17 m
$A=151$	$Z1=55$	$Z2=65$	:	59ms	167ms	457ms	1.76 s	18.90 s	12.44 m
				1.183 d	94.6 y	Stable	123.9 d	17.609 h	
$A=152$	$Z1=55$	$Z2=66$	:	36.7ms	140ms	298ms	1.42 s	3.57 s	11.4 m
				4.12 m	Stable	13.517 y	Stable	17.5 h	2.38 h
$A=153$	$Z1=56$	$Z2=66$	:	113ms	245ms	865ms	4.29 s	31.6 s	5.25 m
				1.929 d	Stable	240.6 d	2.34 d	6.4 h	
$A=154$	$Z1=56$	$Z2=68$	:	53ms	161ms	722ms	2.30 s	25.9 s	2.68 m
				Stable	8.592 y	Stable	21.5 h	3.0E6 y	11.76 m	3.73 m
$A=155$	$Z1=57$	$Z2=67$	:	101ms	313ms	1.47 s	8.9 s	41.5 s	22.18 m
				4.753 y	Stable	5.32 d	9.9 h	48 m	
$A=156$	$Z1=57$	$Z2=68$	:	84ms	233ms	444ms	5.06 s	27.4 s	9.4 h
				15.19 d	Stable	5.35 d	Stable	56 m	19.5 m
$A=157$	$Z1=57$	$Z2=67$	:	44ms	175ms	295ms	1.15 s	10.56 s	8.03 m
				15.18 h	Stable	71 y	8.14 h	12.6 m	
$A=158$	$Z1=58$	$Z2=68$	:	99ms	181ms	820ms	4.8 s	5.30 m	45.9 m
				Stable	180 y	Stable	11.3 m	2.29 h	
$A=159$	$Z1=58$	$Z2=68$	:	113ms	134ms	485ms	1.49 s	11.37 s	18.1 m
				18.479 h	Stable	144.4 d	33.05 m	36 m	
$A=160$	$Z1=59$	$Z2=69$	:	170ms	439ms	725ms	9.6 s	42.6 s	Stable
				72.3 d	Stable	25.6 m	28.58 h	9.4 m	
$A=161$	$Z1=59$	$Z2=69$	:	65.4ms	215ms	1.05 s	4.8 s	26.2 s	3.646 m
				6.948 d	Stable	2.48 h	3.21 h	30.2 m	
$A=162$	$Z1=60$	$Z2=70$	:	310ms	630ms	2.7 s	11.8 s	8.4 m	7.60 m
				Stable	15.0 m	Stable	21.70 m	18.87 m	
$A=163$	$Z1=60$	$Z2=69$	:	151ms	430ms	1.23 s	7.7 s	1.133 m	19.5 m
				Stable	4570 y	1.25 h	1.810 h		
$A=164$	$Z1=61$	$Z2=70$	:	116ms	1.43 s	4.16 s	45 s	3.0 m	Stable
				28.8 m	Stable	2.0 m	1.263 h		
$A=165$	$Z1=61$	$Z2=70$	:	107ms	980ms	2.53 s	11.6 s	2.11 m	2.332 h
				Stable	10.36 h	1.253 d	9.9 m		
$A=166$	$Z1=62$	$Z2=70$	:	800ms	1.31 s	5.1 s	27.1 s	3.4 d	1.117 d
				Stable	7.70 h	2.363 d			
$A=167$	$Z1=62$	$Z2=71$	:	119ms	1.33 s	4.2 s	18.9 s	6.20 m	3.1 h
				Stable	9.25 d	17.5 m	51.5 m		
$A=168$	$Z1=62$	$Z2=72$	:	257ms	200ms	3.03 s	9.4 s	8.7 m	2.99 m
				Stable	93.1 d	Stable	5.5 m	25.95 m	
$A=169$	$Z1=63$	$Z2=72$	:	470ms	750ms	5.13 s	39 s	4.72 m	9.392 d
				Stable	32.014 d	1.419 d	3.24 m		
$A=170$	$Z1=63$	$Z2=73$	:	323ms	410ms	960ms	54.9 s	2.76 m	Stable

			128.6 d	Stable	2.012 d	16.01 h	6.76 m		
A=171	Z1=64	Z2=73 :	727ms	1.24 s	4.07 s	53 s	7.516 h	1.92 y	
			Stable	8.247 d	12.1 h	23.3 m			
A=172	Z1=64	Z2=74 :	353ms	760ms	3.4 s	25 s	2.054 d	2.65 d	
			Stable	6.70 d	1.87 y	36.8 m	6.6 m		

表 A.4　同质异能态核半衰期

A	Nis		Z	is	T	Z	is	T	Z	is	T	Z	is	T	Z	is	T
A=67	Nis=1	:	27	1	496 ms												
A=68	Nis=2	:	27	1	1.6 s,	29	1	3.75 m									
A=69	Nis=3	:	27	1	750 ms,	28	1	3.5 s,	30	1	13.747 h						
A=70	Nis=3	:	27	1	114 ms,	29	1	33 s,	29	2	6.6 s						
A=71	Nis=3	:	28	1	2.3 s,	30	1	4.148 h,	32	1	20.41 ms						
A=72	Nis=2	:	27	1	47.8 s,	31	1	39.68 ms									
A=73	Nis=4	:	30	1	13.0 ms,	31	1	<200 ms,	32	1	499 ms,	34	1	39.8 m			
A=74	Nis=2	:	31	1	9.5 s,	35	1	46 m									
A=75	Nis=3	:	30	1	5 s,	32	1	47.7 s,	33	1	17.62 ms						
A=76	Nis=3	:	27	1	16 ms,	29	1	1.27 s,	35	1	1.31 s						
A=77	Nis=4	:	30	1	1.05 s,	32	1	53.7 s,	34	1	17.36 s,	35	1	4.28 m			
A=78	Nis=1	:	37	1	5.74 m												
A=79	Nis=5	:	30	1	>200 ms,	32	1	39.0 s,	34	1	3.92 m,	35	1	4.85 s,	36	1	50 s
A=80	Nis=2	:	31	1	1.3 s,	35	1	4.4205 h									
A=81	Nis=4	:	32	1	6 s,	34	1	57.28 m,	36	1	13.10 s,	37	1	30.5 m			
A=82	Nis=3	:	33	1	13.6 s,	35	1	6.13 m,	37	1	6.472 h						
A=83	Nis=4	:	34	1	1.168 m,	36	1	1.830 h,	37	1	7.8 ms,	38	1	4.95 s			
A=84	Nis=4	:	31	1	<85 ms,	35	1	6.0 m,	37	1	20.26 m,	39	1	4.6 s			
A=85	Nis=3	:	36	1	4.480 h,	38	1	1.127 h,	39	1	4.86 h						
A=86	Nis=2	:	37	1	1.017 m,	39	1	47.4 m									
A=87	Nis=3	:	38	1	2.805 h,	39	1	13.37 h,	40	1	14.0 s						
A=88	Nis=3	:	39	1	0.301 ms,	39	2	13.98 ms,	41	1	7.7 m						
A=89	Nis=3	:	39	1	15.663 s,	40	1	4.161 m,	41	1	1.10 h						
A=90	Nis=5	:	37	1	258 s,	39	1	3.226 h,	40	1	809.2 ms,	41	1	18.81 s,	41	2	6.19 ms
A=91	Nis=4	:	39	1	49.71 m,	41	1	60.86 d,	42	1	64.6 s,	43	1	3.3 m			
A=92	Nis=1	:	41	1	10.116 d												
A=93	Nis=4	:	39	1	820 ms,	41	1	16.12 y,	42	1	6.85 h,	43	1	43.5 m			
A=94	Nis=2	:	41	1	6.263 m,	43	1	52 m									
A=95	Nis=2	:	41	1	3.61 d,	43	1	61.96 d									
A=96	Nis=3	:	39	1	9.6 s,	43	1	51.5 m,	45	1	1.51 m						
A=97	Nis=5	:	39	1	1.17 s,	39	2	138 ms,	41	1	58.7 s,	43	1	91.1 d,	45	1	46.2 m
A=98	Nis=4	:	37	1	96 ms,	39	1	2.32 s,	41	1	51.1 m,	45	1	3.6 m			
A=99	Nis=3	:	41	1	2.5 m,	43	1	6.0066 h,	45	1	4.7 h						
A=100	Nis=3	:	39	1	940 ms,	41	1	2.99 s,	45	1	4.6 m						
A=101	Nis=1	:	45	1	4.343 d												
A=102	Nis=5	:	39	1	396 ms,	41	1	1.31 s,	43	1	4.35 m,	45	1	3.742 y,			

续表

			47	1	7.7 m						
$A=103$	$Nis=3$	:	44	1	1.69 ms,	45	1	56.114 m,	47	1	5.7 s
$A=104$	$Nis=3$	:	41	1	0.87 s,	45	1	4.34 m,	47	1	33.5 m
$A=105$	$Nis=2$	:	45	1	42.8 s,	47	1	7.23 m			
$A=106$	$Nis=4$	:	41	1	1.20 s,	45	1	2.183 h,	47	1	8.28 d,	49	1	5.2 m
$A=107$	$Nis=3$	:	46	1	21.3 s,	47	1	44.3 s,	49	1	50.4 s
$A=108$	$Nis=3$	:	45	1	6.0 m,	47	1	438 y,	49	1	39.6 m
$A=109$	$Nis=4$	:	46	1	4.703 m,	47	1	39.79 s,	49	1	1.34 m,	49	2	210.0 ms
$A=110$	$Nis=4$	:	41	1	94 ms,	45	1	28.5 s,	47	1	249.78 d,	49	1	1.152 h
$A=111$	$Nis=5$	:	42	1	200 ms,	46	1	5.563 h,	47	1	1.08 m,	48	1	48.50 m,
			49	1	7.7 m						
$A=112$	$Nis=2$	:	45	1	6.73 s,	49	1	20.67 m			
$A=113$	$Nis=6$	:	44	1	510 ms,	46	1	300 ms,	47	1	1.145 m,	48	1	13.89 y,
			49	1	1.6579 h,	50	1	21.4 m			
$A=114$	$Nis=5$	:	43	1	90 ms,	45	1	1.85 s,	47	1	1.50 ms,	49	1	49.51 d,
			49	2	43.1 ms						
$A=115$	$Nis=6$	:	44	1	76 ms,	46	1	50 s,	47	1	18.0 s,	48	1	44.56 d,
			49	1	4.486 h,	52	1	6.7 m			
$A=116$	$Nis=6$	:	45	1	570 ms,	47	1	20 s,	47	2	9.3 s,	49	1	54.29 m,
			49	2	2.18 s,	51	1	1.005 h			
$A=117$	$Nis=6$	:	46	1	19.1 ms,	47	1	5.34 s,	48	1	3.441 h,	49	1	1.937 h,
			50	1	13.939 d,	52	1	103 ms			
$A=118$	$Nis=5$	:	45	1	310 ms,	47	1	2.0 s,	49	1	4.364 m,	49	2	8.5 s,
			51	1	5.01 h						
$A=119$	$Nis=7$	:	46	1	3 ms,	47	1	2.1 s,	48	1	2.20 m,	49	1	18.0 m,
			50	1	293.1 d,	51	1	835 ms,	52	1	4.70 d			
$A=120$	$Nis=6$	:	47	1	1.52 s,	47	2	440 ms,	49	1	46.2 s,	49	2	47.3 s,
			51	1	5.76 d,	53	1	53 m			
$A=121$	$Nis=4$	:	48	1	8.3 s,	49	1	3.88 m,	50	1	43.9 y,	52	1	164.7 d
$A=122$	$Nis=5$	:	47	1	550 ms,	47	2	200 ms,	49	1	10.3 s,	49	2	10.8 s,
			51	1	4.19m						
$A=123$	$Nis=6$	:	46	1	101 ms,	47	1	100 ms,	48	1	1.80 s,	49	1	47.4 s,
			50	1	40.06 m,	52	1	119.2 d			
$A=124$	$Nis=5$	:	47	1	144 ms,	49	1	3.67 s,	51	1	1.55 m,	51	2	20.2 m,
			55	1	6.41 s						
$A=125$	$Nis=7$	:	46	1	50 ms,	47	1	159 ms,	48	1	480 ms,	49	1	12.2 s,
			50	1	9.77 m,	52	1	57.40 d,	54	1	56.9 s			
$A=126$	$Nis=4$	:	47	1	103 ms,	49	1	1.64 s,	51	1	19.15 m,	51	2	11 s
$A=127$	$Nis=8$	:	47	1	20 ms,	47	2	67.5 ms,	48	1	337 ms,	49	1	3.618 s,
			49	2	1.04 s,	50	1	4.13 m,	52	1	106.1 d,	54	1	1.153 m
$A=128$	$Nis=5$	:	48	1	6.3 s,	49	1	720 ms,	49	2	>0.3 s,	50	1	6.5 s,
			51	1	10.41 m						
$A=129$	$Nis=10$	:	47	1	158 ms,	48	1	152 ms,	48	2	3.6 ms,	49	1	1.19 s,
			49	2	0.67 s,	50	1	6.9 m,	51	1	17.7 m,	52	1	33.6 d,
			54	1	8.88 d,	56	1	2.135 h			
$A=130$	$Nis=7$	:	49	1	535 ms,	49	2	540 ms,	50	1	1.7 m,	51	1	6.3 m,
			53	1	8.84 m,	55	1	3.46 m,	56	1	9.54 ms			

续表

A	Nis		Z₁	s	t₁	Z₂	s	t₂	Z₃	s	t₃	Z₄	s	t₄
$A=131$	$Nis=7$	:	49	1	330 ms,	49	2	320 ms,	50	1	58.4 s,	52	1	1.353 d,
			52	2	93 ms,	54	1	11.948 d,	56	1	14.26 m			
$A=132$	$Nis=5$	:	51	1	4.10 m,	53	1	1.387 h,	54	1	8.39 ms,	57	1	24.3 m,
			58	1	9.4 ms									
$A=133$	$Nis=6$	:	49	1	167 ms,	52	1	55.4 m,	53	1	9 s,	54	1	2.198 d,
			56	1	1.621 d,	58	1	5.1 h						
$A=134$	$Nis=4$	:	51	1	9.97 s,	53	1	3.52 m,	54	1	290 ms,	55	1	2.912 h
$A=135$	$Nis=5$	:	54	1	15.29 m,	55	1	53 m,	56	1	28.11 h,	56	2	1.06 ms,
			58	1	20 s									
$A=136$	$Nis=4$	:	53	1	46.6 s,	55	1	17.5 s,	56	1	308.4 ms,	57	1	114 ms
$A=137$	$Nis=2$	:	56	1	2.552 m,	58	1	34.4 h						
$A=138$	$Nis=3$	:	55	1	2.91 m,	58	1	8.73 ms,	59	1	2.12 h			
$A=139$	$Nis=2$	:	58	1	57.58 s,	60	1	5.50 h						
$A=141$	$Nis=1$	:	60	1	1.033 m									
$A=142$	$Nis=2$	:	59	1	14.6 m,	61	1	2.0 ms						
$A=143$	$Nis=2$	:	62	1	1.1 m,	62	2	30 ms						
$A=144$	$Nis=2$	:	55	1	<1 s,	59	1	7.2 m						
$A=146$	$Nis=1$	:	57	1	9.9 s									
$A=147$	$Nis=1$	:	65	1	1.87 m									
$A=148$	$Nis=3$	:	59	1	2.01 m,	61	1	41.29 d,	65	1	2.20 m			
$A=149$	$Nis=1$	:	65	1	4.16 m									
$A=150$	$Nis=2$	:	63	1	12.8 h,	65	1	5.8 m						
$A=151$	$Nis=1$	:	65	1	25 s									
$A=152$	$Nis=4$	:	61	1	7.52 m,	61	2	13.8 m,	63	1	9.3116 h,	65	1	4.2 m
$A=153$	$Nis=1$	:	62	1	10.6 ms									
$A=154$	$Nis=5$	:	61	1	1.73 m,	63	1	46.3 m,	65	1	9.994 h,	65	2	22.7 h,
			67	1	3.10 m									
$A=155$	$Nis=1$	:	64	1	31.97 ms									
$A=156$	$Nis=5$	:	61	1	2.3 s,	65	1	5.3 h,	65	2	1.017 d,	67	1	9.5 s,
			67	2	7.6 m									
$A=157$	$Nis=1$	:	66	1	21.6 ms									
$A=158$	$Nis=2$	:	65	1	10.70 s,	67	1	28 m						
$A=159$	$Nis=1$	:	67	1	8.30 s									
$A=160$	$Nis=5$	:	61	1	>700 ms,	63	1	30.8 s,	67	1	5.02 h,	67	2	∼3 s,
			69	1	1.242 m									
$A=161$	$Nis=2$	:	67	1	6.76 s,	69	1	5 m						
$A=162$	$Nis=4$	:	63	1	15.0 s,	65	1	10 m,	67	1	1.117 h,	69	1	24.3 s
$A=163$	$Nis=2$	:	64	1	23.5 s,	67	1	1.09 s						
$A=164$	$Nis=3$	:	65	1	2 m,	67	1	36.6 m,	69	1	5.1 m			
$A=165$	$Nis=1$	:	66	1	1.257 m									
$A=166$	$Nis=1$	:	67	1	1132.6 y									
$A=167$	$Nis=2$	:	68	1	2.269 s,	71	1	>1 m						
$A=168$	$Nis=2$	:	67	1	2.2 m,	71	1	6.7 m						
$A=169$	$Nis=2$	:	70	1	46 s,	71	1	1.667 m						
$A=170$	$Nis=2$	:	67	1	43 s,	71	1	670 ms						
$A=171$	$Nis=3$	:	70	1	5.25 ms,	71	1	1.317 m,	72	1	29.5 s			
$A=172$	$Nis=2$	:	66	1	710 ms,	71	1	3.7 m						

附录 B 在数值计算中获得最佳理论模型参数的一种方法

要想获得符合实验数据最好的最佳理论模型参数，可以通过用计算机自动寻求 χ^2 最小值的方法来实现，χ^2 代表理论模型计算值与实验值的偏差。对于某一个具体物理量的实验数据点，其 χ^2 值的定义为

$$\chi^2 = \left(\frac{Y^{\mathrm{T}} - Y^{\mathrm{E}}}{\Delta Y^{\mathrm{E}}} \right)^2 \tag{B.1}$$

其中 Y^{T} 代表理论计算值，Y^{E} 代表实验值，ΔY^{E} 代表实验值绝对误差。

对于一个物理问题，可能会包含很多种物理量，每种物理量可能又分多种类别，有时还要分不同原子核、不同能点等。我们要由所有具体物理量的 χ^2 值求出总的 χ^2_{TOT}，而且要引入权重概念。可以定义以下形式的总 χ^2_{TOT}

$$\chi^2_{\mathrm{TOT}} = \frac{1}{\sum\limits_{i=1}^{N_1} W_i} \left\{ \sum_{i=M_1+1}^{N_1} W_i \chi_i^2 \\ \sum_{i=1}^{M_1} \frac{1}{\sum\limits_{j=1}^{N_2} W_{ij}} \left\{ \sum_{j=M_2+1}^{N_2} W_{ij} \chi_{ij}^2 \\ \sum_{j=1}^{M_2} \frac{1}{\sum\limits_{k=1}^{N_3} W_{ijk}} \left\{ \sum_{k=M_3+1}^{N_3} W_{ijk} \chi_{ijk}^2 \\ \sum_{k=1}^{M_3} \frac{1}{\sum\limits_{l=1}^{N_4} W_{ijkl}} \sum_{l=1}^{N_4} W_{ijkl} \chi_{ijkl}^2 \right. \right. \right.$$

$$\tag{B.2}$$

其中所有 W_x 均为权重因子。如果某些项目具有相同的权重，相应的权重因子之和就会被项目数代替。在上式给出的 χ^2_{TOT} 中包含了 1 到 4 层求和。

在我们的课题中，要拟合的物理量很多。有裂变碎片产额，其中包括初始产额、独立产额、裂变后不同时间的累计产额、电荷分布、质量分布，每种产物核分布都包含很多原子核。有时认为几家实验室给出的质量分布实验数据都很重要，也可以同时考。对于累计产额和最终质量分布可以考虑缓发中子影响也可以不考

虑缓发中子影响。还有裂变碎片的总动能分布和平均总动能,单个碎片的动能分布和平均动能,动能分布包含很多能点,单个碎片角分布包含很多角度。还有总的平均瞬发中子数、平均瞬发中子能量和平均瞬发中子谱、平均瞬发光子数、平均瞬发光子能量和平均瞬发光子谱、每个碎片的瞬发中子数、瞬发中子能量和瞬发中子谱、瞬发光子数、瞬发光子能量和瞬发光子谱,凡是能谱都包含很多能量。对于各种实验数据要合理地安排在 χ^2_{TOT} 中。当然在进行具体计算时,对裂变后的几个过程要分别进行计算,对某个过程的计算主要拟合本过程的实验数据,这样待拟合的实验数据就不会太多了。

在调节参数程序中,只是研究如何使 χ^2_{TOT} 变小,至于到底偏向哪个物理量可用权重因子 W 控制。式 (B.1) 中的 ΔY^{E} 是实验数据误差,可以取真实验值,也可以人为给定,其实它也起到权重作用。式 (B.1) 中的 Y^{E} 是实验数据,可以取实验测量值,也可以取实验数据评价值,如果实验数据点很分散,也可以人为画一条平均线来代替实验值。在研制调节参数程序时,对于太费计算时间的部分可以只在被调节参数空间改变前进方向时调用它一次。在程序运算时,一般先人为调节参数,只有当可以得到基本合理的结果时,才正式启动自动调节参数程序。

假设有 N 个可调节参数,当它们都达到最佳值时,χ^2_{TOT} 将变得最小。用户开始给的 N 个可调节参数肯定都不是最佳值,在让它们向最佳值靠近时所给的步长很重要,如果某个参数步子太大此参数就不起作用,如果步子太小计算结果就改进得太慢。本书附录 C 所给出的方法能使每个步长在运算过程中自动调整到最起作用的步长状态,可以称它为分别自动调节每个步长的方法。我们这种方法能充分发挥每个可调参数的作用,把它与以前的老方法相比较在调节参数速度和效果方面可以说有了数量级的提升。这次在本书附录 C 中把我们发展的这种方法正式发表,不过这种方法在一些程序中已经用了很多年。

附录 C 可以分别自动调节每个参数步长的改进最速下降法

为了寻找符合实验数据最好的最佳理论模型参数，通常是通过用计算机自动寻求 χ^2 最小值的方法来实现。χ^2 的定义如下

$$\chi^2 = \frac{1}{\sum_{i=1}^{N_0} W_i} \sum_{i=1}^{N_0} W_i \chi_i^2 \tag{C.1}$$

$$\chi_i^2 = \frac{1}{\sum_{j=1}^{N_i} W_{ij}} \sum_{j=1}^{N_i} W_{ij} \chi_{ij}^2 \tag{C.2}$$

$$\chi_{ij}^2 = \frac{1}{N_{ij}} \sum_{k=1}^{N_{ij}} \left(\frac{Y_{ij}^{\mathrm{T}}(k) - Y_{ij}^{\mathrm{E}}(k)}{\Delta Y_{ij}^{\mathrm{E}}(k)} \right)^2 \tag{C.3}$$

或

$$\chi_{ij}^2 = \frac{1}{N_{ij}} \sum_{k=1}^{N_{ij}} \frac{1}{N_{ijk}} \sum_{l=1}^{N_{ijk}} \left(\frac{Y_{ij}^{\mathrm{T}}(k,l) - Y_{ij}^{\mathrm{E}}(k,l)}{\Delta Y_{ij}^{\mathrm{E}}(k,l)} \right)^2 \tag{C.4}$$

其中，Y_{ij}^{T} 和 Y_{ij}^{E} 分别代表相应物理量的理论值和实验值，$\Delta Y_{ij}^{\mathrm{E}}$ 代表相应物理量实验值的绝对误差，W_i 和 W_{ij} 是人为设定的相应物理量的权重，N_0、N_i、N_{ij} 和 N_{ijk} 是相应物理量的项目数。以唯象光学模型势为例，在式 (C.1) 中，$i = 1 \sim N_0$ 代表 $1 \sim N_0$ 个原子核；在式 (C.2) 中，对于第 i 个原子核，$j = 1 \sim N_i$ 代表全截面 (tot)、去弹截面 (ne) 和弹性散射角分布 (el)，这时取 $N_i = 3$。在式 (C.3) 和式 (C.4) 中，$k = 1 \sim N_{ij}$ 代表能点数；在式 (C.4) 中，$l = 1 \sim N_{ijk}$ 代表角度数。物理量实验值 Y_{ij}^{E} 取实验测量值或实验数据评价值，实验值的绝对误差 $\Delta Y_{ij}^{\mathrm{E}}$ 可以取实验测量值，也可以人为将其取为实验值 Y_{ij}^{E} 绝对值的 1%～10%，$\Delta Y_{ij}^{\mathrm{E}}$ 一般取正值，起到权重作用，$\Delta Y_{ij}^{\mathrm{E}}$ 的值越小，相当于该项的权重越大。

相应物理量的理论值 Y_{ij}^{T} 用理论模型程序计算求得。为了能得到最佳符合实验数据的理论计算结果，在理论模型程序中可以包含 N 个可以调节的理论模型

参数 $p_1, p_2, \cdots, p_N$。由式 (C.1) 给出的 χ^2 被看作是 N 个可以调节的理论模型参数的函数

$$\chi^2 = \chi^2(p_1, p_2, \cdots, p_N) \tag{C.5}$$

我们将这 N 个可以调节的理论模型参数 $p_1, p_2, \cdots, p_N$ 用 N 维参数空间中的一个矢量 $\boldsymbol{p}$ 表示

$$\boldsymbol{p} = (p_1, p_2, \cdots, p_N) \tag{C.6}$$

在程序中初始输入的可以调节的理论模型参数可表示成

$$\boldsymbol{p}^0 = (p_1^0, p_2^0, \cdots, p_N^0) \tag{C.7}$$

即第一组理论模型参数 $\boldsymbol{p}^0 = (p_1^0, p_2^0, \cdots, p_N^0)$ 是由程序用户给出的。

我们用整数 L 代表所允许的在 N 维可调参数空间中寻找可调参数 $\boldsymbol{p}$ 变化方向的次数。显然,如果选取 $L = 0$,就表明不对可调参数进行调节;如果选取 $L > 0$,表明要对可调参数进行调节,L 越大表明可调参数被调节得越充分。下边我们讨论 $L > 0$ 的情况。用 Δp_i 表示第 i 个可调参数的调节步长,并且可以把它们用矢量形式表示成

$$\Delta \boldsymbol{p} = (\Delta p_1, \Delta p_2, \cdots, \Delta p_N) \tag{C.8}$$

初始一套 Δp_i 由用户给出,一般可以取为 p_i^0 绝对值的 5%~10% 。注意,虽然允许 p_i^0 给成 0,但是初始 Δp_i 绝对不能给成 0,如果某个 $\Delta p_i = 0$,就意味着它所对应的参数 p_i 将不被调节。可以在程序中加上判断,如果发现在初始输入数据中某个可调整参数的调节步长被给成 $\Delta p_i = 0$,程序可以自动令其等于某个大小适当的非 0 的数值。

我们定义

$$\chi_{i\pm}^2 = \chi^2(p_1, p_2, \cdots, p_i \pm \Delta p_i, \cdots, p_N) \tag{C.9}$$

为了寻找最小的 χ^2,通常都希望被调参数能沿着使 χ^2 以最快的速度下降的方向改变。我们以 $\boldsymbol{p}^0$ 为出发点,χ^2 相对于每个变量 p_i 的一阶偏导数可以近似取为

$$\left. \frac{\partial \chi^2}{\partial p_i} \right|_{\boldsymbol{p}^0} = \begin{cases} \dfrac{\chi_{i+}^2 - \chi_{i-}^2}{2\Delta p_i}, & \chi_{i+}^2 < \chi^2(\boldsymbol{p}_0) \text{ 或 } \chi_{i-}^2 < \chi^2(\boldsymbol{p}_0) \\ 0, & \chi_{i+}^2 > \chi^2(\boldsymbol{p}_0) \text{ 和 } \chi_{i-}^2 > \chi^2(\boldsymbol{p}_0) \end{cases} \tag{C.10}$$

然后,在第 i 个可调参数 p_i^0 上加上一个小的位移 δp_i^0

$$p_i^1 = p_i^0 + \delta p_i^0 / D \tag{C.11}$$

其中

$$\delta p_i^0 = -\frac{\left.\dfrac{\partial \chi^2}{\partial p_i}\right|_{\boldsymbol{p}^0} \cdot \Delta p_i}{\left[\displaystyle\sum_{j=1}^{N}\left(\left.\dfrac{\partial \chi^2}{\partial p_j}\right|_{\boldsymbol{p}^0} \cdot \Delta p_j\right)^2\right]^{\frac{1}{2}}}\Delta p_i \tag{C.12}$$

在上式中给出的负号是为了确保当把 p_i^0 变成 p_i^1 后，χ^2 会沿着变小的方向变化。在式 (C.11) 中所出现的 D 是一个常数，被用来调节步长的大小。所有的 δp_i^0 可以表示成一个矢量

$$\delta\boldsymbol{p}^0 = (\delta p_1^0, \delta p_2^0, \cdots, \delta p_N^0) \tag{C.13}$$

由式 (C.10) 和式 (C.12) 所计算的 $\delta\boldsymbol{p}^0$ 代表所求得的在 N 维可调参数空间中可调参数的变化方向。这时，我们根据式 (C.10) 的计算结果，对于在下一次寻找可调参数方向时要用到的参数步长分别进行修改，如果第 i 个可调参数的 $\left.\dfrac{\partial \chi^2}{\partial p_i}\right|_{\boldsymbol{p}^0} \neq 0$，便令 $\Delta p_i \to 2\Delta p_i$；如果 $\left.\dfrac{\partial \chi^2}{\partial p_i}\right|_{\boldsymbol{p}}^0 = 0$，便令 $\Delta p_i \to 0.25\Delta p_i$，于是便得到了一组新的 $\Delta\boldsymbol{p} = (\Delta p_1, \Delta p_2, \cdots, \Delta p_N)$。

我们定义

$$\boldsymbol{p}^k = (p_1^k, p_2^k, \cdots, p_N^k), \quad k = 1, 2, \cdots, M \tag{C.14}$$

$$\boldsymbol{p}^k = \boldsymbol{p}^{k-1} + \delta\boldsymbol{p}^0/D \tag{C.15}$$

当 $k = 1$ 时，式 (C.15) 的第 i 个分量就是式 (C.11)。再定义

$$\left(\Delta\chi^2\right)_k = \chi^2\left(\boldsymbol{p}^k\right) - \chi^2\left(\boldsymbol{p}^{k-1}\right) \tag{C.16}$$

如果 $\left(\Delta\chi^2\right)_k < 0$，我们根据式 (C.15) 改变被调节参数，并继续向下进行计算，直到出现 $\left(\Delta\chi^2\right)_k > 0$ 或 $k = M$ 为止。可见 M 是在不改变参数变化方向的情况下所允许的向前走的总步数，例如可以取 $M = 100$。如果 $\left(\Delta\chi^2\right)_k > 0$ 我们便把参数 $\boldsymbol{p}^{k-1}$ 看成是新的 $\boldsymbol{p}^0$，并根据式 (C.10) 和式 (C.12) 及新得到的 $\Delta\boldsymbol{p} = (\Delta p_1, \Delta p_2, \cdots, \Delta p_N)$ 计算出新的 $\delta\boldsymbol{p}^0$，即又找到了新的可调参数的变化方向。然后根据式 (C.15) 在新的方向上再次向下进行计算，还是根据 $\left(\Delta\chi^2\right)_k$ 来判断是否需要再找新的调节参数方向。然而，如果第 i 个参数 p_i 曾出现过 $\left.\dfrac{\partial \chi^2}{\partial p_i}\right|_{\boldsymbol{p}^0} = 0$ 和 $\Delta p_i \to 0.25\Delta p_i$ 的变化过程，在以后再修改参数步长 $\Delta\boldsymbol{p} = (\Delta p_1, \Delta p_2, \cdots, \Delta p_N)$ 时，即使出现 $\left.\dfrac{\partial \chi^2}{\partial p_i}\right|_{\boldsymbol{p}^0} \neq 0$ 的情况，也不能再令 $\Delta p_i \to 2\Delta p_i$，只能令 $\Delta p_i \to \Delta p_i$，

即只是保持 Δp_i 不变。也就是说，只有那些未被乘以 0.25 的步长 Δp_i 才有机会被乘以 2。

出现在式 (C.11) 和式 (C.15) 的 D 是一个要由用户给出的处在 1~10 范围内的常数。如果 D 的数值比较大，在某个改变参数的方向上，每走一步后 χ^2 的改变值比较小，花费的计算时间也比较多，但是有可能找到更接近理想的 χ^2 最小值；否则，计算时间会少一些，但是所得到的 χ^2 和理想的 χ^2 最小值相比差距会大一些。用通俗的话来说，如果 D 的数值比较小，属于粗调，在调节参数的开始阶段可以这样做；如果 D 的数值比较大，属于细调，在计算的最后阶段需要这样做。

用于调节参数的初始的最速下降法是由参考文献 [62] 给出的。这个方法被我们改进后可称为"可以分别自动调节每个参数步长的改进最速下降法"[63]。我们所做的主要改进是使得每个可调参数的步长可以由计算机分别自动进行调节，这样，每一个可调参数的步长 Δp_i 都能自动达到其最适宜的数值，尽可能促使每个可调参数都做出本身能做出的最大贡献。因而大大提高了获得最佳理论模型参数的速度和能力。多年的实践充分证明，由于改进后的方法充分挖掘了每个可调参数的潜力，因而与原始方法相比，从获得最佳理论模型参数的速度和获得最终计算结果的质量来看都有了明显的飞跃式的改善。

附录 D 寻找最佳理论模型参数的改进最速下降法的 Fortran 语言程序

假设已知 $N_{\exp}$ 个原子核的某一物理量的实验值和对应的实验绝对误差分别为 $r_c^{\exp}(I), \Delta r_c^{\exp}(I), I = 1 \sim N_{\exp}$，我们想用以下理论上的经验公式来拟合该物理量的实验值

$$r_c^{\text{the}} = [r_{c0} + r_{c1}Z^{\alpha_1} + r_{c2}A^{\alpha_2}(1 + F\beta^{\alpha_3})]A^{\alpha_4} \tag{D.1}$$

$$\beta = \frac{N - Z}{A} \tag{D.2}$$

其中 $r_{c0}, r_{c1}, r_{c2}, F, \alpha_1, \alpha_2, \alpha_3, \alpha_4$ 为 8 个可调参数。χ^2 的定义为

$$\chi^2 = \sum_{I=1}^{N_{\exp}} \left(\frac{r_c^{\exp}(I) - r_c^{\text{the}}(I)}{\Delta r_c^{\exp}(I)} \right)^2 \tag{D.3}$$

下面给出对此课题所编写的 Fortran 语言程序 APcode.for 及其计算结果：

```
CCCCCCCCCCCCCCCCCCCCCCCCCCCCCCCCCCCCCCCCCCCCCCCCCCCCCCCCCC
C   *** APcode ***      Qing-Biao Shen      2012-7-2    C
CCCCCCCCCCCCCCCCCCCCCCCCCCCCCCCCCCCCCCCCCCCCCCCCCCCCCCCCCC
      PARAMETER (NN0=90,NP0=30)
      COMMON/CB1/NP,PX(NP0),DP(NP0),DX(NP0),DD(NP0),KD(NP0),LD(NP0)
     * ,PMA(NP0),PMI(NP0),PX0(NP0)
      COMMON/CB2/DST,NDX,XS,NX
      COMMON/CB3/NN,Z(NN0),A(NN0),AN(NN0),RCE(NN0),DRC(NN0),RCT(NP0)
C......................
      OPEN(UNIT=2,FILE='IN.DAT',TYPE='OLD',READONLY)
      OPEN(UNIT=4,FILE='OUT.DAT',TYPE='UNKNOWN')
      WRITE(4,7)
    7 FORMAT(/,5X,'*** APCODE  OUT.DAT ***',/)
C......................
      READ(2,*)
      READ(2,*)
      READ(2,*) NN
      READ(2,*)
```

```
      READ(2,*) (Z(I),I=1,NN)
      READ(2,*)
      READ(2,*) (A(I),I=1,NN)
      DO 11 I=1,NN
      AN(I)=A(I)-Z(I)
   11 CONTINUE
      READ(2,*)
      READ(2,*) (RCE(I),I=1,NN)
      READ(2,*)
      READ(2,*) (DRC(I),I=1,NN)
C     WRITE(4,*) (DRC(I),I=1,NN)
      READ(2,*)
      READ(2,*) NP
      READ(2,*)
      READ(2,*) (PMA(I),I=1,NP)
      READ(2,*)
      READ(2,*) (PMI(I),I=1,NP)
      READ(2,*)
      READ(2,*) DST
      READ(2,*)
      READ(2,*) NDX
      IF(NDX.GT.400) NDX=400
      READ(2,*)
      READ(2,*) (PX(I),I=1,NP)
      READ(2,*) (DP(I),I=1,NP)
C&&&&&&&&&&&&&&&&&&&&&&&&&&&&&&&&&&&&&
      CALL AJP
C&&&&&&&&&&&&&&&&&&&&&&&&&&&&&&&&&&&&&
      WRITE(4,*)
      WRITE(4,27) XS,NX
      WRITE(4,*)
      EAV=0.0
      DO 41 I=1,NN
      ERR=(RCT(I)-RCE(I))/RCE(I)
      EAV=EAV+ERR*ERR
      ERR=ERR*100.0
      WRITE(4,29) Z(I),A(I),RCT(I),RCE(I),ERR
   41 CONTINUE
      EAV=EAV/NN
      EAV=SQRT(EAV)*100.0
```

```
      WRITE(4,*)
      WRITE(4,31) EAV
      WRITE(4,*)
      WRITE(4,19) (PX(I),I=1,NP)
      WRITE(4,19) (DP(I),I=1,NP)
      WRITE(4,25) (LD(I),I=1,NP)
C..........................
   21 STOP
C%%%%%%%%%%%%%%%%%%%%%%%%%%%%%%%%%%%%%%%%
   19 FORMAT(6(F12.7),/,6(F12.7),/,6(F12.7),/,6(F12.7),/,6(F12.7))
   25 FORMAT(5X,12I6,/,12I6,/,12I6)
   27 FORMAT(2X,' XS=',F12.6,4X,' NX=',I3)
   29 FORMAT(2X,'Z=',F4.0,2X,'A=',F4.0,2X,'RCT=',F7.3,2X,'RCE=',
     -F7.3,2X,'ERR=',F7.3,' %')
   31 FORMAT(3X,'AVERAGE DEVIATION   EVA=',F7.3,' %')
C..................
      END
C*******************************C
      SUBROUTINE AJP
C*******************************C
      PARAMETER (NN0=90,NP0=30)
      COMMON /CB1/NP,PX(NP0),DP(NP0),DX(NP0),DD(NP0),KD(NP0),LD(NP0)
     * ,PMA(NP0),PMI(NP0),PX0(NP0)
      COMMON /CB2/DST,NDX,XS,NX
C.......................
      OPEN(UNIT=4,FILE='OUT.DAT',TYPE='UNKNOWN')
C&&&&&&&&&&&&&&&&&&&&&&&&&&&&&&&&&&&&&&&&&
      EPS=0.00001
      IC=0
      IY=0
      WRITE(*,*)' NDX=',NDX,' IC(CAL)=',IC
      CALL CHI
C.............
      XN=XS
      GOTO 8
    7 CONTINUE
      DO 111 I=1,NP
  111 LD(I)=10
      DO 6 I=1,NP
      IF(KD(I).EQ.0) DP(I)=DP(I)/4.0D0
```

```
      IF(LD(I).EQ.2) GOTO 6
      IF(KD(I).EQ.1) DP(I)=DP(I)*2.0D0
      IF(LD(I).GE.3) DP(I)=DP(I)*2.0D0
      IF(ABS(DP(I)).LT.0.00001.AND.ABS(DP(I)).NE.0.0) THEN
      IF(ABS(PX(I)).GE.0.05) THEN
      DP(I)=0.01*ABS(PX(I))
      ELSE
      DP(I)=0.0005D0
      ENDIF
      ENDIF
    6 CONTINUE
C.......................
      DO 17 I=1,NP
      IF(IY.GT.1.AND.PX(I).NE.PMA(I).AND.PX(I).NE.PMI(I))
    -  PX(I)=PX(I)-DD(I)
   17 CONTINUE
    8 CONTINUE
C.........................
      IC=IC+1
      IF(IC.GT.NDX) GOTO 18
      DM=0.0D0
C01........
      DO 12 I=1,NP
      IF(DP(I).EQ.0.0) THEN
      DX(I)=0.0
      GOTO 12
      ENDIF
      PXI=PX(I)
      PX(I)=PXI+DP(I)
      IF(PX(I).GT.PMA(I)) PX(I)=PMA(I)
      IF(PX(I).LT.PMI(I)) PX(I)=PMI(I)
      CALL CHI
      XG=XS
      PX(I)=PXI-DP(I)
      IF(PX(I).GT.PMA(I)) PX(I)=PMA(I)
      IF(PX(I).LT.PMI(I)) PX(I)=PMI(I)
      CALL CHI
      PX(I)=PXI
      XJ=XS
      KD(I)=0
```

```
      IF((XN-XG).GT.0.0D0.OR.(XN-XJ).GT.0.0D0) KD(I)=1
      IF(LD(I).NE.2) LD(I)=LD(I)+1
      IF(KD(I).EQ.0) LD(I)=0
      IF(((XN-XG).GT.0.D0.OR.(XN-XJ).GT.0.D0).AND.DP(I).NE.0.D0)
     *THEN
      DX(I)=(XG-XJ)/2.0D0/DP(I)
      ELSE
      DX(I)=0.0D0
      ENDIF
      DM=DM+(DX(I)*DP(I))**2
   12 CONTINUE
      DM=SQRT(DM)
      DO 14 I=1,NP
      IF(DM.EQ.0.0D0) THEN
      DD(I)=0.0D0
      ELSE
C............
      DD(I)=-DX(I)*DP(I)/DM*DP(I)/DST
C............
      ENDIF
      PX0(I)=PX(I)
      PX(I)=PX(I)+DD(I)
      IF(PX(I).GT.PMA(I)) PX(I)=PMA(I)
      IF(PX(I).LT.PMI(I)) PX(I)=PMI(I)
   14 CONTINUE
      IY=0
   15 CALL CHI
      IY=IY+1
      IF(IY.GT.50) GOTO 7
      WRITE(4,33) NDX,IC,IY
   33 FORMAT(2X,' NDX=',I4,'  IC=',I4,'  IY=',I4)
      IF((XN-XS)/XS.LT.EPS.AND.IY.EQ.1) THEN
      DO 215 I=1,NP
      PX(I)=PX0(I)
  215 CONTINUE
      CALL CHI
      ENDIF
      IF((XN-XS)/XS.LT.EPS) GOTO 7
      XN=XS
      DO 16 I=1,NP
```

```
      PX(I)=PX(I)+DD(I)
      IF(PX(I).GT.PMA(I)) PX(I)=PMA(I)
      IF(PX(I).LT.PMI(I)) PX(I)=PMI(I)
   16 CONTINUE
      GOTO 15
   18 CONTINUE
C%%%%%%%%%%%%%%%%%%%%%%%%%%%%%%%%%%%%%%%%
      RETURN
      END
C ··· ··· ··· ··· ··· ··· ··· ··· ··· ···
      SUBROUTINE CHI
      PARAMETER (NN0=90,NP0=30)
      COMMON/CB1/NP,PX(NP0),DP(NP0),DX(NP0),DD(NP0),KD(NP0),LD(NP0)
     * ,PMA(NP0),PMI(NP0),PX0(NP0)
      COMMON/CB2/DST,NDX,XS,NX
      COMMON/CB3/NN,Z(NN0),A(NN0),AN(NN0),RCE(NN0),DRC(NN0),RCT(NP0)
C.......................
      RC0=PX(1)
      RC1=PX(2)
      RC2=PX(3)
      F=PX(4)
C     RC3=PX(4)
      AF1=PX(5)
      AF2=PX(6)
      AF3=PX(7)
      AF4=PX(8)
      XS=0.0
      NX=0
      DO 21 I=1,NN
      BET=(AN(I)-Z(I))/A(I)
      RCT(I)=(RC0+RC1*Z(I)**AF1+RC2*A(I)**AF2*(1.0+F*BET**AF3))
     -*A(I)**AF4
      XS=XS+((RCE(I)-RCT(I))/DRC(I))**2
      NX=NX+1
   21 CONTINUE
C....................
      RETURN
      END
```

相应的输入数据文件 IN.DAT 为

```
! PPcode  IN.DAT  2012-7-2
! NN: number of nuclei
  15
! Z(NN): Charge Number
  8.,14.,14.,16.,20.,20.,28.,28.,38.,40.,50.,64.,80.,82.,82.
! A(NN): Mass Number
  16.,28.,30.,32.,40.,48.,56.,60.,88.,90.,114.,146.,204.,206.,208.
! RCE(NN): Experimental Data of Charge Radii
  2.701,3.122,3.133,3.261,3.476,3.474,3.750,3.812,4.220,4.270,4.610,
    4.976,5.474,5.490,5.501
! DRC(NN): Error of Charge Radii
  5*0.33, 0.2, 9*0.45
! NP:Number of Adjustable Parameters PX
  8
! PMA(NP):Upper limit of PX
  3.0, 3.0, 3.0, 80.0, 3.0, 3.0, 8.0, 3.0
! PMI(NP):Lower limit of PX
  0.5, -1.0, -1.0, -1.0, -1.0, -1.0, -1.0, -1.0
! DST(1-10): Step numer for same direction is large while DST is
  large
  8.0
! NDX( < or =50 ): Changing number of falling directions of CHI
  square
  298
! PX(NP):Adjustable Parameters; DP(NP): Step Length
  1.1, 0.5, 0.5, 5.0, 0.3, 0.3, 0.3, 0.33
  0.05, 0.05, 0.05, 0.5, 0.03, 0.03, 0.05, 0.03
```

相应的输出数据文件 OUT.DAT 为

```
*** APCODE  OUT.DAT ***

  NDX= 298  IC=   1  IY=   1
  NDX= 298  IC=   1  IY=   2
  NDX= 298  IC=   1  IY=   3
  NDX= 298  IC=   1  IY=   4
  NDX= 298  IC=   1  IY=   5
  NDX= 298  IC=   1  IY=   6
  NDX= 298  IC=   1  IY=   7
  NDX= 298  IC=   1  IY=   8
```

```
NDX= 298   IC=    1   IY=    9
NDX= 298   IC=    1   IY=   10
NDX= 298   IC=    1   IY=   11
… … … … … … … … … … .
NDX= 298   IC=    1   IY=   45
NDX= 298   IC=    1   IY=   46
NDX= 298   IC=    1   IY=   47
NDX= 298   IC=    1   IY=   48
NDX= 298   IC=    1   IY=   49
NDX= 298   IC=    1   IY=   50
NDX= 298   IC=    2   IY=    1
NDX= 298   IC=    2   IY=    2
NDX= 298   IC=    2   IY=    3
. . . . . . . . . . . . . . . . . . . . . .
NDX= 298   IC=  296   IY=   10
NDX= 298   IC=  296   IY=   11
NDX= 298   IC=  296   IY=   12
NDX= 298   IC=  296   IY=   13
NDX= 298   IC=  296   IY=   14
NDX= 298   IC=  297   IY=    1
NDX= 298   IC=  297   IY=    2
NDX= 298   IC=  297   IY=    3
NDX= 298   IC=  297   IY=    4
NDX= 298   IC=  297   IY=    5
NDX= 298   IC=  297   IY=    6
NDX= 298   IC=  297   IY=    7
NDX= 298   IC=  297   IY=    8
NDX= 298   IC=  297   IY=    9
NDX= 298   IC=  297   IY=   10
NDX= 298   IC=  297   IY=   11
NDX= 298   IC=  297   IY=   12
NDX= 298   IC=  298   IY=    1
NDX= 298   IC=  298   IY=    2
NDX= 298   IC=  298   IY=    3
NDX= 298   IC=  298   IY=    4
NDX= 298   IC=  298   IY=    5

  XS=    0.089539    NX= 15

Z= 8.   A= 16.   RCT=  2.665   RCE=  2.701   ERR= -1.323 %
```

```
Z= 14.   A= 28.   RCT=  3.107   RCE=  3.122   ERR=  -0.486 %
Z= 14.   A= 30.   RCT=  3.127   RCE=  3.133   ERR=  -0.201 %
Z= 16.   A= 32.   RCT=  3.227   RCE=  3.261   ERR=  -1.049 %
Z= 20.   A= 40.   RCT=  3.441   RCE=  3.476   ERR=  -0.993 %
Z= 20.   A= 48.   RCT=  3.510   RCE=  3.474   ERR=   1.036 %
Z= 28.   A= 56.   RCT=  3.802   RCE=  3.750   ERR=   1.395 %
Z= 28.   A= 60.   RCT=  3.826   RCE=  3.812   ERR=   0.375 %
Z= 38.   A= 88.   RCT=  4.234   RCE=  4.220   ERR=   0.327 %
Z= 40.   A= 90.   RCT=  4.287   RCE=  4.270   ERR=   0.405 %
Z= 50.   A=114.   RCT=  4.604   RCE=  4.610   ERR=  -0.131 %
Z= 64.   A=146.   RCT=  4.981   RCE=  4.976   ERR=   0.103 %
Z= 80.   A=204.   RCT=  5.451   RCE=  5.474   ERR=  -0.414 %
Z= 82.   A=206.   RCT=  5.478   RCE=  5.490   ERR=  -0.225 %
Z= 82.   A=208.   RCT=  5.489   RCE=  5.501   ERR=  -0.219 %

 AVERAGE  DEVIATION    EVA=   0.723 %

 0.8073580 0.4807398 0.2413974 54.6147919 0.3706903 0.1546156
 4.4488053 0.0664008
 0.0003906 0.0000488 0.0003906 16.0000000 0.0000293 0.0002344
 0.0250000 0.0000293
         10     10     10     10     10     10     10     10
```